金属材料

硬度测试与性能评估

樊江磊◎编著

图书在版编目（CIP）数据

金属材料硬度测试与性能评估/樊江磊编著. —武汉：武汉大学出版社，2022.4

ISBN 978-7-307-22873-3

Ⅰ. 金… Ⅱ. 樊… Ⅲ. ①金属材料—硬度—测试 ②金属材料—性能分析 Ⅳ. ①TG113.25 ②TG14

中国版本图书馆CIP数据核字（2022）第012690号

责任编辑：黄朝昉　　责任校对：孟令玲　　版式设计：杨　林

出版发行：武汉大学出版社　（430072　武昌　珞珈山）

（电子邮箱：cbs22@whu.edu.cn　网址：www.wdp.com.cn）

印刷：廊坊市海涛印刷有限公司

开本：710×1000　1/16　　印张：16.5　　字数：266千字

版次：2022年4月第1版　　2022年4月第1次印刷

ISBN 978-7-307-22873-3　　定价：72.00元

前言

硬度是材料抵抗外力压入的能力，即当材料表面受压时抵抗局部塑性变形的能力，也是衡量材料软硬程度的指标。硬度测试设备简单、操作便捷，一般仅在金属表面局部产生很小的压痕，可直接在零件或产品上进行测试，无须进行破坏性试验。同时，硬度测试结果也可用于评估材料的强度和耐磨性。从宏观结构部件到微观纳米材料，都可以进行硬度测试。硬度测试也是研究新材料、开发新工艺和新产品的重要技术基础之一。因此，硬度测试是材料力学性能试验中应用最广、涉及领域最多的试验技术之一。

自硬度测试方法及仪器发明以来，其技术和理论迅速发展，得到世界各国和国际组织的普遍重视。国际计量技术联合会(IMEKO)设立了硬度专业计量委员会(TC-5)，国际标准化组织金属力学性能试验技术委员会（ISO / TC164）设有硬度试验分委员会（SC3）。中国、美国、德国、英国、日本等国家也都有相应的组织机构，先后制定了布氏、洛氏、维氏等硬度试验方法及硬度测试仪器、压头和标准硬度块等一系列标准和法规，奠定了硬度测试技术的基础。随着科学技术的发展，很多国家就硬度测试技术进行了大量的研究和频繁的学术交流，取得了丰硕的成果，也提出了很多值得探讨的新课题。但是，目前缺乏对硬度测试及性能评估技术发展状况与最新理论总结的相关图书，导致相关专业技术人员在进行硬度测试与性能评估时，感到无所适从。因此，有必要出版一本关于金属材料硬度测试与性能评估的图书，来满足相关技术人员在硬度测试技术方面的需求。

本书以大量翔实的资料阐述了金属材料硬度测试与性能评估技术的理论和实

践，包括大量研究结果和应用举例，以反映硬度测试及性能评估技术的发展趋势，同时全面、系统地涵盖了硬度测试基本理论、硬度测试试验方法、硬度测试仪器等内容。本书内容主要包括概述、布氏硬度测试方法、洛氏硬度测试方法、维氏硬度测试方法、纳米压痕技术、其他硬度测试方法、高温和低温硬度测试方法、金属材料的硬度与强度评估、金属材料的硬度与蠕变性能、金属材料的硬度与摩擦性能10章内容。

本书适用于企业的检验及工程技术人员，高等学校理工科力学类专业师生，材料类实验室实验人员、指导教师和科研院所相关专业研究人员使用，也可作为机械类、材料类专业高年级本科生及研究生的参考用书。

本书由郑州轻工业大学樊江磊编著。郑州轻工业大学王艳博士、李莹博士在书稿整理方面给与了帮助，在此表示感谢。

由于作者水平有限，本书难免存在不妥和错误之处，恳请读者给予批评指正。

作者

2021年11月1日

目录

第一章 概 述

硬度不是物理量，却是可测量的量。硬度是表达固体材料力学性能的量，也是与强度相关的力学性能的量。硬度的物理意义随着试验方法的不同而存在差异。例如，压入法硬度值主要表征金属塑性变形抗力及应变硬化能力，划痕法硬度值主要表征金属抗切断能力，回跳法硬度值主要表征金属弹性变形功的大小。因此，硬度是金属材料各项力学性能的综合体现。在很多情况下，机械零部件可以通过测定硬度判断其是否合格。硬度测试一般仅在金属表面局部产生很小的压痕，因而可以在成品上试验，无须专门加工试样、进行破坏性试验。硬度试验也易于检查金属表面层的质量、表面淬火和化学热处理后的表面性能。硬度试验由于设备简单，操作方便、迅速，同时又能准确地反映出金属材料在化学成分和组织结构上的差异，因而被大量应用于检测金属材料的性能、热加工工艺质量、金属材料组织结构变化等。因此，硬度测试在生产实践及科学研究中得到广泛应用。

尽管几千年以来人们都知道不同的材料其硬度不同，但是，通过表面细微压痕试验定量测量材料硬度的方法从 19 世纪才开始被开发出来。20 世纪初，硬度测试设备开始被商业应用。那些至今仍在应用的测试方法可以分为两大类：一类是在一定的负载下，用淬火钢球或淬火圆锥体在被测试样表面施压；另一类是在一定的负载下，用形状不同的尖锐金刚石在被测试样品表面施压。被人们长期关注的一个问题是材料强度的简单测试方法与硬度的关系，尤其是材料的抗拉强度。

人们早就知道较硬的物质可能会划伤或割伤较软的物质，但反之却不行。

Todhunter在19世纪90年代所发表的文章中指出，材料硬度研究的最早报道是Huygens所著之书（17世纪90年代）。书中描述了他从2个不同角度（与移动方向夹角不同）用刀划伤冰洲石所产生的差异。同时，Huygens解释了光在这种晶体材料上产生双重折射是因为这种材料是由扁平球状体组成的。为了证实这一假设，他对刀进行了力学实验。Todhunter还对其他硬度研究进行了调查，发现这些研究大多与矿物有关。其中的一个例外是荷兰的研究者Musschenbroek，他在1729年的报道中描述，他曾使用一把连接在钟摆上的凿子来研究多种木材和金属的动态硬度。

望远镜和显微镜发明后，玻璃镜头的抛光精度越来越高。受这些因素的影响，Isaac Newton在其《光学》一书中写道，“金属比玻璃更难抛光”。但就像Isaac Newton自己意识到的一样，有很多原因导致了这种情况（如果差异仅仅是由于硬度的不同，那么反过来也应该是正确的）。后来，18世纪的Mudge和19世纪早期的Cecil两位研究者详细说明了望远镜用金属镜的抛光方法。1816年，Wollaston描述了机械加工中使用钻石的情况。1832年，Charles Babbage报道了金刚石的各向异性，他写道:“我信赖的一个有经验的工人告诉我，他曾经见过一块用钻石粉做成的钻石平面在铸铁台面上摩擦3 h，却一点没有磨损。然而，改变磨削方向与磨削表面的夹角，同一边缘却被磨平了。”Mohs提出的“矿物的磨料硬度是一个相对的和分级的标度”这一观点，被广泛认可。不过，Todhunter指出，至少有2个研究者，即Werner（德国）和Haüy（法国）之前已经发表过“硬度由共同的柔软度确定的”这一观点。到1848年，Dana已经对10种矿物（从滑石到钻石）的硬度进行了排序。

1835年，Hodgkinson发表了关于各种材料动态硬度的研究结果，他采用的是如图1–1所示的装置。

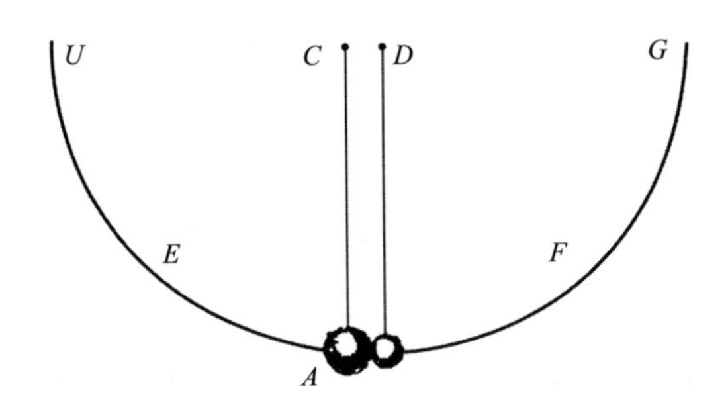

图 1–1 材料动态硬度研究装置示意图

第一节 硬度技术的发展

首批用于压痕测试的机器设备可能是 Wade 在 1856 年研制的测试大炮硬度的压痕工具，如图 1–2 所示，以及 Calvert 和 Johnson 在 1859 年所报道的硬度测试仪器。Wade 认为金属的相对柔软度或硬度，是由平均压力造成的空洞或压痕的体积决定的。柔软度与体积成正比，硬度与体积成反比。Calvert 和 Johnson 设计了确定物体相对硬度的方法，就是用一个物体和另一个物体进行摩擦，产生凹痕或划痕的物体可以认为是二者中硬度较小的材料。随后，Calvert 和 Johnson 将 8 种物质按照硬度由高到低的顺序进行了排序，依次是钻石、黄玉、石英、钢、铁、铜、锡和铅。但是，这种方法不适用于精密测定不同金属及其合金的硬度。

19 世纪 50 年代以前，硬度是由多种多样的划痕试验确定的。但在 19 世纪末，由于相对于压痕硬度，划痕硬度是一个太复杂的概念，故难以标准化。

Calvert 和 Johnson 研制了新型压痕硬度仪，如图 1–3 所示。这个硬度仪通过逐渐在杆的末端 O 增加重量，直至钢点 F 在 0.5 h 内下陷 3.5 mm（或 0.128 in），然后读取重量的数值，便能实现测试数据的可参考性。Calvert 和 Johnson 研制的新型压痕硬度仪关于铸铁的数据标准化如表 1–1 所示。

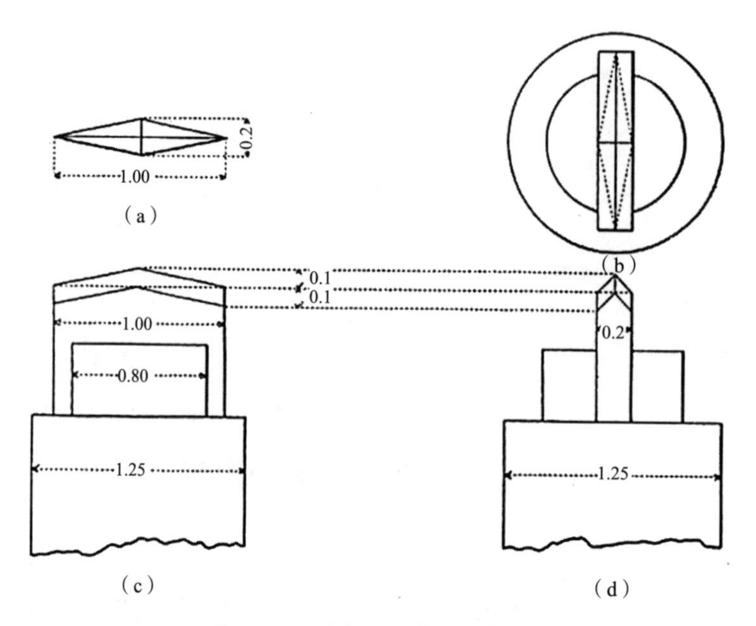

图 1-2 测试大炮硬度的压痕工具

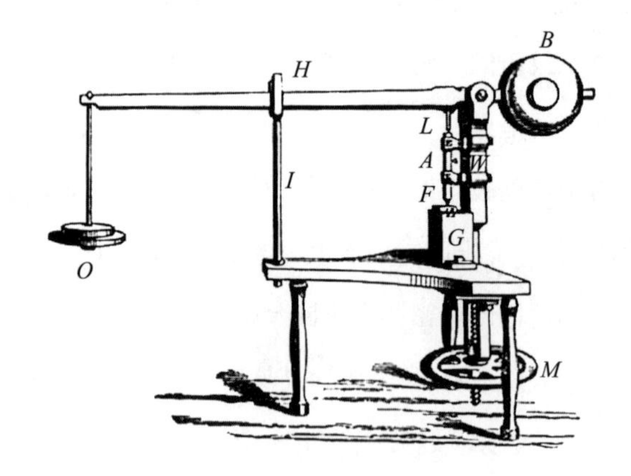

图 1-3 新型压痕硬度仪

表 1–1 Calvert 和 Johnson 研制的新型压痕硬度仪关于铸铁的数据标准化

金属的名称	载荷的质量 / kg	计算出的铸铁数量相对值 （以铸铁为 1000 个单位）
斯塔福德郡冷风机用铸铁：灰色，3 号	2 174	1 000
钢	2 084	958
熟铁	2 061	948
铂金	815	375
纯铜	655	301
铝	589	271
纯银	453	208
锌	399	183
金	362	167
镉	236	108
铋	113	52
锡	59	27
铅	34	16

1866 年，Middelberg 开发了一种使用刀片压痕技术测定铁路轮箍相对硬度的装置，如图 1–4 所示。1896 年，Unwin 报道了一种使用短的方截面工具钢材挤压试验材料的压痕技术，根据给定的负荷下工具钢不再穿透试验材料时的压痕深度来测试硬度，压痕装置如图 1–5 所示。

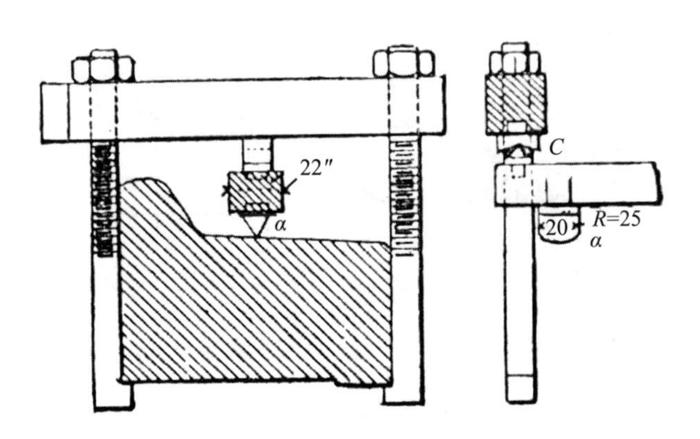

图 1–4 使用刀片压痕技术测定铁路轮箍相对硬度的装置

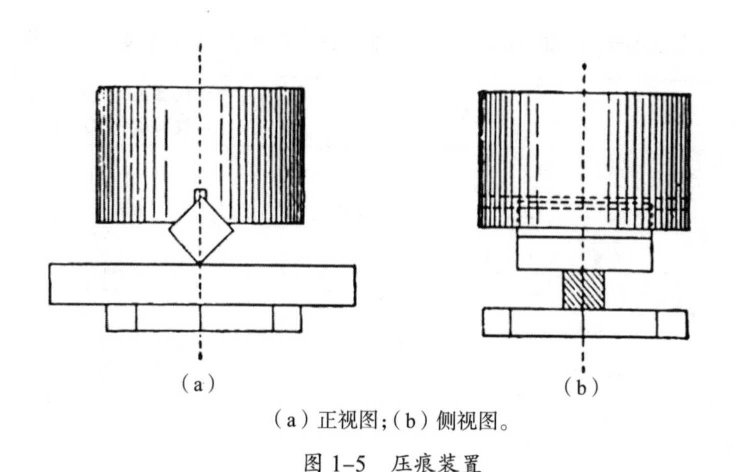

（a）正视图；（b）侧视图。

图 1–5　压痕装置

另一种曾经常应用的方法是交叉圆柱法，测定金属相对硬度的 4 种交叉圆柱法如图 1–6 所示。一般认为，交叉图柱法在预测两种材料的相对硬度时是有效的，同时其与机械加工或切割过程有关。

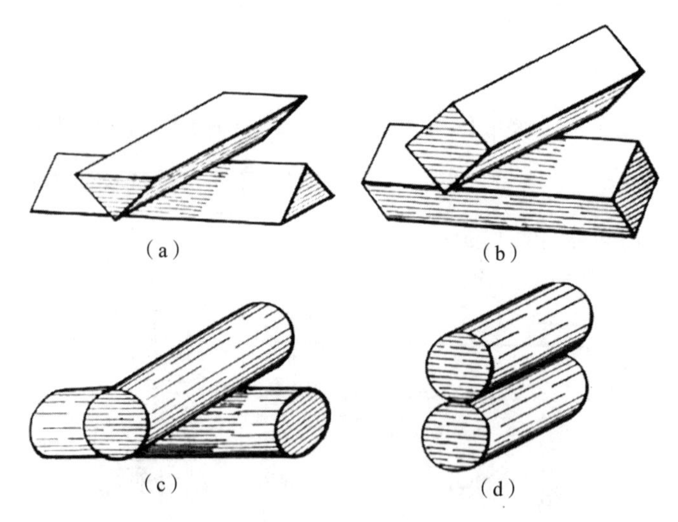

（a）Reaumur 法；（b）Haigh 法；（c）Foeppl 法；（d）Cowdrey 法。

图 1–6　测定金属相对硬度的 4 种交叉圆柱法

大约在 1900 年，得益于汽车工业的发展，用于定量测试压痕硬度的静态和动态仪器开始商业化。这些压痕硬度仪主要用于钢铁的硬度测试。当时使用最广泛的硬度测试技术是 Brinel 于 1900 年报道的布氏压痕测试。布氏硬度是一种“静态”

测试方法。但是，几乎在同一时间，人们也研究了动态测试方法。例如，1900 年，Vincent 测量了钢球落在不同材料上产生的压痕的直径；1907 年，Shore 观察到通过测量磨损硬度，很难区分当时正在开发的新合金钢，于是他发明了一种测量钢球从有刻度的玻璃管上掉落到实验材料后的回弹高度的圆柱装置。由于动态硬度与弹性成正比，故在实际生产中，开发了一种利用动态硬度区分钢球硬度的方法和分离硬度较低钢球的方法。分离硬度较低钢球的方法如图 1–7 所示。把混合的钢球从一定高度 H 经滑道 C 倾斜地落在硬铁砧上，由于较软球反弹的高度较低，故落在低处的箱子里，从而利用弹起的高度把钢球分类。

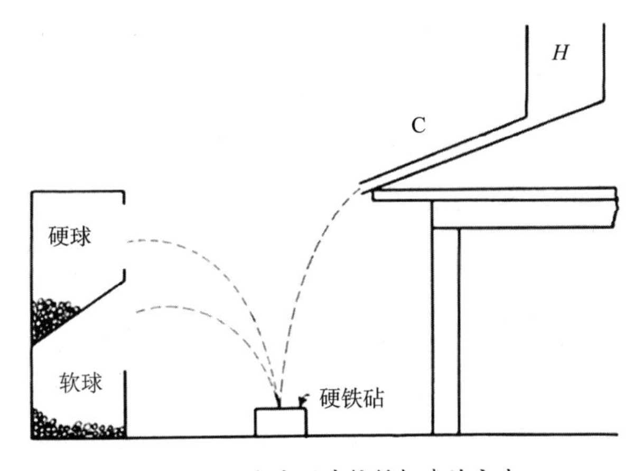

图 1–7 分离硬度较低钢球的方法

工业上采用压痕法进行拉伸试验的原因是，压痕法无破坏性，价格便宜，可直接应用于工厂产出的所有物品。然而，不同的硬度测试方法其测量结果不同。因此，为了获得换算表和公式，存在着大量的详细比较不同技术的研究。

当布氏硬度设备产生大量塑性变形时，其测试性能更接近于极限强度，硬度计的测试结果更接近材料的弹性极限。这种直接比较只有在布氏试验中使用低载荷（小于 1 000 kgf[①]）时才合理。直到今天，比较不同压痕测试方法的研究仍在继续进行。

① 见本书 20 页说明。

1919 年，S. P. Rockwell 和 H. M. Rockwell 获得一项硬度测试方法的专利，这种专利具有减少测试材料弹性响应的作用。也就是说，仅仅测试塑性硬度。这种方法第一次使用是在硬度计压头（10 kgf）上施加一个初始小载荷，随后添加更大的载荷（比球大 10 倍或比锥体大 15 倍），然后移除较小的载荷，通过测量压痕深度来计量硬度。与布氏测试的精确度相比，洛氏测试（使用钻石锥）更能满足更高硬度材料的硬度测试需要。

为了保持压痕的几何相似性，维氏试验把压头改进为方形截面的金刚石锥体。与以前的方法相比，它的重要进步是可以测试非常坚硬的材料。它也没有更低的极限，所以通用性很强，锥体压头也展现出了几何相似性。因此，理想的硬度测量值与载荷无关。但是，锥体并不能完全消除硬度与载荷的依赖。

努氏试验使用的压头的对角线长度不同，金刚石锥体压头对角线长度最大相差 7 倍，这意味着弹性恢复对较短的对角线有最大影响。因此，可以确定恢复和未恢复的压痕大小（已知压头大小，通过测量载荷移除后的两对角线长度）。

以前在工厂里使用的刮痕法，不足以区分开发的新型钢材，尤其考虑到耐磨性时。因此，在 20 世纪的前 10 年里，压痕技术作为一种非破坏性方法广泛应用于工厂中，主要用来测试金属做成产品后的抗拉强度。在一些制造厂中，必须对每件产品都进行测试。但是，理解材料的硬度有差异的原因和硬度的定义，比压痕法在工业中的广泛应用要滞后几十年。同时，人们开发了不同的硬度测量机器并开始进行商业化销售。由于种种原因，这些测量机器的测试结果之间很难发现关联。例如，有些是动态技术（如肖氏硬度），有些是准静态技术（如布氏）。用肖氏硬度计测量的硬度接近弹性极限，而布氏压痕则产生了大量的永久性（塑性）变形，不同的测量方法得出了相互矛盾的结果，如温度对机械性能的影响。这些问题可以简单地叙述为材料的不同性能决定了压痕试验中获得的值。因此，在某些方面技术的应用开始于生产线上主要用于质量控制的一个“粗略”的测试，在随后的几年里演绎为揭示塑性流动的基本特征，即流动应力、加工硬化以及断裂韧性。但是，硬度测试仍在机械制造厂和生产线中广泛使用，而且是最有用的材料标准化鉴别方法之一。

第二节 硬度测试的作用和特点

硬度的高低取决于材料内部原子结合键的强度。例如，以共价键结合的材料，其单位体积的结合键能与硬度数值的变化相一致。硬度的高低与压头压入时是否造成局部结合键的破坏有关。在金属材料中，键能不是唯一决定硬度的因素，因为金属键不形成电子对，没有方向性，所以金属的硬度主要反映金属抵抗变形的能力。

硬度测试具有以下 8 个特点。

一、相关性

金属硬度与其静态的力学性能指标（强度）之间存在一定的关系。根据硬度测试结果，可以近似地推断出材料的抗拉强度等力学性能指标。对于以强度作为主要力学性能指标的材料和零件来说，硬度试验具有广泛的使用意义。

二、简便性

硬度仪的结构大多数比较简单，试验人员可以在短时间内掌握测试技术。

三、唯一性

硬度测试不需要制备试样，故测试对象的大小、形状不受限制，如热处理后的刃具、工具、淬火零件、整体部件的零件和仪表的细小零件等。在这些情况下，硬度测试是唯一可能进行的、可靠的力学性能试验。

四、非破坏性

硬度测试只在材料、试样表面局部区域留下很小的痕迹，这些痕迹在大多数情况下对试样的使用无影响，可视为无损试验。

五、便捷性

硬度测试可以将试样放置在仪器上进行，也可以携带便携式硬度计到现场对试样进行硬度测试。对于重要的产品可百分百进行硬度测试。

六、高效性

硬度测试具有很高的效率，每小时可测试200件以上的试样。

七、微观性

硬度测试可以鉴定金属的组织，也可以检验薄板或者表面层（镀层、渗碳层、渗氮层等）的质量。

八、扩展性

硬度测试的对象已扩展到橡胶、塑料以及复合材料和制品中，既能测量软质材料的硬度，还能测量硬质材料的硬度，如金刚石的硬度；既能测量宏观材料的硬度，还能测量微观纳米材料的硬度。

第三节　常用的硬度测试方法

硬度测试方法有很多，根据测量方式的不同主要分为：压入法，包括布氏硬度测试法、洛氏硬度测试法、维氏硬度测试法等；弹性回跳法，包括肖氏硬度测试法、里氏硬度测试法等；划痕法，包括模式硬度测试法、刻划硬度测试法等。下面主要介绍6种硬度测试方法。

一、静态压力测试法

静态压力测试法，也称为压痕硬度法，是测量试样受压头的静压力压入而产生塑性变形来测量硬度的方法。其压头采用相同材料或异种标准材料制造。压痕硬度的表示方法主要有3类：第一类是采用一定试验力产生压痕，用压痕的表面积或投影面积上的压力表示硬度值，如布氏硬度测试法、维氏硬度测试法、努氏硬度测试法等；第二类是在规定试验力下产生压痕，用压痕的深度表示硬度值，如洛氏硬度测试法；第三类是通过施加和卸载试验力产生压痕，用试验力－压痕深度或试验力－位移曲线表示硬度，如用维氏压头的马氏硬度测试法。

二、动态硬度测试法

动态硬度测试法，即在动态力条件下用动态力硬度计测试试样的硬度。这种测量方法在工程技术和科学研究中的应用越来越广泛。同静态压力测试法相同，动态硬度测试法得到的结果取决于测量条件。单纯从工业应用的角度看，动态硬度测试法的最大优点是测量速度快、效率高。动态硬度测试法可分为以下两类。

第一类是动态压痕硬度测试方法，其原理是测量标准冲头冲击试样而产生的恢复压痕。试样材料在冲头的作用下产生的塑性变形起着主要作用。常见的测试方法有锤击式布氏硬度测试法和弹簧打击式布氏硬度测试法。

第二类是反弹式硬度测试法，其原理是通过测量冲头冲击试样后，冲头反弹的高度（参与势能）和速度（参与动能）。主要测试方法有肖氏硬度测试法和里氏硬度测试法。

三、划痕硬度测试法

划痕硬度测试法是根据试样被一个较硬的物体划伤，或者将一个较软的物体划伤的能力来表征硬度。这种方法得到的硬度测试结果，取决于材料的强度和表面粗糙度。常见的划痕硬度测试法有莫氏硬度测试法、梅氏划痕硬度测试法。

四、阻尼硬度测试法

阻尼硬度测试法主要是赫氏摇摆硬度测试法，该方法把一个具有坚硬支撑点的赫氏摆的摆幅变化作为硬度的度量。该支撑点位于被测试件或试样的表面，与被测试样的表面相互作用，从而引起被测表面摆幅的不同变化。阻尼硬度测试法又可分为时间硬度测试法、刻度值硬度测试法、接受加工硬化能力测试法和衰减试验测试法 4 种。

五、冲蚀硬度测试法

冲蚀硬度测试法主要用于砂轮的硬度测试。该方法是在标准条件下用河沙或其他粒状磨料冲射到被测试样或材料表面，并以试样单位时间内的重量损耗作为硬度的度量。

六、其他硬度测试方法

其他硬度测试法主要分为 3 类：第一类是以材料硬度命名的硬度测试法，如硬质合金硬度测试法、陶瓷硬度测试法、铝合金测试法、贵金属硬度测试法、玻璃硬度测试法、石墨材料硬度测试法、石材硬度测试法等；第二类是利用超声波、电磁、射线等物理方法间接测试的硬度测试法，如超声波硬度测试法、金属材料的电磁性质的比较硬度测试法、金属材料的电涡流比较测试硬度法等；第三类是按测量温度分类的测试法，如常温的硬度测试法、高温硬度测试法、低温硬度测试法。各种硬度测试范围的比较如图 1–8 所示，主要硬度测试的压痕大小比较如表 1–2 所示。

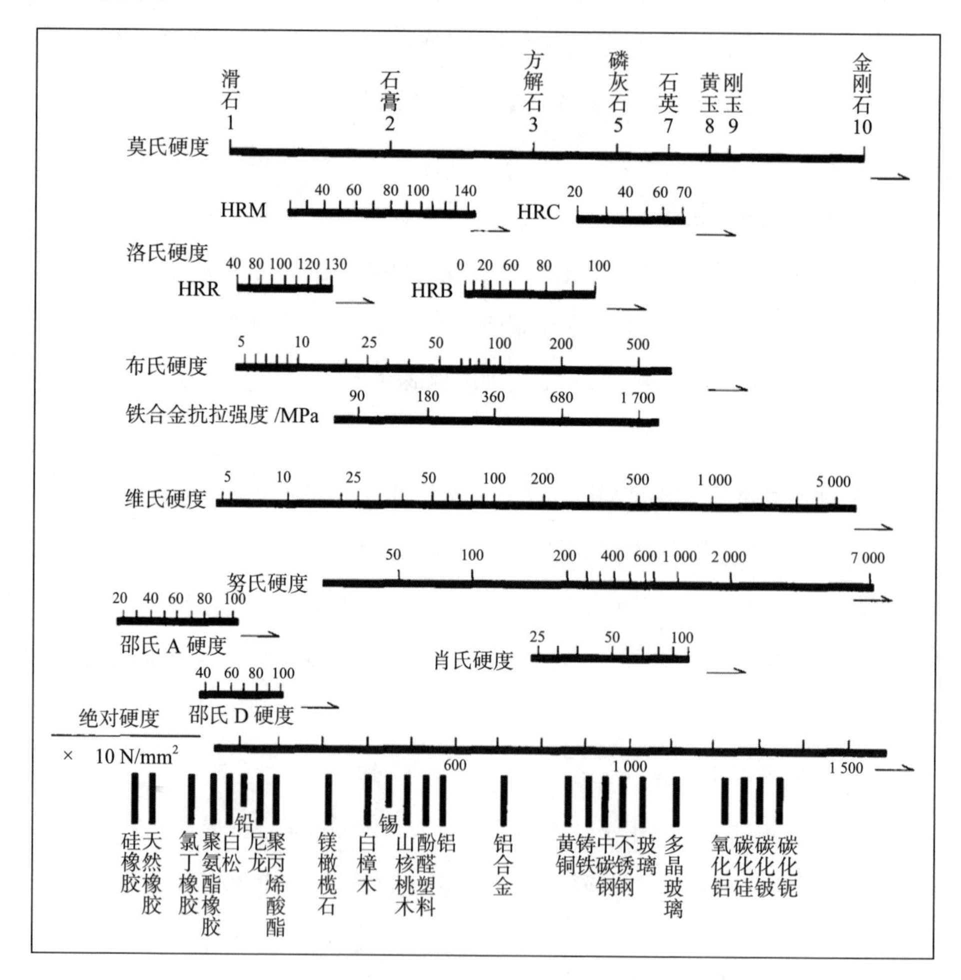

图 1–8 各种硬度测试范围的比较

表 1–2 主要硬度测试的压痕大小比较

硬度测试	压痕尺寸	
	压痕直径 / mm	压痕深度 / mm
布氏硬度	5.5 ～ 3	1.0 ～ 0.5
洛氏硬度 (C 标尺)	1.0 ～ 0.5	0.06 ～ 0.015
洛氏硬度 (A 标尺)	0.5 ～ 0.25	0.01 ～ 0.01
维氏硬度	0.7 ～ 0.05	0.1 ～ 0.01
显微维氏硬度	0.2 ～ 0.005	0.03 ～ 0.001
肖氏硬度	0.3 ～ 0.6	0.01 ～ 0.04

第四节 硬度测试方法的选择

硬度测试方法一般根据试验目的，通过比较各种硬度测试方法的优缺点进行选择，主要依据试验的硬度范围、测试所需的时间、试样的尺寸等因素。

硬度测试方法的正确选择，一般应注意以下 6 点原则。

（1）分析材料的特点以及工艺状态，对其硬度进行预估，并根据预估硬度值选择测试方法。当不能大致估计材料硬度值时，应按照较高的硬度来选择，如洛氏硬度中的 HRC 或者维氏硬度。根据测试结果，再进一步正确选择硬度测试方法。

（2）根据试样的厚度及热处理工艺选择合适的测试方法。对于较薄的试样，或有覆盖层的试样，以及经强化处理后硬化层厚度不同的试样，如果要测试其硬度值，则必须根据试样的厚薄、覆盖层厚度或强化层深度以及材料的硬度，选择相适应的测试方法和测试力大小。一般情况下，对于此类试样，多选择小负荷维氏硬度或表面洛氏硬度、努氏硬度等测试方法。

（3）在选定硬度测试方法后，如果试样的硬度范围、厚度、大小等条件允许，则应该选择较大的测试力进行测试，以有利于减小测试结果的相对误差。例如，在布氏硬度测试中，在测试条件允许时，应选用直径为 10 mm 的压头，29.421 kN 的测试力。在实际硬度测试中，对于碳素工具钢、合金工具钢等材料，对其退火后的硬度要求不仅是布氏硬度值不大于规定值，而且其压痕的直径不小于规定值，这在实质上是规定了测试条件。例如，碳素工具钢 T8A 要求 HBW 不大于 187，同时压痕直径不小于 4.4 mm；合金工具钢 CrWMn 要求 HBW 为 255 ～ 207，同时要求压痕直径为 3.85 ～ 4.2 mm。为满足这一要求，就必须选择直径为 10 mm 的压头和 29.421 kN 的测试力。

（4）在同一系列试验与研究工作中，同一种材料由于热处理工艺不同，其硬度差异较大，一般不宜变换硬度测试方法。为保持统一的硬度标尺，可选用维氏硬度测试法，因为维氏硬度可以从很低的硬度值测试至很高的硬度值，这样就能获得便于比较且不用换算的测试结果。

（5）在对试验结果与文献资料中的硬度值进行比较时，应尽可能选用与文献资料相同的试验方法进行试验，以免引入换算误差。

（6）除了不便取样的轧辊、大型轴及其尺寸较大的铸件外，一般不选择肖氏硬度测试法和锤击式布氏硬度测试法，因为这些测试方法误差均较大。

除以上谈到的原则外，实践证明，不同硬度的材料，应该使用不同的测试方法才较为合理。例如，对于 HBW ＜ 450 的金属材料，包括调质钢、各种铸铁以及各种有色金属及其合金，用布氏硬度测试法比较合理。因为布氏硬度测试法可选用较大的负荷和钢球，使测量压痕直径的相对误差减小。同时，由于压痕较大，能测出较大范围内金属各组成部分的综合性能，因此不受个别或局部组织的影响，且重复性较好。而对于 HBW ＞ 450 的金属材料，如果仍选用布氏硬度测试法进行试验，则在试验时压头变形会增大，从而测得的结果会偏高，而且还可能造成压头的损坏。因此，对于 HBW ＞ 450 的金属材料，选用洛氏或维氏硬度测试法测量较为合理。洛氏、维氏压头材料均为金刚石，具有极高的硬度，不会因试样硬度高而发生变形。

用洛氏硬度测试法测得的金属材料的硬度值与布氏硬度测试法和维氏硬度测试法的结果相比较，其精度较低，一方面是因为洛氏硬度分度最高为 130 或 100 单位，对应的布氏和维氏硬度为几百和上千单位。另一方面，洛氏硬度以测量的压痕深度来间接反映硬度值的高低，而每一个单位仅为 0.002 mm 深，易于出现误差。但洛氏硬度具有测量方便、迅速等优点，故广泛应用于钢铁材料的热处理工艺过程和最终校查中。对于大型铸件和已组装在整机上的某一制件，如果欲测定其硬度，则多用肖氏硬度测试法或锤击式布氏硬度计。对于较薄的试样可用表面洛氏硬度测试法测定。而在一些特殊的情况下，则分别选用划痕、轻负荷或显微硬度等测试方法。

第五节 硬度的表示方法

常用的布氏、维氏、努氏硬度测试结果，一般不标注量纲。洛氏、肖氏、里氏、韦氏硬度均无量纲。布氏、韦氏、努氏硬度在表格中标注时，只需写明 HBW、HV、HK 和相应的测试条件，如 HBW5/750、HV10、HK1。肖氏、里氏、巴氏、韦氏硬度在表格栏里标注时，只需写明 HS、HL、HBa、HW。洛氏硬度要在其代表符号 HR 后写明标尺，如 HRC、HRA、HRB、HRF 等。

硬度在图纸中表示的通用原则有以下 4 点。

（1）技术要求标注必须简明、准确、完整、合理。如果技术内容要求较多，且另有技术标准或技术规范的，除标注主要内容外，可写明参照执行的技术规范。

（2）技术要求的指标值，不能只标注一个固定值，如 50 HRC，应采用范围表示法标出上、下限，如 60 ～ 65 HRC、DC 0.8 ～ 1.2。也可用偏差表示法，以技术要求的下限名义值即下极限偏差零加上上极限偏差值表示，如60^{+5}_{0}HRC，DC= $0.8^{+0.4}_{0}$。特殊情况下也可只标注下限值或上限值，如洛氏硬度硬度值不小于 50 HRC，布氏硬度不大于 229 HB。布氏硬度也要按对压痕直径的大小要求来进行标注。

（3）表面热处理零件均应标注有效硬化层深度代号、表面热处理处理方法、层深和测量方法。各种热处理零件有效硬化层深度代号和测试方法如表 1–3 所示。

表 1–3　各种热处理零件有效硬化层深度代号和测试方法

表面热处理方法	有效硬化层深度代号	层深 (h) 和测试方法
表面淬火回火	DS	$h>0.3$ mm 时按 GB 5617—2005
		$h\leqslant 0.3$ mm 时按 GB 6451—2015
渗碳或碳氮共渗淬火回火	DC	$h>0.3$ mm 时按 GB/T 9450—2005
		$h\leqslant 0.3$ mm 时按 GB/T 9451—2005
渗氮	DN	按 GB/T 11354—2005

注：标注时单位 mm 可省略。

（4）要求零件硬度检测的，必须在指定位置标注相应符号。硬度测试点符号标注方法如图 1–9 所示。

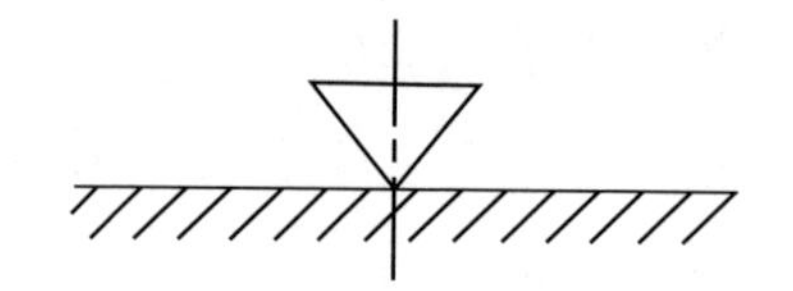

图 1–9　硬度测试点符号标注方法

以图 1–10 所示的热处理零件技术要求标注方法为例，在图上对称轴 30 mm（+5 mm）点划线段内进行淬火回火处理，硬度测试点在图示 10 mm 处。

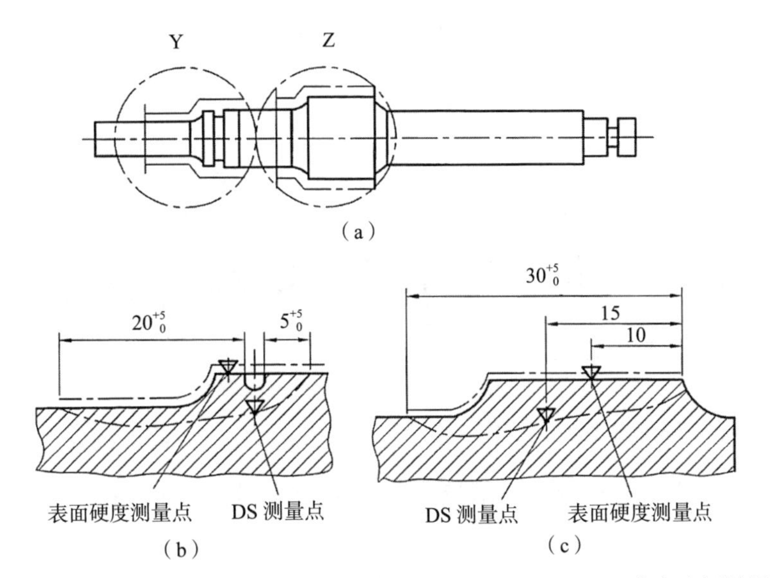

(a) 零件热处理标注图;(b) Y 部热处理技术要求的标注图;(c) Z 部热处理技术要求的标注图。

图 1-10 热处理零件技术要求标注方法

第二章　布氏硬度测试法

第一节　布氏硬度测试法基本原理

布氏硬度是由瑞典人 Brinell 于 1905 年提出的。布氏硬度测试原理如图 2-1 所示，布氏硬度是在规定的试验力 F 作用下，将一定直径 D 的硬质合金球压入试样表面，保持一定时间；然后去除试验力，则在测试试样表面上形成压痕，其直径为 d（一般在垂直的 2 个方向上各测量 1 次），依据直径 d 计算出压痕表面积 A；最后用试验力 F 除以压痕表面积 A 所得的商即为布氏硬度值，布氏硬度的符号为 HBW，单位为 9.80 N/mm^2。由布氏硬度的定义可知，压痕越大，布氏硬度值越低，即 F/A 越小。

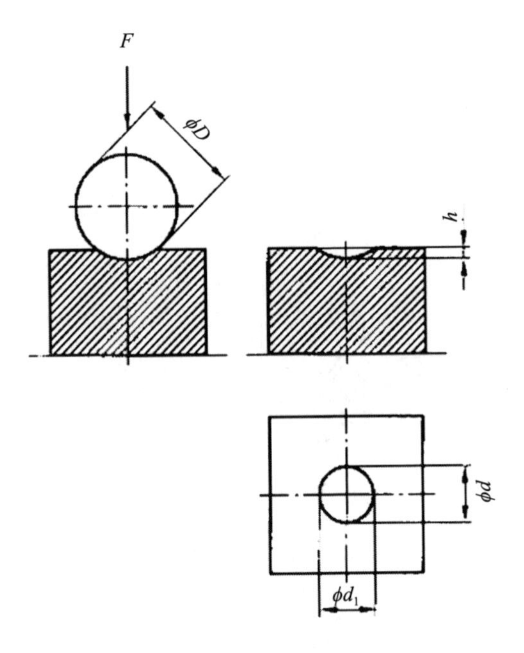

图 2–1　布氏硬度测试原理

第二节　布氏硬度计算公式

按照布氏硬度值定义，即 HBW=F/A，若压痕表面为球冠形，则布氏硬度计算示意图如图 2–2 所示。根据球冠面积计算公式，可得压痕的表面积为 $A=\pi Dh$。

则布氏硬度计算公式为

$$\text{HBW}=F/A=F/(\pi Dh) \tag{2-1}$$

从图 2–2 中可以看出压痕深度为

$$h=\frac{D}{2}-\overline{OB}=\frac{D}{2}-\sqrt{OA^2-AB^2}=\frac{1}{2}\left(D-\sqrt{D^2-d^2}\right) \tag{2-2}$$

将式（2–2）带入式（2–1）中得

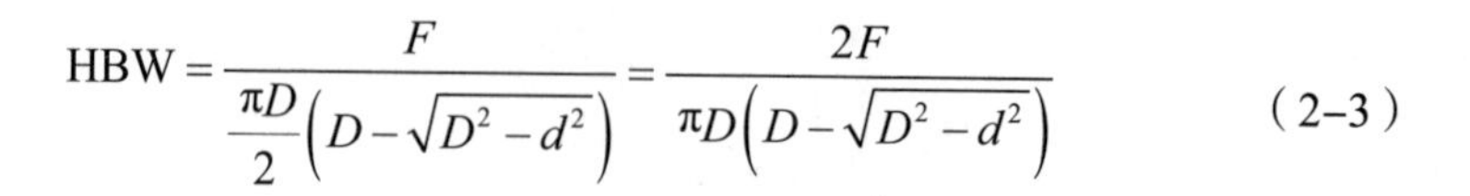

$$HBW = \frac{F}{\frac{\pi D}{2}\left(D - \sqrt{D^2 - d^2}\right)} = \frac{2F}{\pi D\left(D - \sqrt{D^2 - d^2}\right)} \tag{2-3}$$

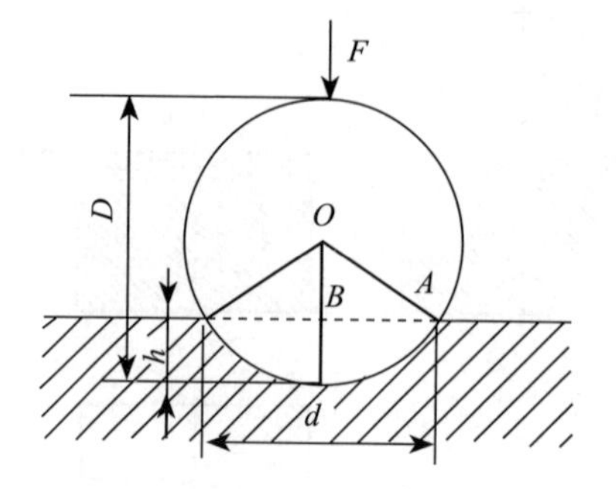

图 2-2　布氏硬度计算示意图

在布氏硬度发明时，试验力的单位是千克力（kgf），但是在国际单位制（SI）中，现行的试验力的单位由千克力改为牛顿（N）。两种单位的换算关系为 1 kgf = 9.806 656 N，1 N=0.101 972 kgf ≈ 0.102 kgf。然而，由于布氏硬度长时间的使用和数据积累，已经形成了习惯，根据国际标准化组织（ISO）的规定，为了保持原硬度试验中的硬度数值不变，布氏硬度的计算公式修改为

$$HBW = 0.102 \times \frac{2F}{\pi D\left(D - \sqrt{D^2 - d^2}\right)} \tag{2-4}$$

式（2–4）中试验力的单位是 N，表明特定条件下 9.80 N/mm^2 为一个布氏硬度单位。式（2–3）乘以 0.102 后的结果与原先使用的千克力单位是相同的。

第三节　布氏硬度表示方法

布氏硬度用 HBW 表示，例如 600HBW1/30/20，其中 600 为布氏硬度值，HBW 为布氏硬度符号；1 表示压头直径，单位为 mm；30 表示施加的试验力大小为 30，单位即 kgf，20 表示加载时间，单位为 s。值得注意的是，根据新的国家标

准即 GB/T 231.1—2018，布氏硬度测试统一采用硬质合金钢球，取消了淬火钢球。因此，现行国家标准中没有 HBS 这一符号。

布氏硬度符号及说明如表 2–1 所示。

表 2–1　布氏硬度符号及说明

符号	说明	单位
D	压头（硬质合金球）直径	mm
F	试验力	N
d	压痕平均直径 $d=(d_1+d_2)/2$	mm
d_1, d_2	在两相互垂直方向测量压痕直径	mm
h	压痕深度，$h=\frac{D-\sqrt{D^2-d^2}}{2}$	mm
HBW	布氏硬度值，$\mathrm{HBW}=0.102\times\frac{2F}{\pi D\left(D-\sqrt{D^2-d^2}\right)}$	
$0.102\times F/D^2$	试验力－压头直径平方的比率	$\mathrm{N/mm^2}$

注：常数 =1/g=1/9.80665 ≈ 0.102。

第四节　相似原理及应用

采用布氏硬度测试法测试时，对于材料相同而厚薄不同的试样，要求测得的硬度值相同；对于软硬不同的材料，要求测得的硬度值具有可比性。因此，要求同一直径压头对应同一试样，当改变试验力时，压痕的面积会发生变化。当试验力大时，压痕深、面积大；当试验力小时，压痕浅、面积小。但是单位面积上的压应力是相同的，即布氏硬度值为常数。对于不同硬度的试验，当变化试验力时，应具有硬度差值，保证不同材料的可比性。实际上，在布氏硬度测试中，当试验力与压头任意交换时，压痕直径和凹坑面积的变化在球冠与接近球径附近是非线性关系，对硬度差异大的材料，压头压入深度不同，其应力状态十分复杂，即上述理想情况是不存在的。因此，在布氏硬度测试中，不能任意选择压头和试验力，必须遵守一定的规则，从而提出了相似原理。

相似原理在布氏硬度测试法中十分重要，只有正确地认识和理解这一原理，才能获得准确且可比较的测试数据。对于硬度不同的各种材料，如果采用变换试验力和相应压头直径的办法获得统一的压入角，就可能获得准确的可比较的硬度值。因此，在选配压头直径 D 和试验力 F 时，应保证能得到几何相似的压痕，即压入角 α 保持不变，布氏硬度相似原理如图 2–3 所示。为使不同直径的压头和不同载荷条件下的布氏硬度具有可比较的意义，必须做到

$$\frac{F_1}{D_1^2}=\frac{F_2}{D_2^2}=\frac{F_3}{D_3^2}=\cdots=\frac{F}{D^2}=k \tag{2-5}$$

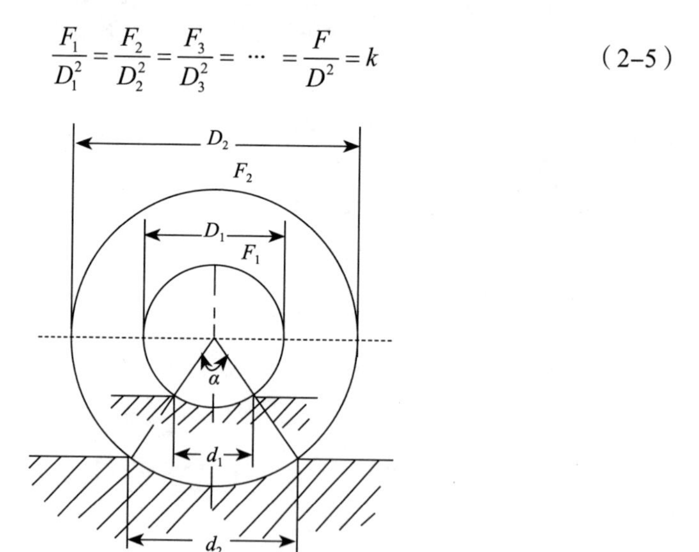

图 2–3　布氏硬度相似原理

但是，在实际工作中，由于材料种类的千变万化，不同材料的硬度值变化范围很大，难以实现这一技术要求。因此，在进行布氏硬度测试时，为了得到较为理想的结果且技术上易于实现，规范了试验力和压头直径的合理搭配方式，控制压入角和压痕直径在一定范围内变化，就能够保证对同一种材料获得相同的硬度值，对不同硬度的材料能获得可比较的硬度值。一般情况下，压痕平均直径 d 应控制在 $0.24\,D \sim 0.6\,D$，最理想值为 $0.375\,D$，以保证得到有效的硬度。也可以认为，布氏

硬度的有效范围是压痕平均直径 $d = 0.24D \sim 0.6D$。

对于相同硬度的材料，压头与试验力的关系还可以借助相似原理从理论上加以证明。对于同一种材料，在不同试验力 F_1 和 F_2 作用下，不同直径 D_1 和 D_2 的压头，所产生的压痕直径为 d_1 和 d_2。若要求所得到的硬度值相等，则压入角 α 必须相等。从图 2–3 中可以得出

$$\frac{d_1}{2} = \frac{D_1}{2} \times \sin\frac{\alpha}{2} \tag{2-6}$$

$$\frac{d_2}{2} = \frac{D_2}{2} \times \sin\frac{\alpha}{2} \tag{2-7}$$

将式（2–6）和式（2–7）带入式（2–4）中，可以得出

$$\mathrm{HBW}_1 = 0.102 \times \frac{2F_1}{\pi D_1\left(D_1 - \sqrt{D_1^2 - d_1^2}\right)} = \frac{0.102F_1}{D_1^2} \times \left[\frac{2}{\pi\left(1 - \sqrt{1 - \sin\frac{\alpha}{2}^2}\right)}\right] \tag{2-8}$$

$$\mathrm{HBW}_2 = 0.102 \times \frac{2F_2}{\pi D_2\left(D_2 - \sqrt{D_2^2 - d_2^2}\right)} = \frac{0.102F_2}{D_2^2} \times \left[\frac{2}{\pi\left(1 - \sqrt{1 - \sin\frac{\alpha}{2}^2}\right)}\right] \tag{2-9}$$

因为是同一种材料，只要试验力与压头直径的平方比率保持为一常数，如果其压入角相同，则所测得的结果定会相同，故有

$$\mathrm{HBW}_1 = \mathrm{HBW}_2$$

$$= \frac{0.102F_1}{D_1^2} \times \left[\frac{2}{\pi\left(1 - \sqrt{1 - \sin\frac{\alpha}{2}^2}\right)}\right] = \frac{0.102F_2}{D_2^2} \times \left[\frac{2}{\pi\left(1 - \sqrt{1 - \sin\frac{\alpha}{2}^2}\right)}\right] \tag{2-10}$$

则

$$\frac{0.102F_1}{D_1^2}=\frac{0.102F_2}{D_2^2}=\frac{0.102F}{D^2}=C \tag{2-11}$$

因此，利用相似原理可以保证同一种材料在不同测试条件下的布氏硬度值相同。对于不同的材料，在相同试验力下所测得的硬度值，也可以通过压痕直径进行比较。

第五节　布氏硬度测试法的应用范围及特点

布氏硬度测试过程采用的压力大、压头球直径大、压痕直径大，适合具有较大晶粒金属材料的硬度测定，如铸铁、有色金属及其合金，还有各种退火、调制处理后的钢材，特别是纯铝、铜、锡、铅、锌等较软的金属及其合金。布氏硬度测试法测量精度高，因此其复现性和代表性好。布氏硬度测试法的不足之处在于操作时间较长，对不同硬度的材料需要选择和更换压头及试验力。

第六节　检测方法和技术条件

布氏硬度检测一般在10℃～35℃的室温下进行，若对温度有严格要求，则应将温度控制在（23±5）℃。布氏硬度试验压头直径与试验力关系如表2-2所示。检测试样表面应平坦光滑，并且不应有氧化皮及外界污染物，尤其是不能有油脂。检测试样表面应能保证压痕直径的精确测量，表面粗糙度参数 $Ra < 1.6$ μm。

表 2–2　布氏硬度试验压头直径与试验力关系（GB/T 231.1—2018）

硬度符号	压头直径 D/mm	试验力 – 压头直径平方之比 $0.102 \times F/D^2$(N/mm²)	试验力的标称值 *F* / N
HBW10/3000	10	30	29 420
HBW10/1500	10	15	14 710
HBW10/1000	10	10	9 807
HBW10/500	10	5	4 903
HBW10/250	10	2.5	2 452
HBW10/100	10	1	980.7
HBW5/750	5	30	7 355
HBW5/250	5	10	2 452
HBW5/125	5	5	1 226
HBW5/62.5	5	2.5	612.9
HBW5/25	5	1	245.2
HBW2.5/187.5	2.5	30	1 839
HBW2.5/62.5	2.5	10	612.9
HBW2.5/31.25	2.5	5	306.5
HBW2.5/15.625	2.5	2.5	153.2
HBW2.5/6.25	2.5	1	61.29
HBW1/30	1	30	294.2
HBW1/10	1	10	98.07
HBW1/5	1	5	49.03
HBW1/2.5	1	2.5	24.52
HBW1/1	1	1	9.807

布氏硬度测试用的压头直径 D 有 10、5、2.5、1 mm 几种。主要依据试样厚度来选择，一般要求压痕的深度 h 应小于试样厚度的 1/10。当试样厚度足够时，应选用直径为 10 mm 的压头。布氏硬度试验中的 $0.102F/D^2$ 的值有 30、15、10、5、2.5、1 几种，其中最为常用的是 30、10、2.5。当压头直径 D 和 $0.102F/D^2$ 的值确定后，试验力也就随之确定。

试验力 – 压头直径平方之比（$0.102F/D^2$）应根据材料和硬度值来选择，不同材料的试验力 – 压头直径平方之比如表 2–3 所示。为保证在尽可能大的有代表性的试验区域检测，应尽可能地选取大直径的压头。在试样尺寸允许的情况下，应优先选择直径为 10 mm 的压头进行试验。

表 2–3　不同材料的试验力 – 压头直径平方之比

材料	布氏硬度 （HBW）	试验力 – 球直径平方之比 （$0.102\ F/D^2$）/（$N \cdot mm^{-2}$）
钢、镍基合金、钛合金		30
铸铁	<140	10
	≥ 140	30
铜和铜合金	<35	5
	35 ～ 200	10
	>200	30
轻金属及其合金	<35	2.5
	35 ～ 80	5
		10
		15
	>80	10
		15
铅、锡		1

注：对于铸铁试样，压头的名义直径为 2.5、5 或 10 mm。

布氏硬度测试时，一般要求采用直径较大的压头，因而所得到的压痕面积较大，其优点是硬度值能反应金属在较大范围内各组成相的平均性能，而不受个别组成相尺寸和分布均匀性的影响，同时测试数据稳定、重现性强。因此，布氏硬度测试法特别适合测试灰铸、轴承合金等具有粗大组织及细小组成相材料的硬度。

在试样制备过程中，应尽量避免由于受热及冷加工等对试样表面硬度的影响。试样厚度至少为压痕深度的 8 倍。为了便于检查压痕深度 h 是否小于或等于试样厚度的 8 倍，h 的计算式为

$$h = 0.102 \times \frac{F}{\pi D \cdot \mathrm{HBW}} \tag{2-12}$$

也可直观检查，如果试样的背面及边缘出现变形痕迹，则测试结果应视为无效。此时，应选用直径较小的硬质合金钢球及相应试验力，重新测试。压痕平均直径与试样厚度关系如表 2–4 所示。

表 2–4　压痕平均直径与试样厚度关系

压痕平均直径 d/mm	试样厚度 h/mm			
	D=1	D=2.5	D=5	D=10
0.2	0.08			
0.3	0.18			
0.4	0.33			
0.5	0.54			
0.6	0.80	0.29		
0.7		0.40		
0.8		0.53		
0.9		0.67		
1.0		0.83		
1.1		1.02		
1.2		1.23	0.58	
1.3		1.46	0.69	
1.4		1.72	0.80	
1.5		2.00	0.92	
1.6			1.05	
1.7			1.19	
1.8			1.34	
1.9			1.50	
2.0			1.67	
2.2			2.04	
2.4			2.45	1.17
2.6			2.92	1.38
2.8			3.43	1.60
3.0			4.00	1.84
3.2				2.10
3.4				2.38
3.6				2.68
3.8				3.00
4.0				3.34
4.2				3.70
4.4				4.08
4.6				4.48
4.8				4.91
5.0				5.36
5.2				5.83
5.4				6.33
5.6				6.86
5.8				7.42
6.0				8.00

注：表内的压头直径分为 1 D/mm、2.5 D/mm、5 D/mm 和 10 D/mm。

布氏硬度的加载时间与材料种类相关。黑色金属的试验力保持时间为 10 ～ 15 s；有色金属较软，塑性变形需要较多时间，其试验力保持时间为 30 s；对于硬度小于 35 的材料，试验力保持时间为 60 s。

压痕直径的测量应在 2 个垂直的方向上进行，用 2 次测量获得的压痕直径的算术平均值进行计算或通过查表得到布氏硬度值。对于数码布氏硬度仪则在输入压痕平均直径后，由其直接给出硬度值。

布氏硬度测试时，压痕中心与试样边缘的距离应不小于压痕平均直径的 2.5 倍。相邻压痕中心距离应不小于压痕直径的 3 倍。

当布氏硬度值大于或等于 100 时，修约为整数；当布氏硬度值为 10 ～ 100 时，修约为一位小数；当布氏硬度值小于 10 时，修约为两位小数。

第三章　洛氏硬度测试法

洛氏硬度测试法最初是由 S. P. Rockwell 和 H. M. Rockwell 在 1914 年提出的。之后，他们在 1919 年和 1921 年分别对硬度计的设计进行了改进，奠定了现代洛氏硬度计的雏形。到 1930 年，C. H. Wilson 进行了更新设计，使洛氏硬度测试法和设备更趋于完善，并且一直沿用至今。洛氏硬度测试法的特点是操作简单、测量迅速，并可从百分表、光学投影屏或显示屏上直接读数。现在，我国已经生产出了用数码管显示并自动打印的洛氏硬度计。同布氏和维氏硬度测试法一样，洛氏硬度测试法成为 3 种最常用的硬度测试法之一。

第一节　洛氏硬度测试法基本原理

洛氏硬度测试法是采用 120°金刚石圆锥或淬火钢球、硬质合金钢球（规定直径）作为压头，在初始试验力 F_0 作用下，再加上主试验力 F_1，即总试验力 F（$F = F_0 + F_1$）作用下，将压头压入试样表面。在总试验力 F 作用下保持规定时间后卸除主试验力 F_1，在保留初始试验力 F_0 作用下，测量压痕残余深度（用 h 表示），以压痕残余深度 h 表示洛氏硬度的高低。深度值越大，硬度值越低；深度值越小，硬度值越高。金刚石圆锥与硬质合金钢球洛氏硬度测试示意图如图 3–1 所示。以压头轴向位移 0.002 mm 为一个洛氏硬度单位，一般可以从百分表或显示屏上直接读出，或通过测深装置测量后显示硬度值。洛氏硬度试验原理如图3–2所示。

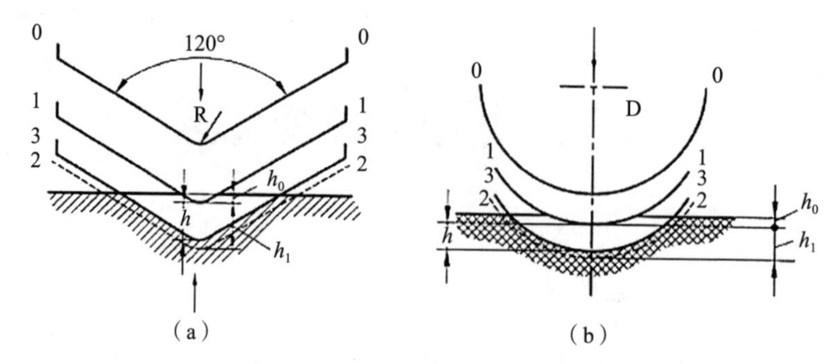

（a）金刚石圆锥；（b）硬质合金钢球。

图 3–1　金刚石圆锥与硬质合金钢球洛氏硬度测试示意图

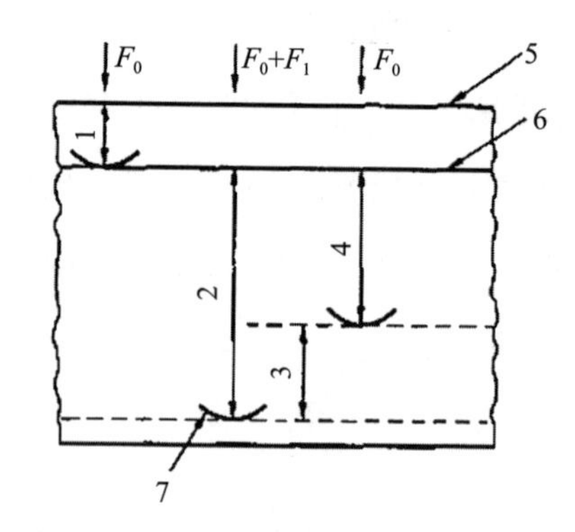

1—在初始试验力 F_0 的压入深度；2—在主试验力 F_1 的压入深度；

3—去除主试验力 F_1 后的弹性回复；4—残余压入深度；

5—试样表面；6—测量基准面；7—压头位置。

图 3–2　洛氏硬度试验原理

第二节　洛氏硬度计算公式

洛氏硬度计算公式为

$$洛氏硬度=N-h/s \tag{3-1}$$

式中：

N——常数，与标尺有关；

s——标尺单位，与标尺有关，单位为 mm；

h——卸除主试验力 F_1 后，在初始试验力 F_0 作用下的永久压痕深度，单位为 mm。

如果洛氏硬度 =100–（h/0.002），则适用于 HRA、HRC 和 HRD 洛氏硬度标尺；

如果洛氏硬度 =130–（h/0.002），则适用于 HRB、HRE、HRF、HRG、HRH 和 HRK 洛氏硬度标尺；

如果洛氏硬度 =100 –（h/0.001），则适用于 HR15N、HR30N、HR45N、HR15T、HR30T 和 HR45T 洛氏硬度标尺。

第三节　洛氏硬度表示方法

洛氏硬度用符号 HR 表示，HR 符号的左边表示硬度值，右边表示使用的标尺和球体材质的符号。

例如，50HRC 表示用 C 标尺测量的洛氏硬度值为 50；70HR30N 表示用 N 标尺和总试验力为 294.2 N 测量的洛氏硬度值为 70；90HRBS 表示用 B 标尺和使用硬质合金钢球压头测量的洛氏硬度值为 90；40HR30TS 表示用 T 标尺和总试验力为 294.2 N 及使用硬质合金钢球压头测量的洛氏硬度值为 40。

第四节　洛氏硬度标尺及技术参数

洛氏硬度试验根据试样的材质、硬度范围及尺寸的不同可以选择不同的压头及试验力，并采用不同的标尺表示。洛氏硬度共有 15 个标尺，各种标尺对应不同的技术参数，如表 3–1 所示。

表 3–1　不同洛氏硬度标尺对应的技术参数

洛氏硬度标尺	硬度符号	压头类型	初始试验力 F_0/N	主试验力 F_1/ N	总试验力 F/N	洛氏硬度范围
A	HRA	120°金刚石圆锥	98.07	490.3	588.4	20 ～ 88 HRA
B	HRBW	硬质合金钢球（直径为 1.5 875 mm）		882.6	980.7	20 ～ 100 HRB
C	HRC	120°金刚石圆锥		1 373	1 471	20 ～ 70 HRC
D	HRD			882.6	980.7	40 ～ 77 HRD
E	HREW	硬质合金钢球（直径为 3.175 mm）		882.6	980.7	70 ～ 100 HRE
F	HRFW	硬质合金钢球（直径为 1.5 875 mm）		490.3	588.4	60 ～ 100 HRF
G	HRGW			1 373	1 471	30 ～ 94 HRG
H	HRHW	硬质合金钢球（直径为 3.175 mm）		490.3	588.4	80 ～ 100 HRH
K	HRKW			1 373	1 471	40 ～ 100 HRK
15N	HR 15 N	120°金刚石圆锥	29.42	117.7	147.1	70 ～ 94 HR 15 N
30N	HR 30 N			264.8	294.2	42 ～ 86 HR 30 N
45N	HR 45 N			411.9	441.3	20 ～ 77 HR 45 N
15T	HR 15 TW	硬质合金钢球（直径为 1.5 875 mm）		117.7	147.1	67 ～ 93 HR 15 T
30T	HR 30 TW			264.8	294.2	29 ～ 82 HR 30 T
45T	HR 45 TW			411.9	441.3	10 ～ 72 HR 45 T

注：W 表示采用碳化钨硬质金属球压头，以前版本国标允许使用钢球压头，并加后缀 S 表示。

15 个标尺中，后 6 个标尺又称为表面洛氏硬度，其具有试验力轻的特点，常常用于表面硬化层及板材的硬度测试。洛氏硬度中常用的为 A/B/C 标尺。A 标尺多用于测量硬度值超过 67 HRC 的金属材料，如碳化钨、硬质合金、硬的薄板材及表面硬化零件等，常用测量范围为 70 ～ 85 HRA。

C 标尺适用于碳钢、工具钢和合金钢等经过淬火及回火处理的试样的硬度处理，测量范围为 20 ～ 70 HRC。当试样硬度低于 20 HRC 时，金刚石压头压入试样过深，由于压头几何形状所造成的误差增大，故测量结果不准确；当试样硬度大于 70 HRC 时，压头尖端产生的压力过大，金刚石容易损坏，一般也不采用。在硬度测试试验中，一般把 C 标尺分为高、中、低 3 个硬度范围。就标准硬度块而言，分别为 20 ～ 30 HRC、35 ～ 55 HRC 及 60 ～ 70 HRC。

B 标尺用来测量有色金属、合金及退火钢及低硬度零件的硬度，测量范围为 20 ～ 100 HRB。当试样硬度小于 20 HRB 时，多数情况下金属开始蠕变，变形延续很长时间，测量结果不容易准确；当试样硬度大于 100 HRB 时，由于硬质合金钢球压头可能变形，以及压入深度太浅，影响精确测量，可能造成误差。

洛氏硬度试验采用测量压入深度的方法，硬度值通过百分表或显示屏直接读出，操作简单迅速、工作效率高，适用于成批零部件的检测，可在现场或生产线上对产品进行抽检，甚至进行 100% 的检测。因此，洛氏硬度试验在生产中得到广泛的应用，是检测产品质量、确定合理加工工艺的主要手段。现有硬度计中约 70% 以上是洛氏硬度计。但这种方法由于金刚石压头的生产、检测水平及测量机构的精度有待提高，故目前的测量精确度不如布氏硬度测试法和维氏硬度测试法高。

第五节　洛氏硬度测试法的应用范围及特点

洛氏硬度检测操作简便、迅速，工作效率高。由于其试验力小，所产生的压痕比布氏硬度测试法压痕小，因而对制件表面没有明显损伤。由于使用金刚石压头和两种不同直径钢球作为压头，故洛氏硬度测试法可以测量从较软到较硬材料的硬度，使用范围广。由于存在预试验力，因此试样表面轻微的不平度对硬度值的影响较布氏硬度测试法、维氏硬度测试法小。可见，洛氏硬度测试法适用于成批生产机械的大量检测、冶金热加工过程中以及半成品或成品检测，特别适用于刃具、模具、量具、工具等的成品制件检测。

一、金属及合金材料和产品的洛氏硬度测试技术

洛氏硬度测试标准采用国际标准 ISO 6508–1:1999（E）《金属材料　洛氏硬度试验 第 1 部分：试验方法》和国家标准 GB/T 230.1—2018《金属材料洛氏硬度试验　第 1 部分：试验方法（A、B、C、D、E、F、G、H、K、N、T 标尺）》。碳素工具钢热处理后的硬度值如表 3–2 所示，合金工具钢热处理后的硬度值如表 3–3 所示。

表 3–2　碳素工具钢热处理后的硬度值

<table>
<tr><th rowspan="2">钢号</th><th>退火后</th><th colspan="3">淬火后</th></tr>
<tr><th>布氏硬度值（HB)</th><th>淬火温度 /° C</th><th>冷却剂</th><th>洛氏硬度值（HRC)</th></tr>
<tr><td>T7、T7A</td><td>≤ 187</td><td>800 ～ 820</td><td rowspan="8">水</td><td rowspan="8">≥ 62</td></tr>
<tr><td>T8、T8A</td><td>≤ 187</td><td>780 ～ 800</td></tr>
<tr><td>T8Mn、T7MnA</td><td>≤ 187</td><td>780 ～ 800</td></tr>
<tr><td>T9、T9A</td><td>≤ 192</td><td>760 ～ 780</td></tr>
<tr><td>T10、T10A</td><td>≤ 197</td><td>760 ～ 780</td></tr>
<tr><td>T11、T11A</td><td>≤ 207</td><td>760 ～ 780</td></tr>
<tr><td>T12、T12A</td><td>≤ 207</td><td>760 ～ 780</td></tr>
<tr><td>T13、T13A</td><td>≤ 217</td><td>760 ～ 780</td></tr>
</table>

表 3–3　合金工具钢热处理后的硬度值

<table>
<tr><th rowspan="2">钢号</th><th rowspan="2">交货状态硬度值
（HB)</th><th colspan="3">淬火后</th></tr>
<tr><th>淬火温度 / ° C</th><th>冷却剂</th><th>洛氏硬度值（HRC)</th></tr>
<tr><td>8Cr3</td><td>255 ～ 207</td><td>850 ～ 880</td><td rowspan="6">油</td><td>≥ 55</td></tr>
<tr><td>9Cr12</td><td>217 ～ 179</td><td>820 ～ 850</td><td>≥ 62</td></tr>
<tr><td>Cr12</td><td>269 ～ 217</td><td>950 ～ 1 000</td><td>≥ 60</td></tr>
<tr><td>CrMn</td><td>241 ～ 197</td><td>800 ～ 830</td><td>≥ 61</td></tr>
<tr><td>5CrMnMo</td><td>241 ～ 197</td><td>820 ～ 850</td><td>≥ 50</td></tr>
<tr><td>Cr2MnSi</td><td>255 ～ 207</td><td>830 ～ 860</td><td>≥ 62</td></tr>
</table>

续表

钢号	交货状态硬度值（HB）	淬火后		
		淬火温度 / °C	冷却剂	洛氏硬度值（HRC）
CrW	285 ～ 229	800 ～ 820	水	≥ 65
3Cr2W8V	255 ～ 207	1 075 ～ 1 125	油	≥ 46
CrWMn	255 ～ 207	800 ～ 830		≥ 62
9CrWMn	241 ～ 197	800 ～ 830		≥ 62
5CrW2Si	285 ～ 229	860 ～ 900		≥ 57
Cr12MoV	255 ～ 207	950 ～ 1 000		≥ 58
8CrV	207 ～ 170	800 ～ 850	水	≥ 61
5CrNiMo	241 ～ 197	830 ～ 860	油	≥ 47
W	229 ～ 187	800 ～ 830	水	≥ 62
W2	255 ～ 207	800 ～ 830		≥ 62
V	217 ～ 197	780 ～ 820		≥ 62

二、碳化钨烧结硬质合金洛氏硬度测试技术

洛氏硬度测试标准主要有 GB/T 3849.1—2015《硬质合金 洛氏硬度试验（A 标尺）第 1 部分：试验方法》、GB/T 230.1—2018《金属材料 洛氏硬度试验 第 1 部分：试验方法（A、B、C、D、E、F、G、H、K 标尺）》、GB/T 10417—2008《碳化钨钢结硬质合金技术条件及其力学性能的测试方法》。标准摘要中 HRC 和 HRA 的应用指出：当被测试样的硬度值为 20 ～ 67 HRC 时，其硬度应采用 C 标尺测量，并用 HRC 表示；当被测试样的硬度值大于 67 HRC 时，其硬度采用 A 标尺测量，并用 HRA 表示。试样厚度：退火态，不得小于 1.5 mm；淬火或淬火低温回火态，不得小于 1.0 mm。碳化钨（或碳化钛）作硬质（化）相，以各种合金钢粉末作黏结相（剂），经配料混合、压制和烧结而成为粉末冶金材料。碳化钨烧结硬质合金的牌号、成分及硬度值如表 3–4 所示。

表 3-4　碳化钨烧结硬质合金的牌号、成分及硬度值

牌号	成分 / %								密度 / ($kg \cdot m^{-3}$)	硬度值 (HRC)		横向断裂强度 Rtr / MPa②
	硬质相 WC	黏结相								铸造态	淬火回火态	
		总量	C	Cr	Mo	Ni	Mn	Fe				
F3000①	50	50	≥ 0.5	≥ 1.0	≥ 0.5	—	—	余量	$\geq 10.20 \times 10^3$	≥ 42	≥ 64	2 200
F3001	40	50	≥ 0.6	≥ 0.8	≥ 1.7	≥ 1.7	≥ 0.5	余量	$\geq 9.70 \times 10^3$	≥ 34	≥ 62	2 800
F3002	30	70	≥ 0.4	≥ 0.8	≥ 0.6	≥ 1.6	—	余量	$\geq 9.00 \times 10^3$	≥ 32	≥ 60	2 700

资料来源：GB/T 10417—2008《碳化钨钢结硬质合金技术条件及其力学性能的测试方法》。

注: ①第 1 位符号“F”表示粉末冶金材料，第 2 位符号“3”表示工具材料，第 3 位符号“0”表示烧结硬质合金，第 4、第 5 位符号“0”表示碳化钨钢结硬质合金牌号顺序号。

②淬火回火态性能。

第六节　洛氏硬度检测及注意事项

一、检测前准备

用于进行洛氏硬度检测的硬度计及压头应符合 GB/T 230.2—2012 中关于洛氏硬度计技术条件的要求。试验环境温度一般控制在 10 ～ 35 ℃，若对精度要求比较高，则测试的环境温度应控制在（23±5）℃。

试样的工作面、支撑面及工作台应清洁，试样应稳固地放置于工作台，以保证在试验过程中不产生位移和变形，圆柱形试样应使用 V 形工作台进行试验。对于轻微弯曲的薄板及表面不平坦的试样应使用直径约为 6 mm、洛氏硬度不低于 60 HRC 的圆柱工作台进行试验，试验时应将凹面朝上放置。在使用 T 标尺试验时，对不能满足上述圆柱工作台要求的试样，应采用中心镶有金刚石垫的工作台试验，对此试样的支撑台应在实验报告中表明。另外，在任何情况下，都不允许压头与工作台及支座触碰。试样支撑面、支座及工作台的工作面上均不得有压痕痕迹。

检测前，应使用与试样硬度值相近的标准洛氏硬度块对硬度计进行校验，在符合误差范围内进行检测。

二、试样的选择和制备

试样应具有一定的大小和厚度，能保证试验点的均匀分布，保证两相邻压痕中心之间的距离不小于压痕直径的 4 倍（或至少为 2 mm）；压痕中心至试样边沿的距离不小于压痕直径的 2.5 倍（或至少为 1 mm）。

洛氏硬度试验试样或试验层的厚度应不小于残余压痕深度的 10 倍；使用硬质合金钢球压头试验时，其厚度应不小于残余压痕深度的 15 倍。试验后，试样背面不应出现明显的变形痕迹。试样最小厚度与洛氏硬度值的关系、用硬质合金钢球压头试验（B、E、F、G、H、K）HR 与试样最小厚度的关系分别如图 3-3 和图 3-4 所示。

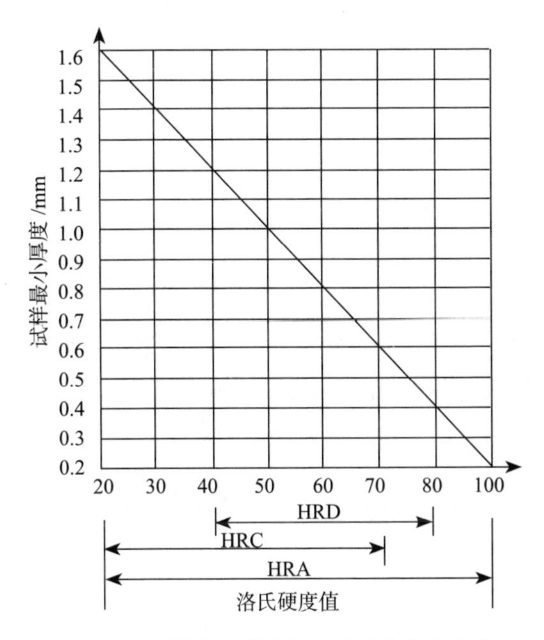

图 3-3　试样最小厚度与洛氏硬度值的关系

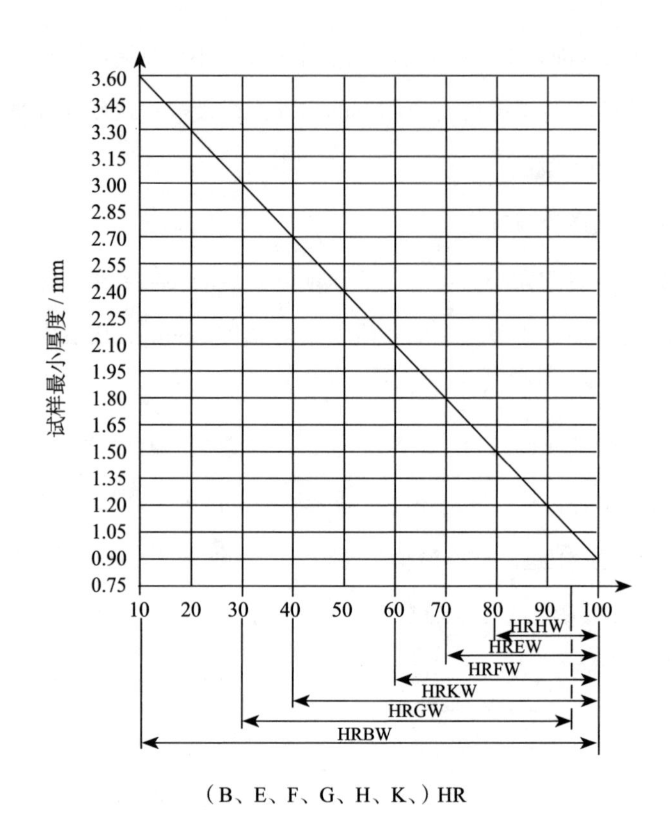

图 3-4　用硬质合金钢球压头试验（B、E、F、G、H、K）HR 与试样最小厚度的关系

试样表面应光滑平整，无氧化皮及污物。试样表面粗糙度 $Ra \leqslant 0.8$ μm。如果试样表面需经过研磨等加工，在加工时应不影响材料的硬度。对圆柱试样的测试结果应进行修正；对凸圆柱面试样，由于硬度测试值降低，应加上修正量。在凸圆柱面上试验的洛氏硬度修正值（用金刚石圆锥压头试验 A、C、D 标尺）和在凸圆柱面上试验的洛氏硬度修正值（用 1.5 875 mm 硬质合金钢球压头试验 B、F、G 标尺）分别如表 3-5 和表 3-6 所示。

表 3–5　在凸圆柱面上试验的洛氏硬度修正值（用金刚石圆锥压头试验 A、C、D 标尺）

洛氏硬度读数	洛氏硬度修正值（HR）								
	曲率半径 /mm								
	3	5	6.5	8	9.5	11	12.5	16	19
20	—	—	—	2.5	2	1.5	1.5	1	1
25	—	—	3	2.5	2	1.5	1	1	1
30	—	—	2.5	2	1.5	1.5	1	1	0.5
35	—	3	2	1.5	1.5	1	1	0.5	0.5
40	—	2.5	2	1.5	1	1	1	0.5	0.5
45	3	2	1.5	1	1	1	0.5	0.5	0.5
50	2.5	2	1.5	1	1	0.5	0.5	0.5	0.5
55	2	1.5	1	1	0.5	0.5	0.5	0.5	0
60	1.5	1	1	0.5	0.5	0.5	0.5	0	0
65	1.5	1	1	0.5	0.5	0.5	0.5	0	0
70	1	1	0.5	0.5	0.5	0.5	0.5	0	0
75	1	0.5	0.5	0.5	0.5	0.5	0	0	0
80	0.5	0.5	0.5	0.5	0.5	0	0	0	0
85	0.5	0.5	0.5	0	0	0	0	0	0
90	0.5	0	0	0	0	0	0	0	0

注：因大于 3 HRA、3 HRC 和 3 HRD 的修正值太大，故不在表中规定。

表 3–6　在凸圆柱面上试验的洛氏硬度修正值

（用 1.5 875 mm 硬质合金钢球压头试验 B、F、G 标尺）

洛氏硬度读数	洛氏硬度修正值（HR）						
	曲率半径 /mm						
	3	5	6.5	8	9.5	11	12.5
20	—	—	—	4.5	4	3.5	3
30	—	—	5	4.5	3.5	3	2.5
40	—	—	4.5	4	3	2.5	2.5
50	—	—	4	3.5	3	2.5	2
60	—	5	3.5	3	2.5	2	2
70	—	4	3	2.5	2	2	1.5
80	5	3.5	2.5	2	1.5	1.5	1.5
90	4	3	2	1.5	1.5	1.5	1
100	3.5	2.5	1.5	1.5	1	1	0.5

注：因大于 5 HRB、5 HRF 和 5 HRG 的修正值太大，故不在表中规定。

表 3–7 为在凸球面上试验的洛氏硬度的修正值，修正值 ΔH 的计算公式为：

$$\Delta H = 59 \times \frac{\left(1 - \frac{H}{160}\right)^2}{d} \qquad (3\text{–}2)$$

式中：

H——洛氏硬度读数；

d——凸球面直径，单位为 mm。

表 3–7　在凸球面上试验的洛氏硬度的修正值

洛氏硬度读数 H	凸球面直径 d / mm								
	4	6.5	8	9.5	11	12.5	15	20	25
55 HRC	6.4	3.9	3.2	2.7	2.3	2	1.7	1.3	1.0
60 HRC	5.8	3.6	2.9	2.4	2.1	1.8	1.5	1.2	0.9
65 HRC	5.2	3.2	2.6	2.3	1.9	1.7	1.4	1.0	0.8

第四章　维氏硬度测试法

维氏硬度测试法首先是于 1924 年由 R. L. Smith 和 G. E. Sandlnd 合作提出的。之后由英国 Vicker–Armstrongs 公司于 1925 年第一个制造出这种硬度计，因而习惯称之为维氏硬度测试法。

第一节　维氏硬度测试法基本原理

维氏硬度试验原理（见图 4–1）基本上和布氏硬度试验法相同，采用的是面角为 136°的正四菱锥体金刚石压头，在一定的静载力作用下压入试样表面，保持规定时间后，卸除试验力，并测量试样表面压痕对角线长度。维氏硬度所用的载荷有 1、3、5、10、20、30、50、100、120 kg 等，负载的选择主要取决于试样的厚度，并据此计算出压痕凹印面积。维氏硬度是试验力除以压痕表面积所得的商，压痕被视为具有正方形基面并与压头角度相同的理想形状。

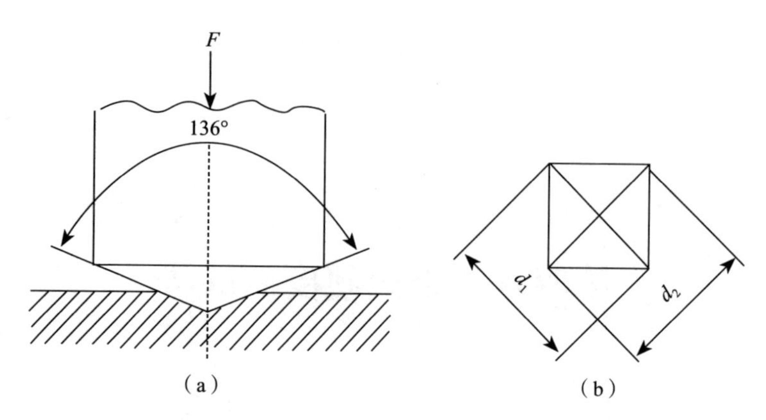

（a）压头（金刚石椎体）;（b）维氏硬度压痕。

图 4–1　维氏硬度试验原理

第二节　维氏硬度计算公式

维氏硬度符号用 HV 表示，在查阅文献资料时应注意，国外常用 HV，也有用 DPN、DPH 表示维氏硬度的，这些均代表金刚石的维氏硬度值。维氏硬度压痕计算原理如图 4–2 所示。

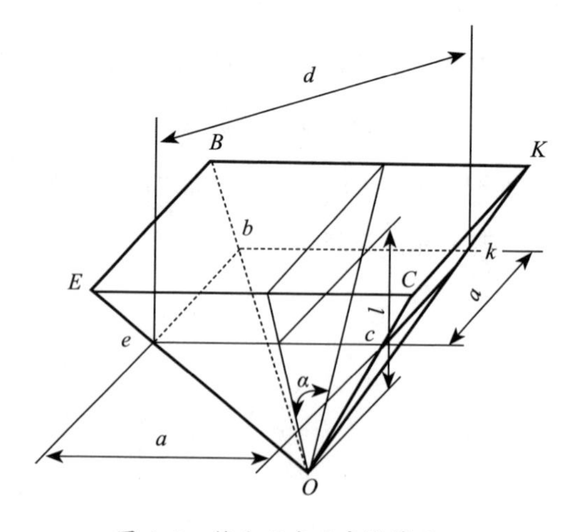

图 4–2　维氏硬度压痕计算原理

根据维氏硬度定义，其计算公式为

$$\mathrm{HV}=\text{常数}\times\frac{\text{试验力}}{\text{压痕表面积}}=\frac{0.102F}{A} \tag{4-1}$$

式中：

HV ——维氏硬度符号；

F ——载荷，试验力，单位为 N；

A ——压痕表面积，单位为 mm^2；

常数 —— $1/g=1/9.80\,665\approx 0.102$。

角锥凹印一个面的面积 S 的计算公式为

$$S=\frac{1}{2}a\times l=\frac{\frac{1}{2}\times a\times a}{2\sin\frac{\alpha}{2}}=\frac{\frac{a^2}{4}}{\sin\frac{\alpha}{2}} \tag{4-2}$$

式中：

l ——印痕凹印每面斜三角的高，单位为 mm。

因为 $A=4S$，所以 $A=\dfrac{a^2}{\sin\frac{\alpha}{2}}$。

又因为 $d^2=2a^2$，$a=\dfrac{d}{\sqrt{2}}$，故

$$A=\frac{\left(\frac{d}{\sqrt{2}}\right)^2}{\sin\frac{\alpha}{2}}=\frac{d^2}{2\sin\frac{\alpha}{2}} \tag{4-3}$$

式中：

d ——压痕对角线长度，单位为 mm。

将式（4–3）代入式（4–1），则有

$$\mathrm{HV}=\frac{0.102F}{\dfrac{d^2}{2\sin\dfrac{\alpha}{2}}}=\frac{0.102F\times 2\sin\dfrac{\alpha}{2}}{d^2}$$

当 α=136°时，

$$\mathrm{HV}=\frac{0.102F\times 2\sin 68^\circ}{d^2}=0.189\ 1\times\frac{F}{d^2} \tag{4-4}$$

式（4–4）的结果数据与载荷原用千克力相同，这是因为力值用 N 作为单位时，定义 9.807 N/mm^2 为 1 维氏硬度单位（9.807×0.102 ≈ 1）。当载荷已知时，只要测得压痕对角线长度，就可以求出维氏硬度值。目前，普遍使用的数显维氏硬度仪具有自动计算硬度值功能。测量 d 值后，在维氏硬度仪中输入测量值即可得出相应的硬度值。

第三节　维氏硬度表示方法

维氏硬度用 HV 表示，符号之前为硬度值，符号之后的顺序排列是选择的试验力值保持时间（10 ～ 15 s 不标注）。例如，60HV10/30，其硬度值为 60，试验力为 10 kgf（98.07 N），试验力保持时间为 30 s。

用 HM、VPN、HD 表示小负荷和显微维氏硬度，国际标准按 3 个试验力范围规定了测定金属维氏硬度的方法。维氏硬度试验力范围、硬度符号和试验名称如表 4–1 所示。

表 4–1　维氏硬度试验力范围、硬度符号和试验名称

试验力范围 /N	硬度符号	试验名称
$F \geqslant 49.03$	≥ HV5	维氏硬度试验
$1.961 \leqslant F < 49.03$	HV0.2 ～ HV5	小负荷维氏硬度试验
$0.098\ 07 \leqslant F < 1.961$	HV0.01 ～ HV0.2	显微维氏硬度试验

维氏硬度表示方法中涉及的符号及说明如表 4–2 所示。

表 4–2　维氏硬度表示方法中涉及的符号及说明

符号	说明	单位
α	金刚石压头顶部两相对面夹角 (136°)	°
F	试验力	N
d	两压痕对角线长度 d_1 和 d_2 的算术平均值	mm
HV	维氏硬度 = 常数 × $\frac{试验力}{压痕表面积}$ $=0.102\times\frac{2F\sin\frac{136°}{2}}{d^2}\approx 0.1891\times\frac{F}{d^2}$	

注：常数 $=1/g=1/9.80\ 665\approx 0.102$。

第四节　相似原理及应用

维氏硬度试验是在布氏和洛氏硬度测试法的基础上发展起来的。维氏硬度测试法从压头设计和压头材料的选择上进行了改进，采用正四棱锥金刚石压头，并选一定的面角 α，此时一定硬度材料的 F/d^2 是常数。当载荷改变时，压痕的几何形状相似，由压痕表面积的计算过程中还可以看出，压痕表面积 A 与压痕对角线长度 d^2 成正比关系。因此，在维氏硬度试验时对于硬度均匀的材料可以任意选择载荷，其硬度值不变，这是维氏硬度测试法最大的优点。

维氏硬度测试法之所以选择面角为 136°的角椎体，是为了使维氏硬度和布氏硬度具有相近值，以便进行比较。在布氏硬度测试法中，当 d=0.375 D 时，载荷对布氏硬度值影响最小，此时硬质合金钢球的压入角为 44°，其压印得到的外切交角为 136°。维氏硬度测试法的压头选用正面棱角锥，并使其面角为 136°，这样角椎体压头的压入角也为 44°。维氏硬度压头的角度如图 4–3 所示。

因为压入角相同，故在中、低硬度值范围内布氏硬度测试法和维氏硬度测试法对于同一均匀材料会得到相等或很相近的硬度值。例如，当硬度值在 400 以下时，HV 值约等于 HB 值。这是因为两种试验方法均是以凹印的单位面积上承受抗力的大小来反映硬度值的高低的。在压入角相同（44°）的条件下，同一材料单位面积上的抗力相等。HB 和 HV 的关系曲线如图 4–4 所示。

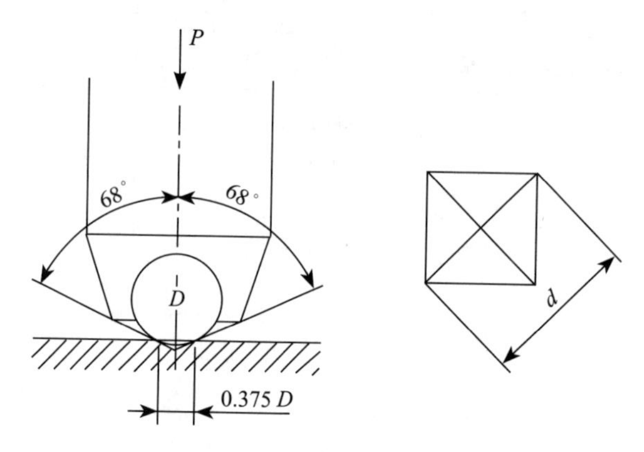

图 4–3　维氏硬度压头的角度

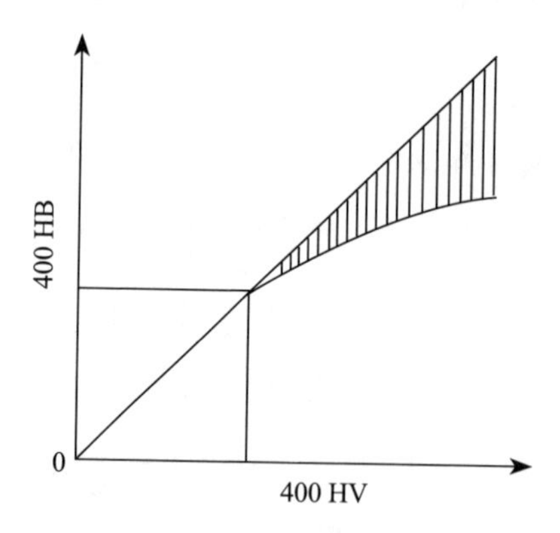

图 4–4　HB 和 HV 的关系曲线

第五节　维氏硬度测试法的特点及应用

维氏硬度试验广泛应用于材料科学研究工作中，特别适用于表面强化处理后的制件或试样，如氮化、渗碳、渗钒等以及各种镀层试样的表层硬度测定。与布氏、洛氏硬度试验相比，维氏硬度试验具有以下 4 个优点。

（1）由于维氏硬度试验采用了四方金刚石角锥体压头，在各种载荷作用下所得的压痕相似，因此其载荷大小可以任意选择，所有硬度值均相同，不受布氏硬度试验中的试验力 F 和压头直径 D 规定条件的约束，也不存在压头变形问题。

（2）维氏硬度测试法测量范围宽，软硬材料都可测试，又不存在洛氏硬度测试法不同标尺硬度无法统一的问题，并且比洛氏硬度测试法能更好地测定薄件或薄层的硬度，因而常用来测试表面硬化层以及仪表零件等的硬度。

（3）由于维氏硬度的压痕为一轮廓清晰的正方形，其对角线长度易于精确测量，故其精度较布氏硬度测试法高。

（4）当材料的硬度小于 450 HV 时，维氏硬度值与布氏硬度值大致相同。

维氏硬度试验的缺点是其硬度值需要通过测量对角线后才能计算（或查表）出来，因此效率没有洛氏硬度试验高，但随着自动维氏硬度机的发展，这一缺点将不复存在。其在金属材料和尖端产品的应用中，仅次于布氏硬度测试技术，尤其是在试样的高维氏硬度及金相组织研究上应用较多。

维氏硬度测试标准主要有 GB/T 4340.1—2009《金属材料 维氏硬度试验　第 1 部分：试验方法》。

纯金属显微维氏硬度（试验力为 0.09 807 ～ 0.1 471 N）如表 4–3 所示。合金材料中各组成相的显微维氏硬度如表 4–4 所示。

表 4–3　纯金属显微维氏硬度（试验力为 0.098 07 ~ 0.147 1 N）

材料	表面处理	硬度值（HV）
铝	铸造光滑表面（铸于抛光板上）	18.2 ～ 21.0
	变形后 400 ℃退火 4 h，不抛光	21.0 ～ 25.0
铜	电解铜经过再熔化，不抛光	32.0 ～ 42.0
	电解铜经过再熔化，机械抛光	75.0 ～ 94.0
锌	铸造，不抛光	47.0 ～ 57.0
	铸造，机械抛光	58.0 ～ 61.0
锡	铸造，不抛光	9.0 ～ 10.0
	铸造，机械抛光	9.0
铅	铸造，不抛光	5.3 ～ 6.0
	铸造，机械抛光	5.3 ～ 6.8
镉	铸造，不抛光	34.0 ～ 37.0
	铸造，机械抛光	38.0 ～ 46.0

表 4–4　合金材料中各组成相的显微维氏硬度

材料	相	试验力 / N	对角线长度 / μm	维氏硬度 / HV
钢和铸铁	奥氏体		10	345 ～ 450
	贝氏体	0.294 2		485
	渗碳体	0.980 7	10	1 020 ～ 1 080
	铁素体	0.294 2		205
	马氏体		10	670 ～ 1 200
	珠光体		10	350 ～ 500
	索氏体		10	230 ～ 320
铝合金	Al_4Ba		10	280
	Al_4Ca		10	200
	Al_2Cu		5 ～ 10	560
	Al_4Fe		5 ～ 10	960

续表

材料	相	试验力 / N	对角线长度 / μm	维氏硬度 / HV
铝合金	Al_6Mn	0.098 07	5 ～ 10	540
	Al_3Ni			523 ～ 551
	Al_3V		5 ～ 10	395
	Al_3Zr		10	560
	Al_4Sr		10	160
铜合金	黄铜中 α 相	0.490 3	35.4	75.0
	黄铜中 β 相	0.490 3	26.4	135.0
	青铜中 α 相			97.1 ～ 121.0
	青铜中 ω 相			13.9 ～ 12.1
其他合金	CuAl	0.490 3		580
	Cu_2O		10	240 ～ 260
	$FeAl_2$			1 290
	PbTe		10	46

第六节　检测方法及技术条件

与其他检测方法一样，维氏硬度试验结果不仅与检测材料本身有关，同时与实验条件密切相关。维氏硬度试验一般在 10 ～ 35 ℃的室温下进行。对精度要求较高的检测，其温度应控制在（23±5）℃内。实验应在无振动、无腐蚀性气体的环境中进行，用于进行维氏硬度检测的硬度计和压头应符合 GB/T 4340.2—2012 中的相关要求。维氏硬度检测试验力如表 4–5 所示。

表 4–5　维氏硬度检测试验力

维氏硬度测验		小负荷维氏硬度试验		显微维氏硬度试验	
硬度符号	试验力 /N	硬度符号	试验力 /N	硬度符号	试验力 /N
HV5	49.03	HV0.2	1.961	HV0.01	0.098 07
HV10	98.07	HV0.3	2.942	HV0.015	0.147 1
HV20	196.1	HV0.5	4.903	HV0.02	0.196 1
HV30	294.2	HV1	9.807	HV0.025	0.245 2
HV50	490.3	HV2	19.61	HV0.05	0.490 3
HV100	980.7	HV3	29.42	HV0.1	0.980 7

注：1. 维氏硬度试验可使用大于 980 N 的试验力。

2. 显微维氏硬度试验力可为推荐值。

试验力的选择要根据试样的厚度和预期的硬度范围来定。在试样或零件有足够厚度的情况下，宜采用较大的试验力，这样可获得较大的压痕，便于对其对角线的测量，减小测量误差，提高试验结果的准确性。但对于硬材料，如经过热处理的硬质钢材（500 HV），不宜采用 490.3 N 的试验力，以免损坏金刚石压头；但也不宜采用使压痕对角线长度小于 0.1 mm 的试验力来测试，因为这样测试时将明显增大测量误差，降低试验结果的准确性。

维氏硬度试验常常用于测量渗碳、氮化及表面淬火层、薄钢板及道口、小零件等的硬度，因此必须根据试样或试样层的最小厚度选择适当的试验力从而获得可靠的试验结果。图 4–5 为试样最小厚度、试验力和硬度的关系（HV0.2 ～ HV100）。

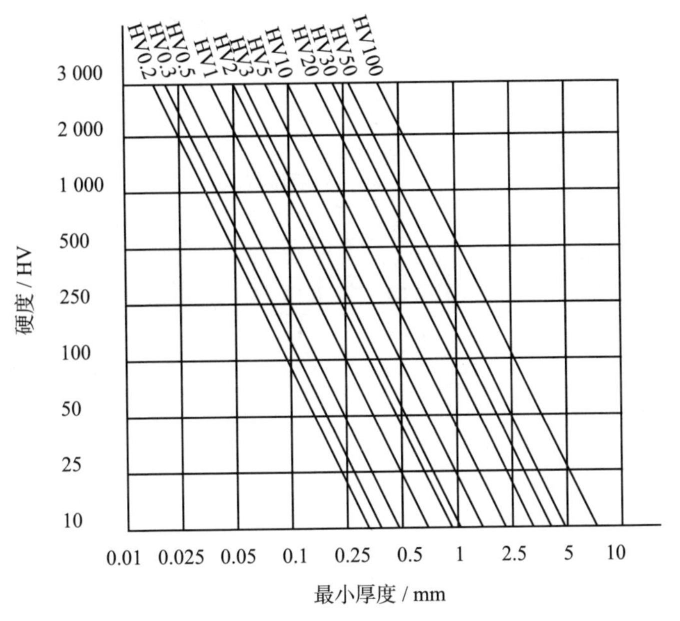

图 4–5　试样最小厚度、试验力和硬度的关系（HV0.2 ～ HV100）

测试方法规定，试样或试验层的厚度至少为压痕对角线长度的 1.5 倍，从而保证试验后试样背面不会出现肉眼可见的变形痕迹。根据这个关系，表 4–6 至表 4–8 提出了试样最小厚度与不同试验力选用表。

表 4–6　试样最小厚度和试验力选用表（一）

HV	试验力 /N(kgf)							
	0.049 (HV0.005)	0.098 07 (HV0.01)	0.147 1 (HV0.015)	0.196 1 (HV0.02)	0.245 2 (HV0.025)	0.490 3 (HV0.05)	0.980 7 (HV0.1)	1.961 4 (HV0.2)
	厚度 / mm							
50	0.019	0.028	0.034	0.039	0.043	0.062	0.087	0.123
100	0.013	0.020	0.024	0.028	0.031	0.043	0.061	0.087
200	0.009 7	0.014	0.017	0.020	0.022	0.031	0.043	0.062
300	0.008	0.011	0.014	0.016	0.018	0.025	0.036	0.050
400	0.006 9	0.010	0.012	0.014	0.015	0.022	0.031	0.043
500	0.006 2	0.008 7	0.011	0.012	0.014	0.019	0.028	0.039
600	0.005 6	0.008	0.010	0.011	0.013	0.018	0.025	0.036
700	0.005 2	0.007	0.009 0	0.010	0.012	0.016	0.023	0.033
800	0.004 9	0.006 9	0.008 4	0.009 7	0.011	0.015	0.022	0.031
900	0.004 5	0.006 4	0.008 0	0.009 1	0.010	0.014	0.021	0.029
1 000	0.004 3	0.006	0.007 5	0.008 6	0.009	0.013 8	0.019	0.028
1 200	0.003 9	0.005 6	0.006 9	0.007 9	0.008 8	0.013	0.018	0.025
1 400	0.003 6	0.005 2	0.006 4	0.007 3	0.008 2	0.012	0.016	0.023

表 4-7　试样最小厚度和试验力选用表（二）

HV	试验力 /N（kgf）							
	1.961 (HV0.2)	2.942 (HV0.3)	4.903 (HV0. 5)	9.807 (HV1)	19.61 (HV2)	29.42 (HV3)	39.22 (HV4)	49.3 (HV5)
	厚度 / mm							
50	0.12	0.15	0.19	0.27	0.38	0.47	0.54	0.61
100	0.086	0.13	0.14	0.19	0.28	0.33	0.39	0.43
200	0.062	0.075	0.097	0.14	0.19	0.24	0.27	0.31
300	0.050	0.062	0.080	0.11	0.16	0.19	0.22	0.25
400	0.043	0.053	0.069	0.10	0.14	0.17	0.20	0.22
500	0.039	0.048	0.062	0.09	0.12	0.15	0.17	0.19
600	0.036	0.043	0.057	0.08	0.11	0.14	0.16	0.18
700	0.033	0.040	0.052	0.073	0.10	0.13	0.15	0.16
800	0.031	0.038	0.049	0.069	0.097	0.12	0.14	0.15
900	0.029	0.036	0.046	0.065	0.095	0.11	0.13	0.14
1 000	0.028	0.034	0.043	0.060	0.090	0.10	0.12	0.13
1 200	0.025	0.031	0.040	0.056	0.079	0.095	0.11	0.12
1 400	0.023	0.028	0.037	0.051	0.073	0.090	0.103	0.11

表 4-8　试样最小厚度和试验力选用表（三）

HV	试验力 /N(kgf)					
	49.03 (HV5)	98.07 (HV10)	196.1 (HV20)	294.2 (HV30)	490.3 (HV50)	980.7 (HV100)
	厚度 / mm					
50	0.62	0.87	1.23	1.50	1.94	2.75
100	0.43	0.61	0.86	1.06	1.37	1.95
200	0.31	0.43	0.62	0.75	0.97	1.4
300	0.25	0.36	0.50	0.62	0.80	1.2
400	0.22	0.31	0.43	0.53	0.69	1.0
500	0.19	0.28	0.39	0.48	0.61	0.86
600	0.18	0.25	0.36	0.44	0.56	0.80
700	0.16	0.23	0.32	0.40	0.51	0.74
800	0.15	0.22	0.31	0.38	0.49	0.69
900	0.14	0.21	0.29	0.36	0.46	0.64
1 000	0.13	0.19	0.28	0.34	0.44	0.62
1 200	0.12	0.18	0.25	0.31	0.40	0.56
1 400	0.11	0.16	0.23	0.28	0.37	0.52

第五章　纳米压痕技术

纳米压痕技术又称为微压入技术，不仅可用于测量硬质膜和耐磨薄镀层的硬度，还可以得到弹性模量、屈服强度、塑性变形阻力等力学性能数据。纳米压痕技术是20世纪80年代发展起来的一门技术，主要用于测试试样的硬度。传统的硬度测试是将一特定形状的压头用一个垂直压力压入试样，根据卸载后的压痕照片获得材料表面留下的压痕半径或用对角线长度计算出压痕面积。随着现代微电子材料科学的发展，试样规格越来越小型化，传统的压痕测量方法逐渐暴露出它的局限性，一是这种方法仅能得到材料的塑性性质，二是这种测量方法只适用于较大尺寸的试样。新兴纳米压痕技术的产生很好地解决了传统的压痕测量方法的缺陷。纳米力学性能测试系统具有高精密的设计，其载荷力分辨率小于 10^{-9} N；位移分辨率小于0.01 nm。超低噪声的测试平台的载荷力分辨率能达到 10^{-9} N以下，因此精密的设计能准确反映材料的真实变化。高精度的原位微纳米力学测试系统提供了不同的测试模式，如压痕、加载控制、位移控制、原位扫描成像等测试方法，并备有快速高级的数据采集器和软件自动化设定功能，以及宽阔的函数设置范围；同时，可精密检测材料在压力下产生的微观变化，能对材料进行局部深入研究，如材料的失效、变形、断裂、疲劳、蠕变、剥离等力学行为，是目前国内外学者进行材料微观力学性能分析的常用手段和重要研究方法。

第一节　纳米压痕测量原理

在纳米压痕测量技术中，最常用的力学性质就是硬度 H 和弹性模量 E。对于各向同性材料，如果不存在与时间相关的形变，如蠕变和黏弹性形变，以及在压痕过程中材料不存在凸出行为，则硬度和弹性模量的测量精度通常优于 10% 以内。

纳米压痕测量技术是 Oliver 和 Pharr 在 1992 年提出的，他们在经典弹性接触力学的基础上，根据试验测得载荷－位移曲线，从载荷曲线的斜率可以求出弹性模量，而硬度值则可由最大加载载荷和压痕的残余变形面积求得。该方法是目前世界上主要商业化纳米硬度测试所设置的材料硬度和弹性模量的计算方法。

一、硬度和弹性模量的测试原理

测试材料的硬度和弹性模量，是通过分析压痕试验加载－卸载循环过程中得到的载荷－位移曲线来实现的。图 5-1 为纳米压痕实验载荷－位移曲线，图中，载荷用符号 P 来表示，位移用符号 h 来表示。在加载过程中，材料会发生弹性、塑性变形，而在卸载过程中，只有弹性变形能够恢复。因此，卸载曲线反应的是材料的弹性恢复过程，而最终形成的残余变形反映的是材料的塑性性质。

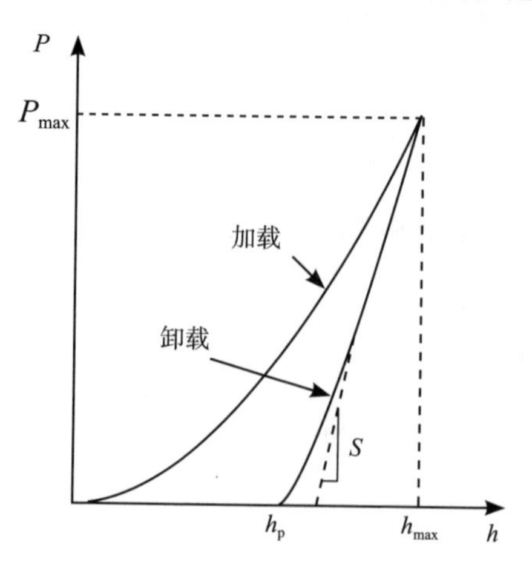

图 5-1　纳米压痕实验载荷－位移曲线

这里有几个重要的物理参数：最大载荷 P_{max}、最大深度 h_{max}、完全卸载后的残余深度 h_p，以及卸载曲线顶部的斜率 $S=dP/dh$（称为弹性接触刚度）。根据这些物理参数以及下述 2 个基本关系式，可以计算出被测材料的硬度和约化弹性模量。

$$H=\frac{P}{A} \tag{5-1}$$

$$E_r=\frac{\sqrt{\pi}}{2\beta}\frac{S}{\sqrt{A}} \tag{5-2}$$

式中：

P——在任意压痕深度处的载荷；

A——在载荷 P 作用下压头与材料的接触面积；

E_r——约化弹性模量；

S——弹性接触刚度；

β——与压头几何形状相关的常数。

对于不同形状的压头，β 值不同。例如，具有圆形截面的圆锥和球形压头 $\beta=1$；具有方形截面的维氏压头 $\beta=1.012$；具有三角形截面的玻氏和立方角形压头 $\beta=1.034$。被测材料的弹性模量的计算公式为

$$\frac{1}{E_r}=\frac{1-v^2}{E}+\frac{1-{v_i}^2}{E_i} \tag{5-3}$$

式中：

E_r——被测材料的弹性模量；

v——被测材料的泊松比；

E_i——压头的弹性模量；

v_i——压头的泊松比。

对于不同材料的压头，其弹性模量和泊松比是不一样的。对于金刚石压头，E_i=1 141 GPa，v_i=0.07。

值得注意的是，纳米压痕硬度的定义与传统硬度定义有所不同。纳米压痕硬

度测试在计算硬度时所用的面积是指在载荷作用下的接触面积，同时包括弹性变形和塑性变形的贡献。而传统硬度测试在计算硬度时所用的面积是指卸载后压痕的残余面积，仅是塑性变形的贡献。因此，只有在塑性变形起主要作用的过程中，两种定义才能给出相近的结果。但是，研究表明，即使材料在压痕实验过程中发生明显的弹性变形，通过上述的模型和公式计算出的接触面积与残余面积也非常接近，即两种定义能给出的硬度值是非常接近的。

二、弹性接触刚度和接触面积的确定

为了从式（5–1）至式（5–3）中计算出硬度和弹性模量，必须准确地知道弹性接触刚度和接触面积。纳米压痕硬度测试与传统硬度测试的一个根本区别是传统方法通过光学显微镜观察卸载后的残余压痕并确定其面积，而纳米压痕技术则通过经验公式直接由接触深度计算接触面积。目前，Oliver–Pharr 法是计算接触面积最常用的方法。这种方法首先将卸载曲线的载荷 – 位移关系拟合为一个指数方程，即

$$P=B\left(h-h_{\mathrm{f}}\right)^{m} \tag{5–4}$$

式中：

B——拟合参数；

m——拟合参数；

h——压入深度；

h_{f}——完全卸载后的残余深度。

弹性接触刚度可根据式（5–4）的微分计算得出，即

$$S=\left(\frac{\mathrm{d}P}{\mathrm{d}h}\right)_{h=h_{\max}}=Bm\left(h_{\max}-h_{\mathrm{f}}\right)^{m-1} \tag{5–5}$$

如果对一条完整的卸载曲线进行拟合，则式（5–4）并不能提供正确的描述。在这种情况下，如果根据拟合整条卸载曲线得到的参数来计算弹性接触刚度，则将导致非常大的误差。因此，确定弹性接触刚度的曲线拟合通常仅取卸载曲线顶部的 25% ～ 50%。

为确定接触面积，必须知道接触深度，图 5–2 为纳米压痕实验的压痕剖面，图中给出了加、卸载过程中表征压头和材料基础情况的一些参数及它们之间的关系。对于弹性接触，其接触深度 h_c 总小于压痕深度 h，接触深度的计算公式为

$$h_c=h_{max}-h_s \tag{5–6}$$

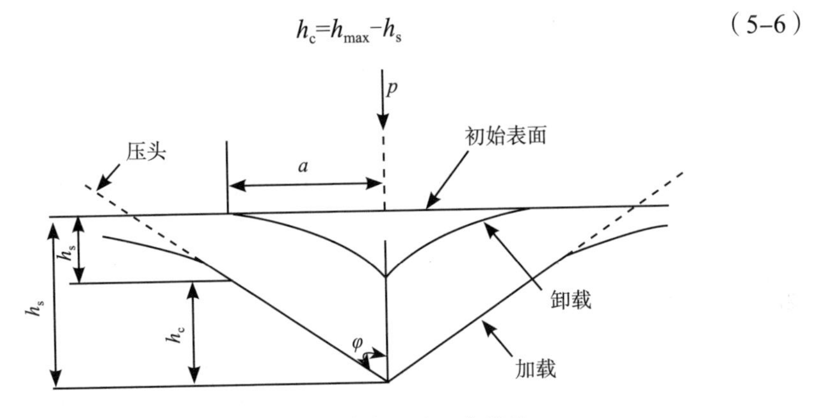

图 5–2　纳米压痕实验的压痕剖面

式中：

h_s——压头和材料未接触的深度，可以表示为

$$h_s=\varepsilon\frac{P_{max}}{S} \tag{5–7}$$

式中：

ε——与压头形状有关的常数。

对于球形或棱锥形（玻氏、维氏）压头，ε=0.75；对于圆锥压头，ε=0.72。

将式（5–7）带入式（5–6）可得接触深度为

$$h_c=h_{max}-\varepsilon\frac{P_{max}}{S} \tag{5–8}$$

虽然式（5–8）来源于弹性接触理论，但也能很好地符合弹塑性变形。值得注意的是，式（5–8）不适用于凸起现象，因为它是在弹性接触的假设条件下得出的，因此经常发生的现象是凹陷。图 5–3 为压痕实验中的凹陷和凸起现象示意。

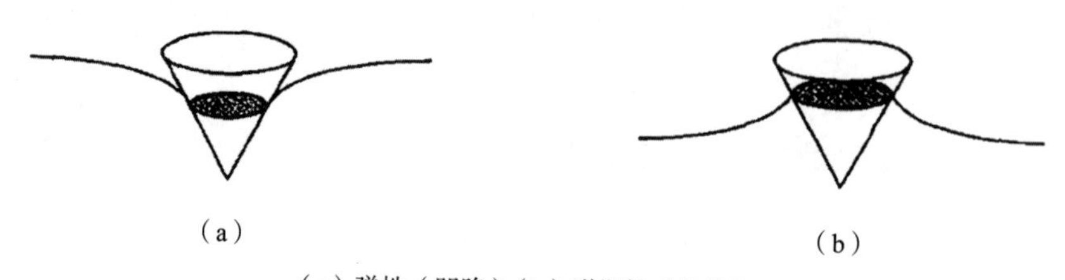

(a)弹性(凹陷);(b)弹塑性(凸起)。

图 5-3　压痕实验中的凹陷和凸起现象示意

接触面积的投影 A 可通过经验公式计算得出，即

$$A=f(h_c) \tag{5-9}$$

式中：

$f(h_c)$——面积函数。

对于不同几何形状的压头，$f(h_c)$ 的表达式有所不同，常用压头的几何参数如表 5-1 所示。但实际使用的压头常常偏离理想情况。例如，棱锥形压头的各个侧面在尖端不会绝对交于一点，从而形成一个具有一定曲率半径（常为几十纳米）的球冠。当压痕深度很浅时，不能利用理想压头的面积函数来计算硬度和弹性模量，否则将导致极大的误差。因此，需要对面积函数进行修正。实际压头的面积函数一般可表示为一个级数，即

$$f(h_c)=C_0h_c^2+C_1h_c^1+C_2h_c^{1/2}+C_3h_c^{1/4}+\cdots+C_nh_c^{\frac{1}{2^{n-1}}} \tag{5-10}$$

式中：

从 C_0 到 C_n 的值可通过实验确定。

若确定接触面积和弹性接触刚度，就可以由式（5-1）、式（5-2）、式（5-3）计算出硬度和弹性模量。

表 5–1　常用压头的几何参数

参数	维氏	玻氏	立方角	圆锥（角度 α）	球（半径 R）
中心线和面间夹角（α）	68°	65.3°	35.2 644°	—	—
投影面积（A）	$24.504d^2$	$24.56d^2$	$2.5\,981d^2$	πa^2	πa^2
体积和深度关系（V）	$8.1\,681d^3$	$8.1\,873d^3$	$0.8\,657d^3$	—	—
投影面积 / 表面积（A/A_f）	0.927	0.908	0.5 774	—	—
等效锥角（φ）	70.299 6°	70.32°	42.28°	φ	—
接触半径（a）	—	—	—	$d\tan\varphi$	$(2Rd-d^2)^{1/2}$

注：1. d 为压痕深度，a 为光滑旋转体类压头的接触半径。

2. 等效锥角 φ 为圆锥压头的中心线与锥面的夹角，棱锥体压头的等效锥角按相同的面积 - 深度关系折算成锥体压头的锥角。

三、连续刚度测量技术

上述利用卸载曲线得到的弹性接触刚度，仅可用来计算最大载荷或最大压痕深度处对应的硬度和弹性模量。而动态测量方法是在加载过程中连续计算弹性接触刚度的，其原理是将相对较高频率的简谐力叠加在准静态的加载信号上，并测量压头的位移响应。简谐力的施加应保持在较小的水平上，以使在整个压入过程中其所产生的简谐位移的振幅始终保持在一个较低的水平（1 ～ 2 nm），以免影响材料的变形过程。这种技术是否成功，取决于采用的动力学模型能否准确地描述压痕系统的动力学响应。如果实现了弹性接触刚度的连续测量，就可以通过一次压痕试验获得硬度和弹性模量随压痕深度的变化情况，这种技术被称为连续刚度测量技术。

图 5–4 为纳米压痕系统简图及其动力学模型。图中，质量为 m 的压杆由刚度为 K_s 的 2 个叶片支撑弹簧支撑，叶片支撑弹簧的特点是在叶片平面内刚度很高而在垂直方向上刚度很低。带有压头的压杆被线圈 – 磁铁装置驱动，压头上的准静

态载荷由加在线圈上缓慢变化的电流控制，再叠加小简谐分量，其可由锁定放大器的振荡器完成。位移由电容式位移传感器测量，运动被严格限制在一个自由度上。

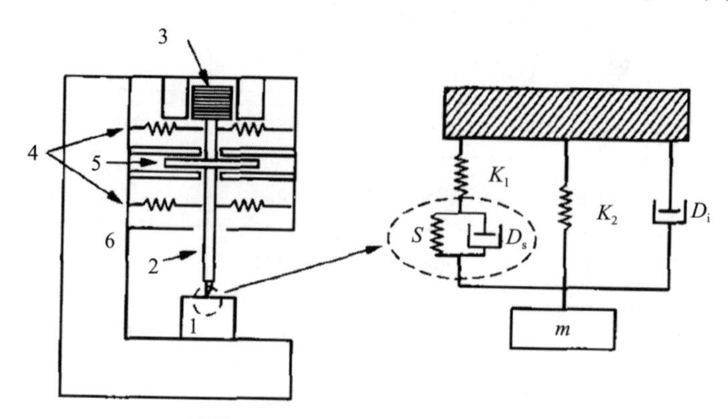

1—试样；2—压杆；3—加载线圈；4—支撑弹簧；5—电容式位移传感器；6—仪器框架。

图 5-4　纳米压痕系统简图及其动力学模型

纳米压痕系统可以用一维简谐振子模型来描述，其运动方程可表示为

$$m\ddot{Z} + D\dot{Z} + KZ = F(t) \tag{5-11}$$

式中：

m——等效质量；

$D=D_i+D_s$——等效阻尼，其中 D_i 和 D_s 分别为压头和试样阻尼；

$K=(S^{-1}+K_f^{-1})^{-1}+K_s$——等效刚度，其中 S、K_f 和 K_s 分别为试样、仪器框架和支撑弹簧的刚度；

Z——压头位移；

$\dot{Z}$——位移的一阶导数，即速度；

$\ddot{Z}$——位移的二阶导数，即加速度；

$F(t)$——总的载荷。

假设载荷函数可表示为

$$F(t)=F_0e^{i\omega t} \tag{5-12}$$

式中：

F_0——激励载荷幅度。

所产生的位移为

$$Z(t)=Z_0 e^{i(\omega t-\varphi)} \tag{5-13}$$

式中：

Z_0——位移幅度；

$\omega=2\pi f$——角频率；

φ——位移滞后载荷的相位角。

将式（5–12）和式（5–13）代入式（5–11）中，可以得到试样的弹性接触刚度为

$$S=\left(\frac{1}{\frac{F_0}{Z_0}\cos\varphi-\left(K_s-m\omega^2\right)}-\frac{1}{K_f}\right)^{-1} \tag{5-14}$$

式中：

K_f、K_s 和 m——仪器本身的参数；

ω——实验设置参数；

F_0、Z_0 和 φ——由实验测定。

作为近年来发展起来的新型测试技术，纳米压痕技术已经广泛应用于物理学、材料学和医学等多个学科领域，测定各种金属、聚合物等传统材料及薄膜、生物等表面材料的力学性能。随着纳米压痕技术应用领域的扩大，其基础理论也得到相应的发展。纳米压痕技术其他理论方法主要包括应变梯度理论、Hainsworth 方法和分子动力学模拟理论。

（1）应变梯度理论：材料硬度 H 依赖于压头压入被测材料的深度 h，并且随着压入深度的减小而增大，因此具有尺度效应。该方法适用于具有塑性的晶体材料，但无法计算材料的弹性模量。

（2）Hainsworth 方法：由于卸载过程通常被认为是一个纯弹性过程，故可以从卸载曲线求出弹性模量，并且可以根据卸载后的压痕残余变形求出材料的硬度。该方法适用于超硬薄膜和各向异性材料，因为它们的卸载曲线无法与现有的模型相吻

合。该方法的缺点是材料的塑性变形假设过于简单，缺乏理论上的支持。

（3）分子动力学模拟理论：该方法在原子尺寸上考虑到了每个原子所受到的作用力、键合能以及晶体晶格常量，并运用牛顿运动方程来模拟原子间的相互作用结果，从而对纳米尺度上的压痕机理进行解释。

第二节　纳米压痕技术的应用

纳米压痕技术已成为检测各种薄膜、涂层以及表面改性材料力学性能的有效手段。纳米压痕技术在研究金属材料的力学行为和表征力学性能方面也得到了广泛的应用。利用纳米压痕技术，可研究金属材料在小尺寸范围内的一些力学行为。不同材料在压痕实验中的力学行为有所不同。现以单晶铝材料为例，通过分析纳米压痕实验的载荷 – 位移曲线，来判定其变形性质。图 5–5 为单晶铝材料在纳米压痕实验中的载荷 – 位移曲线。实验结果由 MST Nano Indenter XP 纳米压痕仪得出，并采用金刚石压头。利用连续刚度测量技术，设定最大压痕深度为 3 μm 的实验控制方式，载荷在最大值保持 10 s 后卸载，实验重复 12 次，环境温度为 20 ℃。由图 5–5 可以看出，单晶铝材料在加载中的变形近似为全塑性，卸载后的变形几乎无恢复现象。

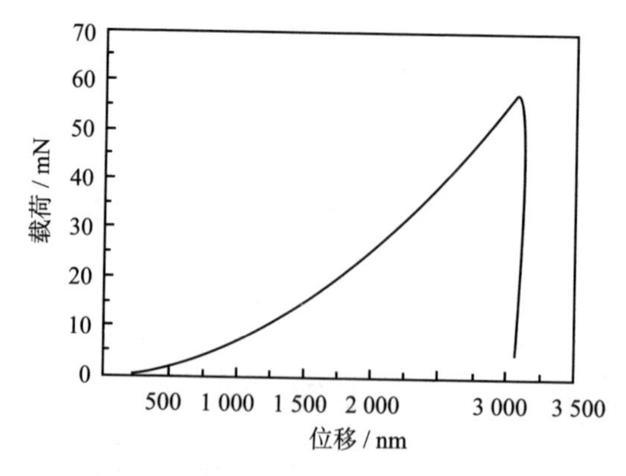

图 5–5　单晶铝材料在纳米压痕实验中的载荷 – 位移曲线

通过载荷－位移曲线，还可以研究材料的蠕变行为。蠕变是材料在一定温度和应力作用下，经过一段时间后产生的塑性变形。研究材料的蠕变行为常用的方法是在固定载荷条件下测量位移，可采用指标 C_{IT} 表征材料蠕变量的大小。C_{IT} 可表示为

$$C_{IT}=\frac{h_2-h_1}{h_1}\times 100 \tag{5-15}$$

式中：

h_1——加载过程中达到最大载荷时的压痕深度；

h_2——保载阶段结束时的压痕深度。

若结合压痕实验中测得的硬度，则可求出材料的蠕变应力指数为

$$\varepsilon_i=a_iH^n\exp\left(\frac{-Q_c}{RT}\right) \tag{5-16}$$

式中：

a_i——材料常数；

H——纳米压痕硬度；

n——蠕变应力指数；

Q_c——活化能；

R——气体常数；

T——温度。

由图 5-5 可看出，在 10s 的保载阶段，单晶铝材料发生了与时间相关的变形，其蠕变量 C_{IT} 为 2.74%。

在纳米压痕实验中，如果材料具有与时间相关的变形特性，那么即使不研究材料的蠕变行为，也应该适当增加在最大加载的保持时间，以减小与时间相关的变形对卸载曲线的影响，从而减小材料性能的测试误差。

纳米压痕技术在表征某些多晶体块体材料的力学性能方面也存在独特优势。例如，超细晶粒钢、多相钢中各相的晶粒尺寸在微米甚至亚微米级，要对如此微小的晶粒进行力学性能表征，采用任何常规的压痕技术都不能排除周围晶粒的影响。

在常规的压痕实验中，压头或压痕的应变场很容易穿过晶界而与相邻的晶粒发生交互作用，测试结果不可避免会受到边界和基底效应的影响，多相钢的压痕实验过程示意如图 5–6 所示。由于纳米压痕技术的载荷和压入深度可以分别控制在纳米量级，并能够排除边界和基底的影响，故能获得各晶粒的真实性能。

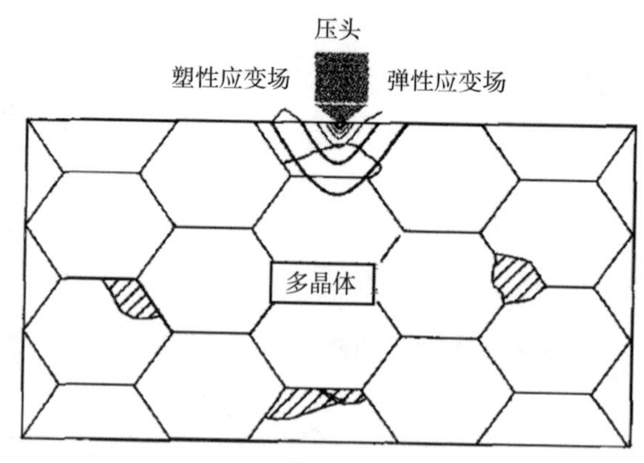

图 5–6　多相钢的压痕实验过程示意

利用纳米压痕技术对多晶块体材料的力学性能进行表征，压痕深度的选择非常关键。如果压入太深，则压痕应变场太大，测试结果容易受到相邻晶粒的影响；而压入太浅，实验过程又对试样表面粗糙度、湿度、压头尖端曲率半径等诸多因素极为敏感，从而使实验结果波动大、可靠性差。研究结果表明，对于晶粒尺寸在微米或亚微米级的超细晶粒多相钢，压入深度要小于 100 nm。若采用连续刚度测量（CSM）技术，则可设定相对较大的压入深度，但要选择在较浅的深度范围内计算材料的性能。

利用纳米压痕技术还可以研究钢中的动态相变，如应变诱导钢中残余奥氏体的马氏体相变。图 5–7 为一种多相钢在纳米压痕实验中的硬度 – 位移和载荷 – 位移曲线。其中，曲线 M 为马氏体的典型曲线，曲线 A_R 为未发生应变诱导相变的残余奥氏体的典型曲线，而曲线 A_R–M 为发生了应变诱导相变的残余奥氏体的典型曲线。从图 5–7 中可以看出，当压痕较浅时，曲线 A_R–M 与曲线 A_R 较吻合，表明变形行为具有奥氏体相的一般特征；当压痕深度接近 30 nm 时，发生应变诱导马氏体相变。图 5–7（a）所示的硬度 – 位移曲线中的圆圈部位，从而导致纳米压痕硬度突然增加，进一步压入所需载荷明显增加。图 5-7（b）所示的载荷 – 位移曲线中，曲线 A_R–M 偏离曲线 A_R 并向曲线 M 靠拢，表明变形行为具有部分马氏体相的特征。

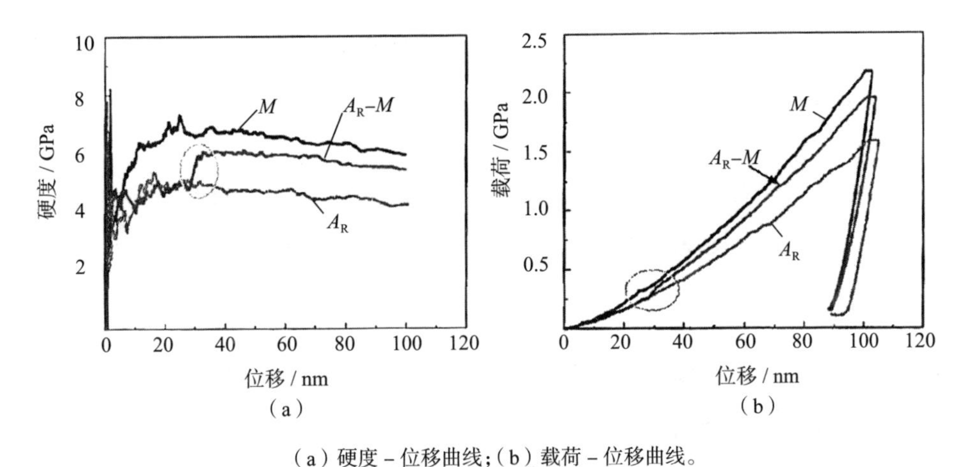

（a）硬度 – 位移曲线；（b）载荷 – 位移曲线。

图 5-7　一种多相钢在纳米压痕实验中的硬度 – 位移和载荷 – 位移曲线

第三节　纳米压痕技术的其他应用

除了进行硬度和弹性模量测定以外，纳米压痕技术在其他方面也有相当广泛的应用，如材料的蠕变抗力以及涂层 / 基体的结合强度的测定等。此外，纳米压痕技术还被用于以下 4 个方面的研究领域中。

（1）多相材料的断裂机理。纳米压痕技术一般具有分辨率在纳米级的机构定位系统，因此借助视频显微镜可以将多相材料中所感兴趣的区域精确地定位在探针下方并进行压入试验，以研究脆性相的断裂行为。

（2）复合材料界面特性。由于纳米压痕技术是通过极细的金刚石探针与材料测试点相接触，并可透过增强相、界面层直至基体，故可以用来研究复合材料的截面特性。例如，借助超细探针估测界面摩擦的方法来研究复合材料的韧性。

（3）摩擦及刮擦试验研究。由于纳米压痕技术具有极高的位移和载荷分辨率，故在可控载荷的作用下使压头与材料表面轻轻接触，可以进行纳米尺度的摩擦和刮擦试验研究，从而获得有关黏附特性、摩擦特性方面的信息。

（4）纳米加工。纳米系统中的金刚石压头具有极高的强度，用它可以在试样表面进行机械加工，类似纳米刨刀，在超低载荷的作用下通过一定的扫描控制，可以在试样表面上获得所需要的刻痕。

第四节　检测方法及技术条件

一、实验设备及工作模式选择

纳米压痕仪器主要由三部分组成，分别是固定在刚性压杆上的一定形状的压头、提供载荷的制动器、测量压头位移的传感器。不同仪器之间的差别主要表现在载荷的加载方式和位移的测量方式。载荷的施加主要有3种方式:（1）电磁致动，压头的驱动是基于载流线圈在磁场中的受力原理;（2）静电致动，通过由可动极板和固定极板组成的电容来提供静电力;（3）压电致动，力的大小通过施加在制动器上的电压或电流来控制。位移的测量也有多种方式，主要通过电容传感器、LVDTs（Linear Variable Differential Transformers）传感器和激光干涉仪等来测量。

不同仪器的测量范围和分辨率指标可能存在不同。载荷和位移的分辨率指标是通过公式计算来确定的，主要取决于模数（A / D）转换器的位数，指标的高低并不完全代表仪器的测量能力，但却是设计制造高质量的仪器所必需的参数。仪器的测试精度主要取决于电噪声和环境噪声水平。随着科技水平的提高，仪器的测试分辨率不断提高，工作频率得到拓展。目前，纳米压痕技术不仅可以用于块体和薄膜材料，还可应用于超薄膜、聚合物的动态软性和软材料（如软组织）等。根据实际需要，研究者可选择载荷、位移测量和测试精度等指标来满足设备的需求。

目前的纳米压痕仪器主要有2种工作模式：普通模式（Base）和连续刚度测量模式（CSM）。普通模式是通过一次加、卸载循环智能测得对应最大载荷或最大压痕深度的硬度和弹性模量值；连续刚度测量模式可以在加载过程中连续测量接触刚度，从而获得硬度和弹性模量随压痕深度变化的曲线。在实验过程中，研究者可根据被测材料的性质指标选择工作模式。

二、压头选择

选择合适的压头需要考虑压头的材料和形状。压头材料经常选择具有很高硬度和弹性模量的金刚石，以减小压头变形对位移测量的影响。也可选择刚度较高的蓝宝石、碳化钨和淬火钢，但在分析载荷－位移曲线相关数据时，需考虑压头的弹性变形。压头的形状可分为棱锥体（如玻氏、维氏和立方角等）和光滑旋转体（如圆锥、球等）两大类。几种常用压头的几何参数可参考表 5–1。

在纳米压痕实验中，最常用的棱锥体压头是具有 3 个侧面的玻氏压头，这 3 个侧面在尖端易会于一点，非常适合小尺度的压痕实验，目前该类压头尖端可加工 50 nm 以内的曲率半径。而具有 4 个侧面的维氏压头，在加工的过程中易在尖端出现楔边，很难会于一点，致使在不同尺度下压头几何形状不能自相似，目前维氏压头最好的加工水平是楔边长约为 1 μm。压痕的深度越小，由楔边引起的误差越大，因此，维氏压头常用于较大尺度的压痕实验。

立方角形压头的 3 个侧面相互垂直，像立方体的一角。其中心线和面间的夹角小于玻氏压头，因此在接触区内会产生更大的应力和应变。对于脆性材料而言，这种压头可在压痕附近产生微裂纹，研究者可利用微裂纹估算材料在小尺度范围内的断裂韧性。

在纳米压痕实验中，球形压头也很重要，它与材料的接触不同于棱锥体的玻氏和立方角形压头。球形压头的初接触应力较小，材料仅产生弹性变形，当压头逐渐压入试样表面后，弹性变形才开始向塑性变形转变。理论上，塑形变形可用来确定材料的屈服应力和加工硬化，并可从单个压痕实验数据中再现整个单轴应力－应变曲线，目前已应用在较大半径的球形压头中。但在微米尺度，由于很难制备坚硬材料的高质量球形压头，故球形压头的应用受到限制。

圆锥压头和玻氏压头一样，具有自相似几何形状。圆锥压头具有轴对称的优点，所以纳米压痕的很多模型是基于圆锥压痕获得的。由于没有棱边，故圆锥压头不会引起应力集中，但由于很难加工出尖的圆锥金刚石压头，因此很少应用于小尺度的实验中。

三、试样要求

纳米压痕试样一般具备以下 5 个原则：

（1）试样表面干燥、无油污和灰尘；

（2）试样表面应与试样台平行，以保证试样表面垂直于载荷施加方向；

（3）试样的处理和表面抛光尽量不改变试样表面硬度；

（4）为保证压痕深度的测量误差小于5%，试样的表面粗糙度应满足 $R_a \leqslant h/20$（h 为压痕深度）；

（5）试样应具有足够厚度，至少是压痕深度的 10 倍或压痕直径的 3 倍，以免测量结果受基底影响；对于表面镀膜的材料，薄膜的厚度应作试样厚度考虑。

四、环境要求

在纳米压痕实验过程中，振动和温度波动都会影响位移测量的精确度。为减小振动和温度波动，纳米压痕仪器应放置在地基稳固和安静的环境中，并利用柜子对仪器进行隔离。环境温度范围为（23±5）℃，在实验过程中应保持温度稳定。为进一步减小温度波动对位移测试的影响，可在实验前对热漂移进行校对。另外，环境相对湿度应小于 50%。若湿度太高，则试样表面会存在明显吸附区，从而影响测试精度。

第五节 压痕评价技术

压痕法始于20世纪70年代，可看作一种相对法，可作为一种试验方法用来测量材料的弹性模量和硬度。对于涂层材料的力学性能评价，国内外主要是利用纳米压痕技术进行评价的。压痕评价技术具有较高的载荷分辨率和位移分辨率，若压入的最小位移深度小于涂层厚度的1/10，则可忽略基体对涂层弹性模量和硬度测量结果的影响，即可将涂层材料视为均匀单质材料，并利用Oliver–Pharr法即可算出涂层材料的弹性模量与硬度。若涂层厚度较薄，压痕仪的最大压入深度超过涂层厚度的1/10，则基体效应就不能被忽略，此时，可利用量程更大的压痕仪对待测涂层/基体复合体、基体的硬度进行测量，根据复合硬度模型，由简单易测得的基体和复合体的硬度、压痕几何尺寸等参数，即可计算出涂层的硬度。

第六章　其他硬度测试方法

第一节　肖氏硬度测试法

肖氏硬度又称回跳硬度，其测试法是由美国人 A. F. Shore 于 1906 年发明的。美国肖氏仪器公司（SHORE INSTRUMENT & MFG. CO.）最先制造了 C 型和 D 型肖氏硬度计，20 世纪 90 年代该公司又研制出了 E 型肖氏硬度计。目前，我国已经能自行生产 C、D、E 3 种型号的肖氏硬度计。由于肖氏硬度计具有便于携带、操作方便、测试迅速、压痕浅而小等特点，因而适用于在冶金、重型机械工业方面对大型制件、原材料进行现场测定。尽管与静态检测方法相比其准确度较低，但至今仍是一种不可或缺的硬度检测法。肖氏硬度测试法现有的国家标准为 GB/T 4341.1—2014《金属材料　肖氏硬度试验　第 1 部分：试验方法》。

一、基本原理

肖氏硬度测试法的基本原理是以一定质量的冲头，从一定高度自由下落到试样表面，冲头的动能一部分消耗于试样表面的塑性变形，另一部分以弹性变形方式储存在试样内。当后一部分能量被重新释放出来时，会使冲头回跳（回弹、反弹），硬度与回跳高度和回跳速度成正比，C 型和 D 型肖氏硬度计以回跳高度作为硬度的量度；E 型肖氏硬度计则以回跳速度（冲头回跳通过线圈时感应出与速度成正比的电压，经过硬度计配置的计算机处理得出其硬度值）作为硬度的量度。例如，某一种金属弹性极限高（硬度高），消耗于塑性变形中的能量小，储存在弹性变形中的能量大，回跳高、回跳的速度快；反之，消耗于塑性变形中的能量大，储存在弹性变形中的能量相对减少，回跳低、回跳速度相对就慢，硬度值也就较低。肖氏硬度符号为 HS，应注明所用标尺。例如，70HSC 或 70HSD 或 70HSE，分别代表用 C 型、D 型、E 型肖氏硬度计测定的硬度值。

二、计算公式

肖氏硬度值的高低是以冲头回跳的高低、速度来反映的。在不考虑空气阻力的条件下，可以从物理学的动能和势能转换并以能量守恒原理为基础进行分析计算。

设冲头初始高度为 h_1，下落时的最后速度为 V_1，回跳的高度为 h_2，回跳时的初速度为 V_2。则冲头打击试样表面时的动能为

$$E_1 = \frac{1}{2} mV_1^2 = Mgh_1 \qquad (6\text{–}1)$$

冲头回跳时的动能为

$$E_2 = \frac{1}{2} mV_2^2 = Mgh_2 \qquad (6\text{–}2)$$

试样由于塑性变形（产生印痕的永久变形）所造成的能量消耗为

$$\Delta E = E_1 - E_2 = \frac{1}{2} mV_1^2 - \frac{1}{2} mV_2^2 = \frac{1}{2} mV_1^2 \left(1 - \frac{V_2^2}{V_1^2}\right)$$

因 $V_1^2 = 2gh_1$ 和 $V_2^2 = 2gh_2$，所以有

$$\Delta E = \frac{1}{2} mV_1^2 \left(1 - \frac{2gh_2}{2gh_1}\right) = \frac{1}{2} mV_1^2 \left(1 - \frac{h_2}{h_1}\right) \qquad (6\text{–}3)$$

令 $\frac{h_2}{h_1} = \frac{V_2^2}{V_1^2} = e$（$e$ 称为恢复系数），则

$$\Delta E = \frac{1}{2} mV_1^2 (1 - e) \qquad (6\text{–}4)$$

对于 C 型和 D 型肖氏硬度计，冲头回跳高度一定小于冲头初始高度；对于 E 型肖氏硬度计，冲头回跳时的初速度一定小于下落时的最后速度。

若冲头的质量和冲头的初始高度一定（对于E型肖氏硬度计指冲击力一定），则被测试样的塑性变形越小，冲头回跳越高（越接近于初始高度），冲头回弹速度越快。回跳高度和初始高度之比、回弹速度与冲击速度之比是决定硬度值高低的唯一因素。实质上都是代表某一金属弹性变形功的大小，表示该种金属可逆的弹性变形功和不可逆的塑性变形功的相对比值。所以，肖氏硬度计算公式为

$$\mathrm{HS}\,(\mathrm{C\backslash D})=K\frac{h_2}{h_1} \tag{6-5}$$

式中：

h_2——冲头反弹高度；

h_1——冲头下落高度；

K——系数。

对于C型肖氏硬度计，$K\approx153$；对于D型肖氏硬度计，K=140。

对于D型肖氏硬度计，其硬度公式为

$$\mathrm{HSD}=K\frac{V_2^2}{V_1^2} \tag{6-6}$$

三、肖氏硬度计结构

常见的HS–19型肖氏硬度计的结构由测量指示机构、冲头运动机构、机座、冲头组和附件组5个部分组成。

（1）测量指示机构。其作用是供测试人员通过表盘指示器读取冲头弹性回跳后反映出的肖氏硬度值。当冲头回跳后，齿条杆带动齿轮转动，和齿轮同轴的指针也转动，转动角度的大小即反映出肖氏硬度值的大小。

（2）冲头运动机构。它是肖氏硬度计的主体，由套管体组、齿条、手把等组成。冲头的运动借助手把的转动来带动齿条锁套，随着齿条锁套的下降将挂钩撑开，冲头自由下落打击试样表面后回跳一定高度。

（3）机座。机座是肖氏硬度计的支承部分，由机座、工作台等组成。机座上有3个螺钉供调整肖氏硬度计整机水平使用。机体的底座上还装有调整环，当工作台与冲头不同心时，可改变调整环在底座上的位置从而改善不同的状态。

（4）冲头组。其由冲头、滚珠套、支承套、套管等组成。

（5）附件组。当试件为圆柱体时使用附件组。

HS-19 GD 系列肖氏硬度计由计测筒和电测系统两大部分组成。计测筒由冲头、冲头的悬挂及释放机构冲头的导向装置及测定冲头反弹高度的信号传感器组成。它与 HS-19 型肖氏硬度计主要的不同之处是传感器收集反弹高度所对应的时间 T 信号，并利用反弹高度的微小差异对应以毫秒计的时间差异；同时，传感器将获得的高精度时间差异信息输入微处理器，经处理后通过液晶显示器反映出 HS 硬度值。HS-19 GD 系列属于电子式肖氏硬度计，因此其通过微处理器还可具有其他功能，如硬度单位换算、均值、自动打印等。

HSE 型系列肖氏硬度计利用动、势能转换原理，即利用冲击速度与回弹速度之比来标定肖氏硬度值的高低。在硬度测试过程中，装有一定质量的碳化钨冲击体，在一定弹簧力的作用下冲击试件表面，然后反弹。由于材料硬度不同，冲击后反弹速度也不同。冲击体上装有永磁材料，在冲击和回弹过程中，线圈感应出与速度成正比的电压，经过微处理器处理，从而得出其硬度值。

这种硬度计可置垂直向下、斜向下、水平、斜向上和垂直向上 5 种方向测试。同时，可对 9 种不同材料进行测试，微处理器附有 9 种材质曲线处理软件，冲击装置可标定出的 9 条材质曲线如表 6-1 所示。可设置肖式 HS、里氏 HL、维氏 HV、布氏 HB、洛氏 HRB 和 HRC 6 种硬度值显示；此外，还可以与强度值（MPa) 进行换算显示。机内可存贮 660 组数据，并具有均值计算、打印等功能。

表 6-1　冲击装置可标定出的 9 条材质曲线

序号	1	2	3	4	5	6	7	8	9
材质	钢和铸钢	工具钢	不锈钢	灰铁	球铁	黄铜	青铜	纯铜	铸铝合金

（1）E 型冲击装置。

E 型冲击装置由冲击体、冲击体的悬挂及释放机构、冲击体导向装置和信号转换装置等组成，其结构如图 6-1 所示。

（2）E 型系列显示装置。

HSE 系列肖氏硬度计显示装置是典型的 E 型系列显示装置，其主要由电源、微处理器、液晶显示器等部分组成。系列中目前有 HSE-3 和 HSE-4 等型号，HSE-3 肖氏硬度计系统框图如图 6-2 所示。

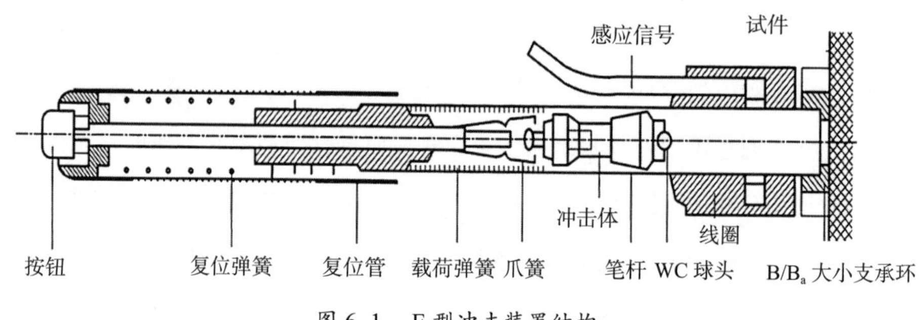

图 6-1　E 型冲击装置结构

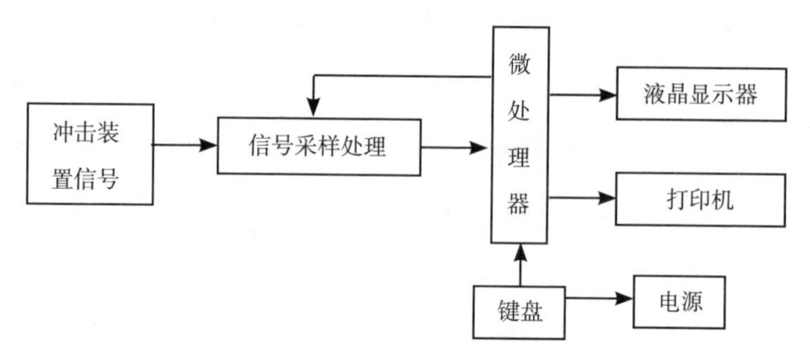

图 6-2　HSE-3 肖氏硬度计系统框图

四、检测方法和注意事项

肖氏硬度的检测过程（以 D 型肖氏硬度计为例）应严格遵照 GB/T 4341.1—2014《金属材料肖氏硬度试验 第 1 部分：试验方法》执行。使用前应首先检查硬度计水平状态，如果不水平，则可调整机座上的 3 个螺钉，使水准器的水泡处于水准器中心圆圈内。转动手轮使冲头保护帽离开工作台。将试样放到工作台上，左手转动手轮使冲头保护帽将试样压紧。右手转动手把（转速为 1 ～ 2 r/s），使操纵机挂钩张开，此时冲头会落到被测的试样表面；挂钩张开后不要将手松开，应将手把反向转回到原来位置（转速为 1 ～ 2 r/s），冲头杆则随之上升触动表杆。这时，表盘内的指针反映出回跳的高度，即肖氏硬度值。硬度计的使用过程中要避免在无试样时使冲头空击，从而造成相应紧固部位松动而失去精度。在检测直径为 150 ～ 500 mm 圆柱制件时，应将测量筒从机座上取下，放入固定体 V 形槽中定位，使冲头保护帽压紧试件，并按以上检测过程进行检测。

检测时应注意，试样的检测面必须经过精细加工，其表面粗糙度 *Ra* 要求如表 6–2 所示。试样的检测面应为平面，且两面平行，倾斜角不能超过 1° 20′，若超过此范围则对测量值有影响，倾斜度越大影响也越大。试样的厚度不应小于 10 mm，否则会因试样的整体弹性或塑性变形等因素影响测量的准确性。建议对较薄（＜ 10 mm）的试样进行耦合处理，如采用沥青、凡士林油膏或焊锡等将试样固定在质量为 400 g 以上的钢块上进行检测。被检测试样的质量不得小于 0.1 kg。检测不能在同一位置上重复进行。相邻两压痕中心的距离不得小于 2 mm，压痕中心至试样边缘的距离不应小于 4 mm。每块试样至少取 5 点的平均值作为试样的 HS 硬度值。肖氏硬度值读到 0.5 刻度并修约到整数。肖氏硬度计冲头机构和其指示表盘内的活动部分不允许加润滑油。为了防锈和维护应请计量专业人员处理。

表 6–2　试样表面粗糙度 *Ra* 要求

试件的硬度范围（HS）	金属材料表面 *Ra*/ μm	
	目测型肖式硬度计 (C 型)	指示型肖式硬度计 (D 型)
＜ 30	1.60	1.60
30 ～ 70	0.80	1.60
＞ 70	0.40	0.80

五、应用范围及特点

肖氏硬度计最佳的测量范围为 20 ～ 92 HS，即相当于从布氏硬度 112 HBS、洛氏硬度 72 HRB 开始一直到大约达 66 HRC 范围内的各种金属材料的硬度。

很多大型冷轧辊以及冷硬铸铁辊、曲轴等机械图纸上，对硬度要求均以 HS 标注。机床导轨、特大型齿轮、螺旋桨叶片等若用肖氏硬度测试法测试有其独特的优越性。肖氏硬度计是一种轻便的手提式硬度计，便于现场测试，其结构简单、便于操作、测试效率高。不足之处在于其与静态检测方法相比准确性稍差。因测试时垂直性、表面光洁度等因素影响数值波动稍大，故在测试过程中应予特别关注，其误差可控制在 ±2.5 HSD 之内。

第二节　里氏硬度测试法

里氏硬度测试法是最新应用的一种硬度检测方法，在 1978 年才开始应用于硬度测试技术中。瑞士 PROCEQ 公司的 EQVOTIP 里氏硬度测试仪开发较早，因其操作简便、测试范围广，故特别适用于大型工件。国内生产里氏硬度计的厂家多引进 EQVOTIP 的冲击装置，其整机小巧轻便，应用较广泛。GB/T 17394.1—2014《金属材料　里氏硬度试验　第 1 部分：试验方法》规定了该方法的使用要求，里氏硬度以 HL 表示。

一、基本原理

里氏硬度测试法的基本原理是用规定质量的冲击体在弹力作用下以一定速度冲击试样表面，用冲头在距试样表面 1 mm 处的回弹速度与冲击速度的比值计算硬度值。将一永久磁铁组装于冲击体上，冲击体在向前和弹回时均在线圈内感应出有微小差别的电压。这些电压正比于速度，经微处理器处理从而在显示装置上显示出硬度值 HL。

冲击速度是一定的，它来源于卡钩释放后冲击弹簧给予的力；而回弹速度取决于材料的硬软。硬的材料受冲击体冲击后，其塑性永久变形小，消耗的冲击功小，回弹的速度就快；反之，消耗于塑性变形中的能量大，回弹的速度就慢。测试的冲击信号曲线如图 6–3 所示。

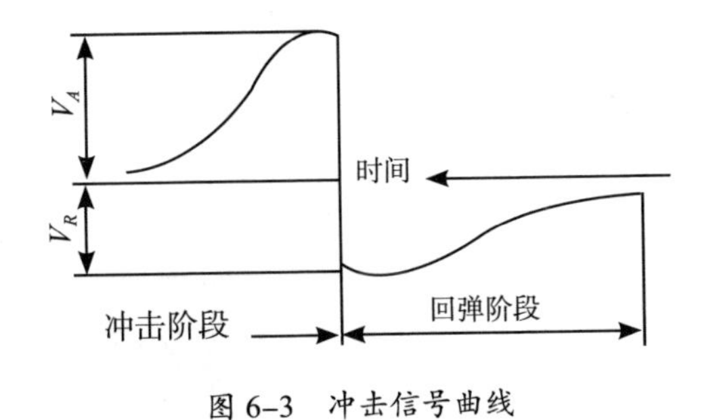

图 6-3　冲击信号曲线

二、计算公式

里氏硬度的计算公式为冲击体回弹速度与冲击速度之比并乘以 1 000，即

$$HL = 1000 \times \frac{V_R}{V_A} \tag{6-7}$$

式中：

HL——里氏硬度；

V_R——冲击体回弹速度；

V_A——冲击体冲击速度。

三、里氏硬度计结构

EQVOTIP 冲击装置结构如图 6-4 所示，其操作过程有以下 3 步：

（1）进行硬度检测用弹簧加载；

（2）将冲击装置定位于测试位置；

（3）启动冲击。

值得注意的是，当使用其他冲击装置时，应在 HL 之后附以相应的符号，常用符号及说明如表 6-3 所示。

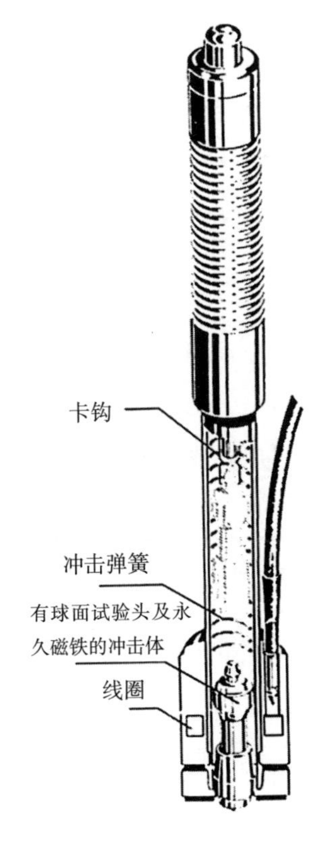

图 6-4　EQVOTIP 冲击装置结构

表 6–3　常用符号及说明

常用符号	说明
HLD	用 D 型冲击装置测定的里氏硬度
HLDC	用 DC 型冲击装置测定的里氏硬度
HLG	用 G 型冲击装置测定的里氏硬度
HLC	用 C 型冲击装置测定的里氏硬度

冲击装置的主要技术参数如表 6–4 所示，其适用性及特点如表 6–5。

表 6–4　冲击装置的主要技术参数

冲击装置类型	主要参数				试验范围 HL
	冲击体质量 /g	冲击能量 /（N · m）	冲头直径 /mm	冲头材料	
D 型	5.5	11.0	3	碳化钨	200 ～ 900
DC 型	5.5	11.0	3	碳化钨	200 ～ 900
G 型	20.0	90.0	5	碳化钨	300 ～ 750
C 型	3.0	2.7	3	碳化钨	350 ～ 960
E 型	5.5	11.0	3	金刚石	>350

表 6–5　冲击装置的适用范围及其特点

冲击装置类型	适用范围	特点	质量 /g
D 型	用于大部分正常硬度测量	通用的标准组件	75
DC 型	用于比较小的空间，如孔内、圆筒内，或在已组装的机械内部测量	冲击装置短，冲击弹簧使用特殊加载杆，其他与 D 型相同	50
G 型	适用于特大、重的铸件、锻件，650 HBS 以下范围，表面光洁度要求不高	加大了测量头，增加了冲击能量，约为 D 型的 9 倍	250
C 型	用于表面硬化了的、表面有覆盖层的部件、薄壁或对冲击敏感的部件	冲击能量减小了，约为 D 型的 1/4	75
E 型	用于高硬度材料，通常用于 50 HRC 和 650 HV 以上的高碳合金工具钢、硬质合金等材料	人造金刚石试验头（约 5 000 HV）	80
D+15 型	用于沟槽内或凹入的表面硬度测量	头部小，测量线圈往上移了	50

四、检测方法和注意事项

检测时，向下推动加载套或用其他方式锁住冲击体；将冲击装置支撑环紧压在试样表面上，冲击方向应与检测面垂直；平稳地按动冲击装置释放钮；读取硬度示值。

检测时需要注意，冲击装置尽可能垂直向下，对于其他冲击方向所测定的硬度值，如果里氏硬度计没有修正功能，则应进行修正。对于需要耦合的试样，检测面应与支承台面平行，试样背面和支承台面必须平坦光滑，在耦合的平面上涂以适量的耦合剂，使试样与支承台在垂直耦合面的方向上成为承受压力的刚性整体。耦合剂可采用黄油等油脂，涂于试样背面和支撑平台上。对于大面积板材、长杆、弯曲件等试样，在检测时应予适当的支承及固定以保证冲击时不产生位移及弹动。每个试样一般进行 5 次检测。数据分散不应超过平均值的 ±15 HL。任意两压痕中心之间的距离或任一压痕中心距试样边缘的距离应符合表 6–6 所示的压痕间距规定。对于特定材料，如果将里氏硬度值较准确地换算为其他硬度值，必须做对比试验以得到相应换算关系。里氏硬度间的换算，因弹性模量 E 差异较大，故各类金属有不同的换算表。

表 6–6　压痕间距规定

冲击装置类型	两压痕中心间距离 /mm	压痕中心距试样边缘距离 /mm
D、DC 型	≥ 3	≥ 5
G 型	≥ 4	≥ 8
C 型	≥ 2	≥ 4

五、应用范围及特点

里氏硬度测试特别适用于已安装的机械部件或永久性组装部件的硬度检测；各种轧辊、大型工件的硬度检测；压力容器、汽轮机、发电机组上部件的失效分析；大型轴承及其他较大零件生产流水线上的检测，金属材料仓库材料区分；热处理后较大模具、零件的硬度检测等。

里氏硬度计的特点是精度较高，仪器和操作正常情况下能保证 ±0.8%；适用范围宽，能适用于钢、铁、铜、铝及其合金；测量方向可根据现场情况任意选用。其仪器轻巧，操作简便；所测得的 HL 硬度值根据需要可自动转换成布氏、洛氏硬度值并能自动显示或打印出单个和多个平均硬度值结果。但是，里氏硬度计不适用于质量体积较小的试样。

第三节　努氏硬度测试法

努氏硬度测试法是于 1939 年由美国人 Knoop 发明的。努氏硬度测试法的特点主要是在压头设计上的改进，一般没有专用的硬度计，而是与小负荷维氏硬度计或显微维氏硬度计配合使用，仅将维氏压头更换为努氏压头即可。这种压头在测定如珐琅、人造宝石、金属陶瓷材料等较脆而硬的材料时，具有明显的优点，故应用日益广泛。努氏硬度测试法现有的国家标准为 GB/T 18449.1—2009《金属材料　努氏硬度试验　第 1 部分：试验方法》。

一、基本原理

努氏硬度压头与维氏硬度压头具有明显区别，维氏硬度压头和努氏硬度压头的比较如表 6–7 所示。此外，布氏、维氏的硬度值是试验力除以压痕凹印面积的商，而努氏硬度值则是试验力除以压痕投影面积的商。努氏硬度测试与维氏硬度测试用压头如图 6–5 所示。在一定试验力作用下，将 172° 30' ±1°的四棱角锥体金刚石努氏压头压入被测试样某特定细微区域，保持一定时间后，卸除试验力，测量所压印痕长对角线的长度 L，计算出压痕的投影面积，进一步计算出单位面积所受的力（$0.102 \times F/A$），即为努氏硬度值。

表 6-7　维氏硬度压头和努氏硬度压头的比较

维氏硬度压头（HV）	努氏硬度压头（HK）
金刚石角锥压头	金刚石菱形压头
相对面夹角 136°	长边夹角 172° 30'
相对边夹角 148° 6' 20"	短边夹角 130°
压痕深度 $t \approx d/7$	压痕深度 $t \approx L/30$

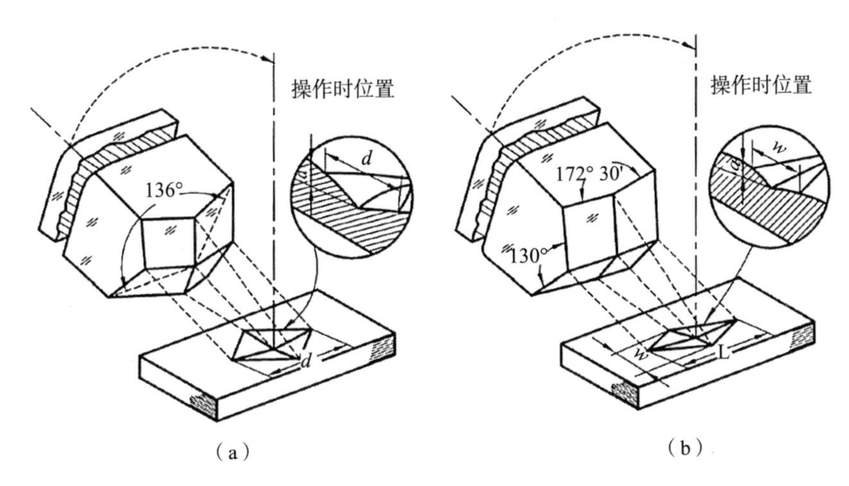

（a）维氏锥体压头；（b）努氏锥体压头。

图 6-5　努氏硬度测试与维氏硬度测试用金刚石锥体比较

二、计算公式

努氏硬度压痕形状如图 6-6 所示。不同于布氏硬度和维氏硬度，努氏硬度值是试验力除以压痕投影面积的商。

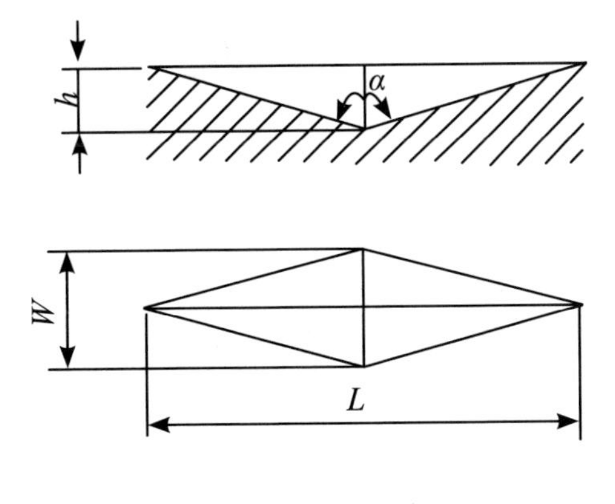

图 6-6　努氏硬度压痕形状

努氏硬度的计算公式为

$$\mathrm{HK}=\frac{0.102F}{A} \tag{6-9}$$

式中：

HK——努氏硬度符号，一个努氏硬度单位相应特定条件下为 9.807 N/mm^2；

F——试验力，单位为 N；

A——压痕投影面积，单位为 mm^2。

根据几何关系，可以得到

$$A=\frac{1}{2}WL$$

$$W=0.140\ 5L$$

式中：

L——压痕长对角线长度，单位为 mm；

W——压痕短对角线长度，单位为 mm。

$$A=\frac{1}{2}0.140\ 5\ L^2=0.070\ 25\ L^2$$

将上式代入式（6–9）得

$$\mathrm{HK}=\frac{0.102F}{0.070\ 25\ L^2}=1.451\ \frac{F}{L^2} \tag{6-10}$$

在努氏硬度测试中，测得压痕长对角线 L 的值后，可不用计算，直接通过查表得出硬度值。努氏硬度用 HK 表示，符号前为硬度值，符号后为试验力值、试验力保持时间（10 ～ 15 s 不标注）。

三、检测方法和注意事项

检测前的准备，努氏硬度检测时可用配置有努氏压头的显微维氏或小负荷维氏硬度计（如果硬度计上未配置，则可将努氏压头更换为维氏压头后使用）。硬度计应是经过用标准努氏硬度块（≥ 100 HK 0.1）校验过的且示值误差最大允许值符合表 6–8 的要求。室温应控制在（23 ±5）℃范围内。对于薄小、异形不规则的试样，最好进行冷镶嵌后测试。进行努氏硬度检测时，因为其压痕较浅，故试验力一般较小。为避免表面粗糙度的影响，试样表面应经仔细抛光处理。一般是经细砂纸磨光后，再在金相试样抛光机上进行表面抛光。

努氏硬度试验力分级如表 6–9 所示。当试样均匀且厚度大于 0.5 mm，且试样表面尺寸大于 5 mm×5 mm 时，试验力可适当增大致 49.03 N（5 kgf）。加试验力时间一般可选定 10 s；保持时间为 10 ～ 15 s。对于特软的材料如铅、锡、金等可适当延长保持时间。压痕距试样边缘距离，对于钢、铜和铜合金至少应为压痕短对角线长度的 2.5 倍；对于铝、镁、铅、锡及其合金至少应为压痕短对角线长度的 3 倍。 两相邻压痕之间的距离，对于钢、铜和铜合金至少应为压痕短对角线长度的 3 倍；对于铝、镁、铅、锡及其合金至少应为压痕短对角线长度的 6 倍。

表 6–8　努氏硬度计示值误差最大允许值

硬度符号	试验力 /N	示值误差最大允许值 / %（以所用标准块标定硬度值 HK 的百分数表示）								
		硬度								
		50	100	150	200	250	300	350	400	450
HK 0.01	0.098 1	5	6	7	9	9	10	11	—	—
HK 0.02	0.196 1	5	5	6	6	7	7	8	9	9
HK 0.025	0.245 2	5	5	5	5	6	7	7	8	8
HK 0.05	0.490 3	5	5	5	5	5	5	5	6	6
HK 0.1	0.980 7	5	5	5	5	5	5	5	5	5
HK 0.2	1.961	5	5	5	5	5	5	5	5	5
HK 0.3	2.942	5	5	5	5	5	5	5	5	5
HK 0.5	4.903	5	5	5	5	5	5	5	5	5
HK 1	9.807	5	5	5	5	5	5	5	5	5

注：1. 表中值是以 1.0 μm 或压痕对角线的 2% 为最大误差给出的，以较大者为准。

2. 当压痕对角线小于 0.02 mm 时，表中未给出值。

3. 对于中间值，其最大允许误差可通过内插法求得。

表 6–9　努氏硬度试验力分级

硬度符号	试验力 /N（kgf）
HK 0.01	0.098（0.01）
HK 0.02	0.196 1（0.02）
HK 0.025	0.245 2（0.025）
HK 0.05	0.490 3（0.05）
HK 0.1	0.980 7（0.1）
HK 0.2	1.961（0.2）
HK 0.3	2.942（0.3）
HK 0.5	4.903（0.5）
HK 1	9.807（1）

四、应用范围及特点

努氏压头为 172° 30′的菱形金刚石角锥体，其棱线与短对角线之间的夹角为 130°，锥体截面长对角线比短对角线长度大 7.11 倍；印痕细长，在一般情况下只需测量长对角线长度，因而测量的相对误差较小，测量的精度较高。HV 与 HK 在相同试验力下，HK 的压痕比较浅，更适于测定薄层的硬度。努氏压头以菱面锥体压入试样，其目的还在于能测得无弹性恢复影响的显微硬度。在一般硬度测定时，当试验力去除后，压痕会因材料的弹性恢复而略有缩小，压痕弹性恢复的量一方面取决于被测材料本身的物理性能，另一方面也与压头的形状有关。由于努氏压头的特殊设计，当试验力去除后，弹性恢复主要发生在短对角线方向，长对角线的弹性恢复很小，可以忽略不计。由于努氏硬度值是根据未经弹性恢复压痕计算的，故它与维氏压头所测得的结果具有不同的物理意义。此外，在同一印痕上可测量菱形的短对角线长度（有弹性回复）和长对角线长度（无弹性回复），并得到它们的比值关系，借此可以定性判定材料的弹性和塑性情况，这一特点具有一定的应用价值。

努氏压头另一个重要的优点是能测量如珐琅、玻璃、玛瑙和一些矿石以及其他脆性材料的硬度，比维氏压头应用范围广。因为在努氏压头作用下，印痕周围脆裂的倾向性小。这一优点对于金属材料同样具有意义，例如，一些高硬度的金属陶瓷材料，宜于用这种方法测试，可获得较清晰而不发生破裂的印痕。正是借用努氏压头的这一优点，国内有人研究应用努氏硬度测试法对人造宝石（刚玉）进行努氏硬度检测，其结果证明，用 1.961 N 以下的试验力测量人造宝石的硬度值，其示值较稳定，在试样制备良好的情况下，与维氏显微硬度测试法对比，在使用 1.961 N 的努氏试验力时，正常试样压痕周围无裂纹出现。此外，努氏硬度测试法还被广泛用于研究合金中各种相的性能。

第四节　韦氏硬度测试法

韦氏硬度测试法起源于美国，韦氏硬度计由美国 Webster 公司生产。韦氏硬度计早在 20 世纪 80 年代就随铝型材生产线的引进而进入我国。由于其使用特点，应用逐年增多，且国内已能生产品质优良的韦氏硬度计。目前，金属韦氏硬度固定标准已有 JJG 944—2013《金属韦氏硬度计》、YS/T 420—2000《铝合金韦氏硬度试验方法》和《铜及铜合金韦氏硬度试验方法》。

一、基本原理

韦氏硬度计的基本原理是采用一定形状的淬火压针，在标准弹簧试验力作用下压入试样表面，定义 0.01 mm 的压入深度为一个韦氏硬度单位。材料的硬度与压入深度成反比，即压入越浅，硬度越高；压入越深，硬度越低。

二、计算公式

韦氏硬度的计算公式为

$$HW=20-\frac{L}{0.01} \tag{6-11}$$

式中：

HW——韦氏硬度符号；

L——压针伸出长度，即压入试样深度，单位为 mm；

0.01——定义值，单位为 mm。

例如，压针压入深度为0.05 mm，表头指针将指示在15刻度，表示为HW=20–5=15单位硬度值，即韦氏硬度为15HW。

三、韦氏硬度计结构

韦氏硬度计全貌及其结构如图6–7所示，压针形状如图6–8所示。韦氏硬度计由框架、手柄和压针组件3个主要部件组成。其中，压针组件包括压针、负荷弹簧、调节螺母、压针、复位键、复位弹簧、表头等。当压下手柄时，压针组件作为一整体向砧座移动，在此过程中，压针组件移向被测试样，压针尖端首先与被测试样接触；继续压紧手柄，会使压针一部分刺入被测试样，另一部分向后退入压针套筒内，并与负荷弹簧的弹力相作用。

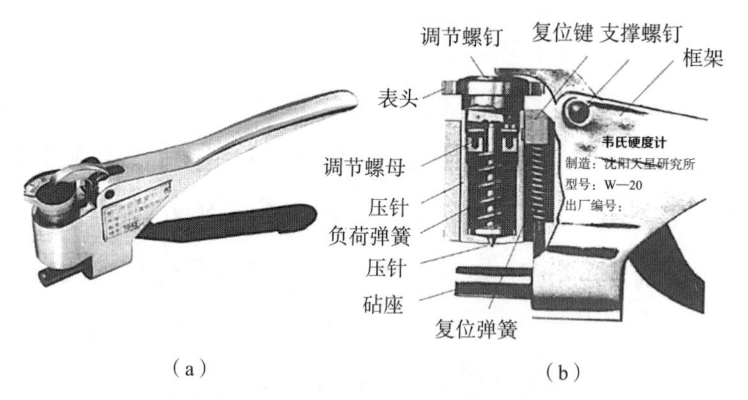

（a）韦氏硬度计全貌；（b）韦氏硬度计结构。

图6–7　韦氏硬度计全貌及其结构

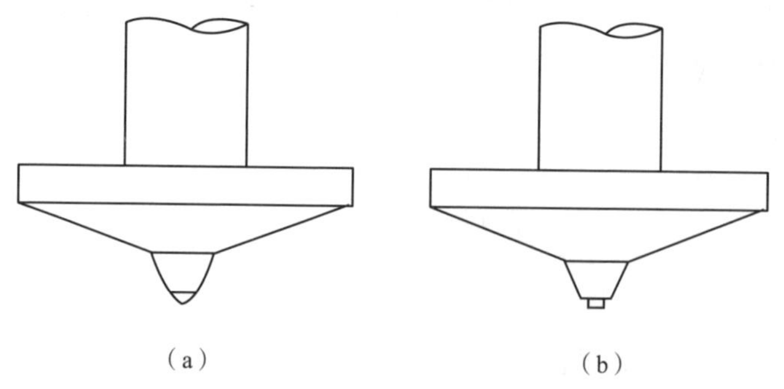

（a）W–20型；（b）W–B75、W–BB75型。

图6–8　韦氏硬度计压针形状

当压针套筒的端面与被测试样相抵时，即可感知已触到底，此时表头指针将指到一个硬度读数，即被测试样的硬度值。韦氏硬度计的表头安装在压针套筒的上端，指针由压针的移动来驱动。对于特别硬的金属，压针将全部退入压针套筒，直至其尖端与压针套筒端面平齐，这是压针的最大行程位置，此时指针会指到 20；对于特别软的金属，压针尖端将全部压入金属中，而不会向压针套筒内移动，这时表头指针将保持在最低位置不变。韦氏硬度计技术参数如表 6–10 所示。

表 6–10　韦氏硬度计技术参数

压针种类	外形尺寸 /mm	表面粗糙度 *Ra*/μm	压针体硬度（HV）	弹簧刚度 /（N・mm^{-1}）	测量范围（HW）	适用范围
圆锥台体压针	圆锥角 60° ±0.35°，顶端平面直径 0.4±0.05	0.2	700	75	1 ～ 20	W–20 型：铝及铝合金
圆柱体压针	顶端平面直径 0.4±0.05	0.2	700	145	1 ～ 20	W–B75、W–BB75 型：铜、软钢及硬铝

四、检测方法和注意事项

将试样置于砧座和压针之间，压针应与检测面垂直，轻轻压下手柄，使压针压住试样。快速压下手柄，施加足够的力使压针套筒的端面紧压在试样上，从表头读出硬度值（精确到 0.5 HW）。如果超出压下力的限度，则会被弹簧平衡掉，不会损坏硬度计。再次测量时两相邻压痕中心距离应不小于 6 mm。一般情况下，每个试样至少测量 3 个点，以测量值的算术平均值作为试样硬度值，计算结果修约到 0.5 HW。

需要注意的是，韦氏硬度计需要配备标准硬度片，用于校准。标准硬度片的工作面应标明韦氏硬度值和 E 标尺的洛氏硬度值。在用标准硬度片校准硬度计时，读数应符合硬度片标明的硬度值，韦氏硬度计的满刻度校准值为 20 HW，其允许误差为 ±0.5 HW。在测量较软金属时，表头指针会瞬间达到某一数值，随后可能会稍有下降，此时测量值以观察到的最大值为准。

五、应用范围及特点

韦氏硬度计是小型便携式仪器，具有体积小，质量轻，可单手操作，可快速、方便、无损地测试材料硬度的特点，对操作技能要求不高，非常适合在生产现场对材料进行快速硬度检测。

韦氏硬度计采用2种不同形状的压针，以及2种不同的试验力，它们组合构成3种不同型号的仪器，分别用于测试铝合金、软铜、硬铜、超硬铝合金和软钢；适于测试具有2个平行面的材料，如管材、板材和型材，材料厚度最大可达到13 mm。

此外，韦氏硬度计非常适合在生产现场对成批产品进行逐件检测。尽管其灵敏度不高，但是作为生产控制与合格判定仪器来说已经能够满足要求。正是由于这个原因，韦氏硬度计在铝加工行业得到了相当广泛的应用。

第五节　巴氏硬度检测法

巴氏（巴克尔）硬度计是由美国Barber–Colman公司生产的，其有多种型号，适合测量铝、铝合金、软金属、塑料、玻璃钢、橡胶及皮革等材料的硬度。GYZJ 934–1型巴氏硬度计主要用于测量铝合金的硬度。美国材料与试验协会制定了相关标准ASTMB 648—2015《使用巴克尔硬度计测量铝合金硬度的试验方法》。巴氏硬度计在国内的应用逐渐增多，目前已有国产HBa–1系，可供铝、铝合金、铜、黄铜等材料检测硬度用，并已有标准JJG 610—2013《A型巴氏硬度计》，但检测方法尚未见有标准。

一、基本原理

巴氏硬度是一种压痕硬度，以特定压头在标准弹簧的压力作用下压入试样表面，以压痕的深浅表征试样的硬度高低。巴氏硬度计有100个分度，每分度单位代表压入深度0.007 6 mm。压入越浅，读数越高，材料硬度越高。

二、计算公式

巴氏硬度的计算公式为

$$HBa=100-\frac{L}{0.0076} \tag{6-12}$$

式中：

HBa——巴氏硬度符号；

L——压针伸出长度，即压入试样深度，单位为 mm；

0.007 6——定义单位值，单位为 mm。

三、巴氏硬度计结构

GYZJ 934–1 型巴氏硬度计结构如图 6–9 所示，其中压针是一个具有 26°角，顶端平面直径为 0.157 mm 的淬硬钢锥体，它被装在一个空心针筒内，并由弹簧加载的主轴压住。此外，表盘具有 100 个分度，每分度代表刺入深度 0.007 6 mm。

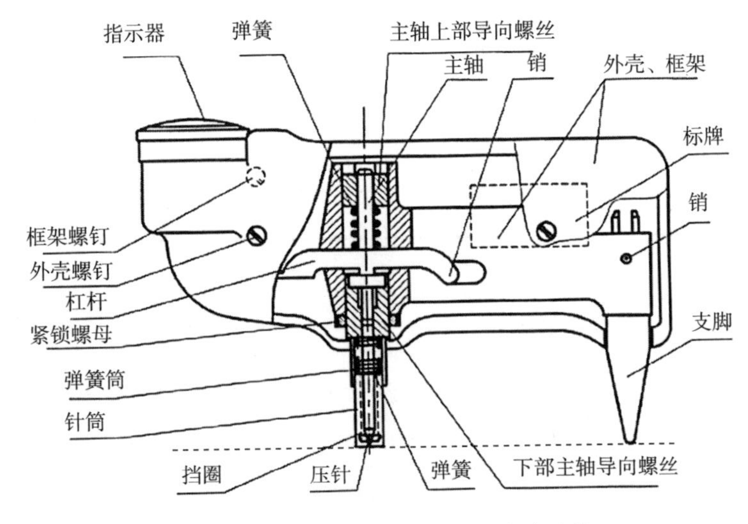

图 6–9　GYZJ 934–1 型巴氏硬度计结构

GYZJ 934–1 型巴氏硬度计的压针应满足以下 6 个条件：

（1）压针端几何形状及铝合金典型巴氏硬度分别如图 6–10 及表 6–11 所示；

（2）压针表面应光滑、平整、无锈蚀、划伤等缺陷，压针表面粗糙度 $Ra < 0.4\ \mu m$；

（3）压针硬度不低于 700 HV 0.2；

（4）当压针位移量分别为 0.19 mm、0.38 mm 和 0.57 mm 时，指针应分别指示 25、50 和 75，其偏差移量应不大于 ±0.8 个分度；

（5）当压针全部压入压针套内，即压针伸出量为 0 时，指示表盘读数应为 100（满刻度），其误差应不大于 ±1.0 HBa；

（6）示值误差及示值变动度如表 6–12 所示。

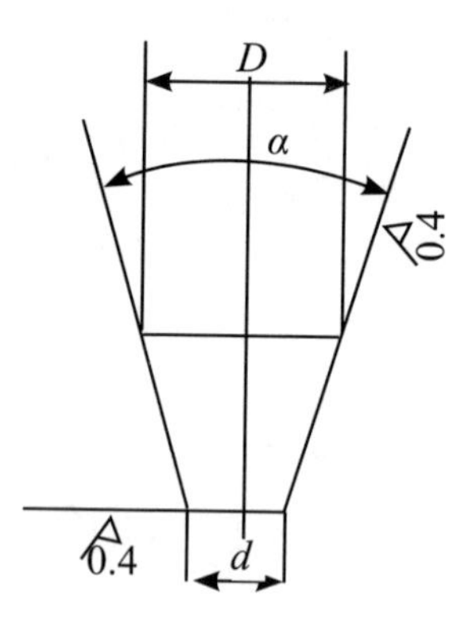

图 6–10　压针端几何形状

表 6–11　铝合金典型巴氏硬度

型号	α	d/mm
HBa–1、GYZJ934–1	26° ±15'	$0.157^{+0.01}_{-0.02}$

表 6–12　示值误差及示值变动度

单位：HBa

硬度计型号	硬度范围	示值误差	示值变动度
HBa–1	42 ～ 52	±2.0	2.5
GYZJ934–1	84 ～ 88	±1.0	1.5

四、检测方法和注意事项

将支脚置于测试样面上，检查其平衡性和压针与试样面的垂直状况，在支脚和针筒间握住硬度计。用手握手柄并快速垂直向下施加适当压力（39 ～ 68 N）以确保与试样面的坚实接触，读出和记下最高读数，精确到 0.5 个分度，读数要快，并读取观察到的最大数值。不应在距试样边缘或压痕 3 mm 范围内进行检测。检测结果根据测量次数取算术平均值。

需要注意的是，被测试样表面应光洁、无机械损伤，表面可以做轻微抛光。试件或试样的厚度应不小于 1.5 mm。在大件上进行检测时，压针刺入的部位也应是光洁和无机械损伤的。此外，在大件上检测时应能保证硬度计的支脚必须与压针尖端在同一平面上，并能实现针尖与试样面垂直，必要时可采用加垫或支承实现。

五、应用范围及特点

巴氏硬度计是一种手持式仪器，适用于测量铝合金材质的各种超大、超重、超厚、异形的工件及装配件，也可用于测量板、带、型和各种锻件等以及黄铜材料。其还具有适合于加工现场、仓库使用的特点。巴氏硬度计轻便，质量仅 0.5 kg 左右，便于携带，操作简便。

巴氏硬度检测范围比韦氏硬度宽，其有效检测范围相当于布氏硬度 25 ～ 150 HBS。其中，铝合金及其状态巴氏硬度如表 6-13 所示。此外，巴氏硬度值可以与其他硬度值进行换算。

表 6-13　铝合金及其状态巴氏硬度

铝合金及其状态	GYZJ931-1 读数	铝合金及其状态	GYZJ931-1 读数
1100-O	35	5052-O	62
3003-O	42	5052-H14	75
3003-H14	56	6061-T6	80
2024-O	60	2023-T3	85

第六节　划痕硬度测试法

采用划痕硬度测试法测量硬度，在美国最早是由哈佛大学教授 Graton 提出的，然后地球物理研究所设计了一台硬度计，它克服了莫氏硬度计刻度的缺点，减少了人为的判断因素，同时大大降低了各种矿石在硬度范围的重叠。此外，Bierbaum 微型鉴析仪是过去最有名的划痕硬度计，但是目前该硬度计已经停止生产。

划痕硬度测试法早在 1722 年开始应用，Mohs 在 1822 年所著的《矿物学基础》中明确提出硬度的 10 级分级，从此正式命名为莫氏硬度，当时多用于非金属（特别是矿物）硬度的测定。此后，这种方法由于具有独特的优点，又被应用于金属材料硬度的检测，并沿用至今。现在常用的划痕硬度测试法有 2 种：一种是两物体互相刻画来比较硬度；另一种则是在负荷作用下，用一个金刚石压头来刻画。

一、基本原理

（一）莫氏硬度测试法

莫氏硬度是以材料抵抗刻画的能力作为衡量硬度的依据。莫氏硬度的标度是选定 10 种不同矿物，从软到硬，莫氏硬度分级如表 6–14 所示。如果一种材料不能用硬度标号为 *n* 的矿物刻画出划痕，而只能用硬度标号为（*n*–1）的矿物刻画出划痕时，则其硬度就在此两种硬度标号之间，即为（*n*–1/2）级。随着莫氏硬度应用范围的日益扩大，其级数也有所增加。纯金属的莫氏硬度如表 6–15 所示。

表 6–14　莫氏硬度分级

矿物名称	硬度 / 级	矿物名称	硬度 / 级
滑石	1	钠长石	6
石膏 (或岩盐)	2	石英	7
方解石	3	黄玉	8
萤石	4	刚玉	9
磷灰石	5	金刚石	10

表 6–15　纯金属的莫氏硬度

金属	硬度 / 级	金属	硬度 / 级	金属	硬度 / 级
铯	0.2	铈	2.5	钯	4
钠	0.4	金	2.5	铂	4.3
钾	0.5	锌	2.5	镍	5
铅	1.5	镁	2.6	锰	6
锗	1.5	银	2.7	钼	6
锡	1.8	铝	2.9	铱	5 ～ 6
铋	1.8 ～ 1.9	锑	3	钨	6.5 ～ 7.5
镉	2	铜	3	钽	7
钙	2.2 ～ 2.5	铁	4	铬	9

（二）李德日维耶硬度测试法

李德日维耶在莫氏硬度的基础上，考虑到高硬度范围中相邻几级标准物质间的硬度相差很大，因此增加了级数，形成了李德日维耶15级硬度分级，莫氏硬度及李德日维耶硬度分级如表6–16所示。此外，表6–16中还列出了其他几种划痕硬度的数值。

表6–16　莫氏硬度及李德日维耶硬度分级

材料名称	莫氏硬度/级	李德日维耶硬度/级	矿物十级硬度/级	马尔顿斯硬度/级
滑石	1	1	1	6
铅	—	—	1.5	16.8
锡	—	—	1.8	23～28
岩盐	2	2	2	—
锌	—	—	2	43
石膏	2	2	2	20
金	—	—	2.5	44.5
方解石	3	3	3	40～50
萤石	4	4	4	55
镍	—	—	4.5	56
磷灰石	5	5	5	60
玻璃	—	—	5	—
钠长石	6	6	—	—
长石	—		6.5	80～90
焙炼石英	—	7	—	—
结晶石英	7	8	7	90～100
马氏体	—	—	7~8	100
黄玉	8	9	8	—
黄岗石	—	10	—	—
渗碳钢	—	—	8	208
刚玉	9	12	9	—
碳化钛	—	—	9~10	—
碳化硅	—	13	—	—
碳化硼	—	14	—	—
金刚石	10	15	10	—

（三）马尔顿斯划痕硬度测试法

将标准压头在一定的负荷作用下压入被测试样表面内，然后使压头移动，则在金属表面刻出一条划痕。马尔顿斯划痕硬度值是用某一定负荷下划痕的宽度或用刻画出一定宽度的划痕所需的负荷来表示。用具有 90°锥角的金刚石锥体，刻画出 10 μm（0.010 mm）宽的划痕所需的负荷为马尔顿斯划痕硬度的量度，其计算公式为

$$\mathrm{H_M} \approx \frac{F}{d} \tag{6-13}$$

式中：

F——垂直负荷；

d——划痕宽度，单位为 mm。

但很多研究者指出，马尔顿斯的划痕硬度值应用该负荷除以划痕宽度 d 的平方来度量，即为

$$\mathrm{H'_M} \approx \frac{F}{d^2} \tag{6-14}$$

关于划痕宽度的测量，应注意在划痕硬度检测时首先要产生大的塑性变形，划痕两边会产生凸缘的划痕，划痕横截面示意如图 6–11 所示。在测量时，不应测量划痕凸缘 c 和外边缘 d 的宽度，而应测量真实划痕 b 的宽度。

最初，在进行马尔顿斯划痕硬度检测时，分为划出划痕和在显微镜下测量划痕的宽度 2 个步骤。现在，在显微硬度计上附带专用的划痕压头，划刻后随即在显微硬度计上进行测量。

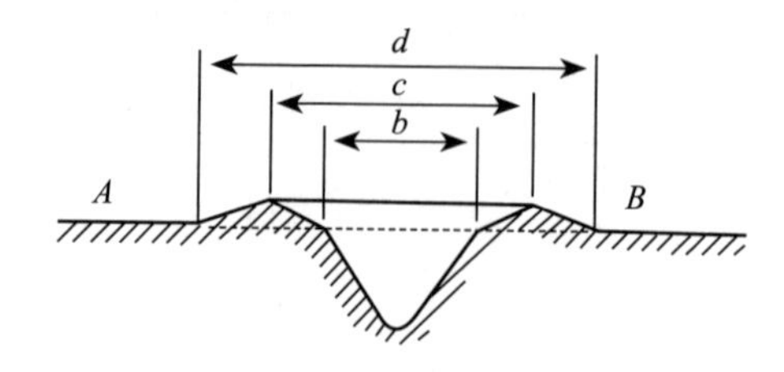

图 6–11　划痕横截面示意

二、划痕产生过程的应力分析

划痕产生过程示意如图 6–12 所示，压头的垂直压力施加于试样表面，压头压入深度为 h_0，进行刻画时除垂直压力 P 外，还对压头施加一水平侧压力 P_h，此时锥体受水平侧压力 P_h 和垂直压力 P 的合力 P_d，合力与锥体表面的法线成 α 角。若水平侧压力增加到大于摩擦角时，由于克服了摩擦阻力，则圆锥体开始沿表面滑动升起。此时，其与金属的接触面减小，由 P_d 所引起的单位面积上的压力增大，在侧向产生挤压使金属发生塑性形变，同时产生形变硬化效应。当外力达到试样破坏强度 σ_k 时，金属即开始由剪切面发生切断式破坏。此时，金刚石锥体逐渐开始沿水平方向向前移动，在金属表面形成深度为 h、宽度为 b 的划痕。因此，无论金属原来是否已存在形变硬化以及形变硬化程度的大小如何，对划痕的深度 h 和宽度 b 都是无关的。划痕深度 h 和宽度 b 只和金属最后剪切破坏抗力 S_k 有关，即与变形外因无关而只与该种金属材料的本质微观结构等因素有关，这也是划痕硬度测试法不同于其他硬度测试法的独特优点之一。

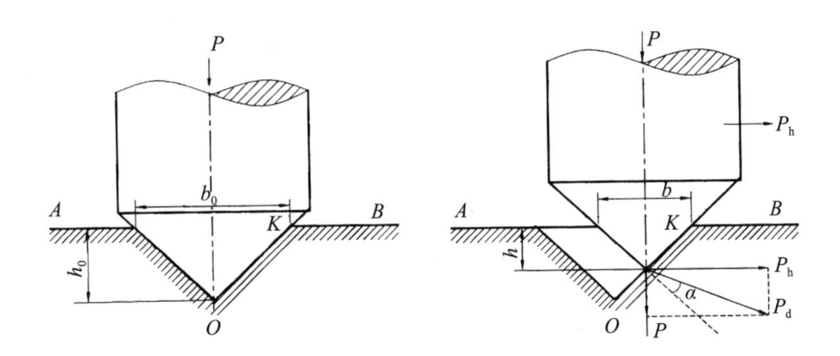

图 6–12　划痕产生过程示意

第七节　锤击和弹簧式布氏硬度测试法

锤击和弹簧式布氏硬度检测的区别在于加荷的方式和速度，属于典型的动力硬度测试法。因其检测原理来源于布氏硬度试验，所以称为锤击和弹簧式布氏硬度测试法。此外，由于这种方法相对于其他硬度测试法误差较大，因此还被称为近似硬度测试法。但由于其具有使用方便，硬度计能随身携带以及价格低廉等优点，故在材料仓库、生产车间和一些大制件上经常被使用。

一、锤击式布氏硬度测试法

（一）基本原理

锤击式布氏硬度检测是依靠人力锤击硬度计，将硬度计中淬过火的钢球同时压入试样和标准杆的表面，通过两者压痕直径比例关系来计算出硬度值。锤击式布氏硬度的符号为 HBO。

（二）计算公式

根据检测原理，其硬度的计算公式为

$$\text{试样硬度}\quad \mathrm{HBO}=\frac{0.102\,F}{A_{\mathrm{O}}}$$

$$\text{标准杆硬度}\quad \mathrm{HB}=\frac{0.102\,F}{A_{\mathrm{B}}}$$

式中：

F——锤击力，单位 N；

A_{O}、A_{B}——试样和标准杆上压痕凹印面积，单位 mm^2。

由作用力和反作用力相等原理可知，钢球在标准杆表面与在试样表面压入力是相等的，故有

$$\mathrm{HBO} \times A_O = \mathrm{HB} \times A_B$$

即

$$\mathrm{HBO} = \mathrm{HB} \times \frac{A_B}{A_O} = \mathrm{HB} \times \frac{D(D-\sqrt{D^2-d_B^2})}{D(D-\sqrt{D^2-d_O^2})} \approx \mathrm{HB} \times \frac{d_B^2}{d_O^2} \tag{6-15}$$

式中：

d_O——试样上压痕的直径，单位为 mm；

d_B——标准杆上压痕的直径，单位为 mm。

检测时，标准杆硬度 HB 为已知，因此只要测得标准杆压痕直径 d_B 和试样上压痕直径 d_O，然后根据 d_O、d_B 数值查表即可得出硬度值。

（三）锤击式布氏硬度计结构

锤击式布氏硬度计构造如图 6–13 所示，主要包括以下 6 个部分：

（1）撞杆。其是锤击式布氏硬度计的主体，上端是承受锤击的地方，下端与标准杆接触。

（2）标准杆。其是特制的已知硬度值的杆，与被检测材料进行比较使用，其形状尺寸如图 6–14 所示。标准杆材料多选用 T8、T10、45 钢等，标准杆是易耗件，在检测应用多的情况下，可以按图 6–14 和热处理工艺进行自制，制成的标准杆委托相关计量主管部门做硬度标定后方可使用。

（3）钢球。其直径为 10 mm，与布氏硬度计上的 10 mm 球相同。

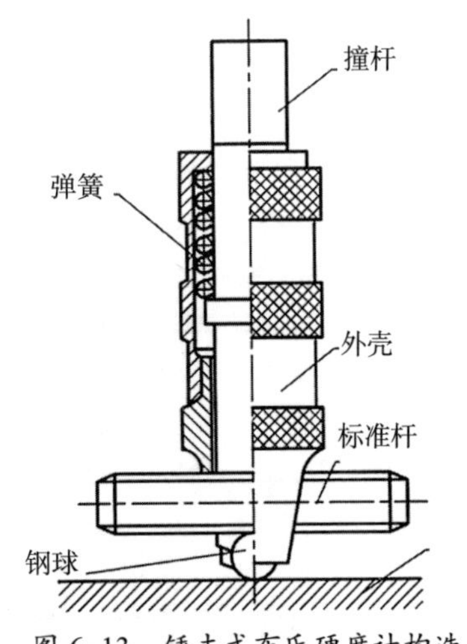

图 6–13　锤击式布氏硬度计构造

（4）弹簧。当标准杆装入撞杆下端时，借弹簧作用将标准杆与钢球压紧。

（5）被检测件。

（6）外壳。其是指在进行检测时用手握住的地方。

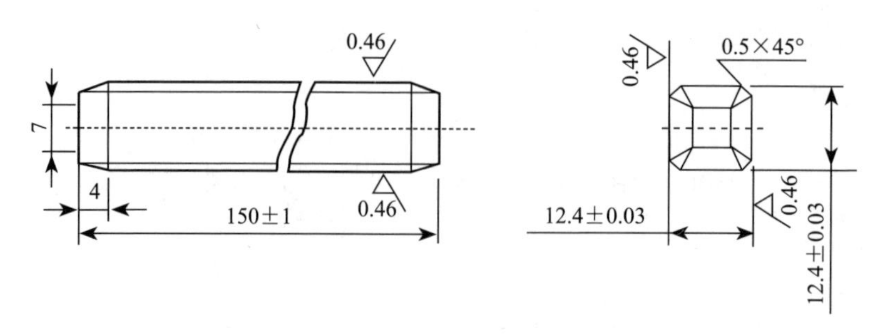

图 6–14　标准杆形状尺寸

可以给锤击式布氏硬度计加上一个定位装置，如图 6–15 所示，以保证锤击式布氏硬度计与被检测件相垂直，从而减少因硬度计的歪斜而造成的误差。

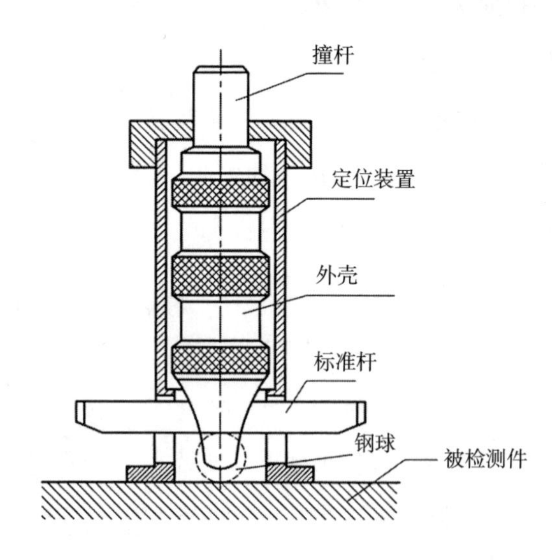

图 6–15　锤击式布氏硬度计加装定位装置示意

（四）检测方法和注意事项

检测前应将试样或待测部位表面除去锈蚀、氧化皮等并磨光，以保证在检测后压痕清晰可见。将标准杆尖端插入钢球与撞杆之间。检测时用左手持锤击式布氏硬度计并垂直安放在试样表面上，用右手握锤（手锤质量 0.45 ～ 0.91 kg 为宜），用适当的力垂直而短促地打击撞杆头部 1 次。由于钢球一面接触标准杆，一面接触被检测件表面，故经过锤击后，在标准杆和试样上各留下一个残余压痕。取出标准杆，然后使用放大镜（放大倍数一般为 12.5 倍）测量试样表面和标准杆上的压痕，测量相互垂直的两个压痕直径，并取其平均值，查表获得其硬度值。

检测时，锤击式布氏硬度计轴线应垂直于试样表面，否则得出的压痕呈椭圆形或不规则，这样的压痕视为无效。用力不宜过大，因为标准杆上的压痕直径在2 ～ 4 mm 内为宜，否则，检测也应视为无效。不得在一个压痕上敲击第 2 次。标准杆每根有 4 个面，但只允许相邻 2 个面有压痕，靠撞杆的面不能有压痕，否则会由于压痕造成标准杆凹凸不平，从而影响检测结果的准确性。检测时试件两相邻压痕之间距离不小于 10 mm。

（五）应用范围及特点

锤击式布氏硬度检测适用于不能用普通硬度计检测的大型件，如机架、大锻件、已组装在设备上的制件（复验）以及仓库贮存的钢材等。

这种检测方法的优点是硬度计体积小、结构简单、携带和操作简便。其不足之处是由于不同金属硬软程度的不同，有时不能满足布氏检测法中 F 与 D 的比值关系，因此检测误差较大。此外，检测所用压头为淬火钢球，因此不适用于检测淬火后的高硬度制件，仅适用于弹性模量与钢大致相同材料的布氏硬度检测。

二、弹簧式布氏硬度测试法

该硬度计是在锤击式布氏硬度计的基础上改进而成的，不用标准杆，不用手锤击，而是在装置上设置一个固定弹簧，通过释放弹簧产生一个稳定的打击能量去冲击钢球（打击能量为 4.9 J），从而在试样上产生压痕。打击能量和钢球直径一定，压痕的大小主要取决于被检测材料的硬软。通过大量的检测数据，可获得表 6–17 所示的弹簧式布氏硬度值，检测后根据压痕直径可查找出对应的布氏硬度值。

这种方法适用于检测材料的弹性模量近似等于 2×10^5 MPa 的黑色金属，其检测的硬度范围为 100 ～ 400 HBS。

表 6–17　弹簧式布氏硬度值

压痕直径 d/mm	硬度值（HB）	压痕直径 d/mm	硬度值（HB）	压痕直径 d/mm	硬度值（HB）	压痕直径 d/mm	硬度值（HB）	压痕直径 d/mm	硬度值（HB）	压痕直径 d/mm	硬度值（HB）
2.72	404	2.92	305	3.12	236	3.32	187	3.52	145	3.72	113
2.74	393	2.94	297	3.14	230	3.34	182	3.54	141	3.74	110
2.76	382	2.96	289	3.16	225	3.36	178	3.56	137	3.76	108
2.78	371	2.98	282	3.18	220	3.38	173	3.58	133	3.78	106
2.80	361	3.00	275	3.20	215	3.40	169	3.60	130	3.80	104
2.82	351	3.02	268	3.22	210	3.42	165	3.62	127	3.82	102
2.84	341	3.04	261	3.24	205	3.44	161	3.64	124	3.84	100
2.86	331	3.06	254	3.26	200	3.46	157	3.66	121		
2.88	322	3.08	248	3.28	196	3.48	153	3.68	118		
2.90	313	3.10	242	3.30	191	3.50	149	3.70	116		

第八节　锉刀和测试笔硬度测试法

一、锉刀硬度测试法

前期虽然没有用锉刀检测钢铁零件硬度的国家标准，但国内一些工厂早于 20 世纪 50 年代，就自制各种级别的锉刀，用其来检测采用常规方法不能测试的工件硬度。在国外如美国、日本、德国多年来也在一定范围内采用这种检测方法，目前美国、日本等国家已有相关系列的锉刀和标准试块产品供应，并且美国已有完整的锉刀硬度检验标准。

我国原有锉刀硬度检测标准——GB/T 13321—1991《钢铁硬度锉刀检验法》（已废止），标准主要是参照美国 SAEJ864JUN79 锉刀检验表面硬度标准及日本锉刀表面硬度检验规范，并结合我国生产实际情况而制定的，其标准的技术水平与美国 SAE 标准的水平相当。美国和日本锉刀检测硬度方法标准比较，美国锉刀硬度分为 5 级，日本为 6 级，美国 SAE 标准锉刀硬度级别和日本锉刀硬度级别分别如表 6–18 和表 6–19 所示。虽然目前在锉刀硬度检测方面还没有新的国家标准，但是锉刀硬度检测方法仍经常作为材料的硬度评估方法使用。

表 6–18　美国 SAE 标准锉刀硬度级别

锉刀硬度级别	洛氏硬度范围（HRC）
65	65 ～ 68
62	61 ～ 63
58	57 ～ 59
55	54 ～ 56
50	49 ～ 51

表 6–19　日本锉刀硬度级别

手柄颜色	标记	锉刀硬度范围（HRC）
红	40 HRC	40 ～ 42
黄	45 HRC	45 ～ 47
草绿	50 HRC	50 ～ 52
绿	55 HRC	55 ～ 57
蓝	60 HRC	60 ～ 62
黑	65 HRC	64 ～ 66

我国锉刀硬度分为 7 级，最低 1 级为 39 ～ 41 HRC，标准锉刀和标准试块的材料为 T12A。验证试验过程中，检验用的钢材有结构钢、合金结构钢、碳素和合金工具钢、高速钢、模具钢及渗碳钢等。热处理工艺有普通淬火、高频淬火、真空淬火、渗碳、碳氮共渗、渗氮等。

用锉刀检测硬度，是用锉刀本身的硬度作为试样硬度的比较标准，通过手的感觉、声音的高低以及试样被锉动的程度来判定其硬度的高低。这种方法的准确性与检测人员的操作经验有关，但只要认真执行技术要求和遵守检测方法，完全可以得到较准确的结果。

（一）锉刀要求

锉刀检测硬度要求使用一组标准锉刀，双纹扁锉尺寸为 150 mm 和 200 mm，圆锉为 ϕ 4.3×175 mm。每 25 mm 长度内应有 50 ～ 66 齿。标准锉刀组硬度应符合表 6–20 所示的标准锉刀的硬度级别要求，在锉刀下部标明硬度级别。

表 6–20　标准锉刀的硬度级别要求

标准锉刀柄颜色	标准锉刀硬度级别 / 级	相应洛氏硬度范围 (HRC)
黑	65	65 ～ 67
蓝	62	61 ～ 63
绿	58	57 ～ 59
草绿	55	54 ～ 56
黄	50	49 ～ 51
红	45	44 ～ 46
白	40	39 ～ 40

锉刀检测硬度还要求配合使用一组标准块，标准块是作为在检测表面硬度时对比用的特制试块。标准块直径为 50 mm，厚度为 12 mm，其硬度应符合表 6–21 所示的标准试块的硬度级别要求。标准块的表面粗糙度 $Ra = 0.63$ μm，其检测方法及其他技术要求应符合 GB/T 230.3—2012《金属材料　洛氏硬度试验　第 3 部分：标准硬度块（A、B、C、D、E、F、G、H、K、N、T 标尺）的标定》的规定。

表 6–21　标准试块的硬度级别要求

标准试块级别	相应标准锉刀硬度级别	洛氏硬度范围 (HRC)
1	65	64 ～ 66
2	62	60 ～ 62
3	58	56 ～ 58
4	55	53 ～ 55
5	50	48 ～ 50
6	45	43 ～ 45
7	40	38 ～ 40

（二）检测方法和注意事项

检测硬度时，被检测件及标准块承受的压力一般应为44 ～ 53 N（4.5 ～ 5.4 kgf）。当必须检测精密磨削过的钢铁零件表面时，锉刀磨削方向应与标准块磨削方向及钢铁零件的磨削方向一致。在检测硬度时，使锉刀少数几个锉齿与被检件相接触，再慢慢地、稳定地多次推锉，仔细体验锉削阻力，并尽可能使推锉的距离最短。当被检测件硬度范围无法估计时，应选用最高一级的锉刀，从高硬度到低硬度逐级进行检测，直到锉刀不能锉削时（打滑）为止。再用比该级锉刀高一级的标准锉刀及相应的标准块与被检测件进行对比检测判别，根据手感确定被检测件的硬度级别。当被检测件的硬度低于55 HRC时，操作者手感判断能力会相应降低，此时应适当增加对比检测次数。

需要注意的是，当标准锉刀不能锉削相应级别的标准试块时，该标准锉刀不能继续作为硬度检测工具。锉刀检测硬度过程中，注意避免锉动时声音清脆响亮或闷哑低沉等情况，应观察锉动后有无明显的锉痕和锉痕的状况。标准锉刀只能做检测件的工具，不允许做其他用途。检测前必须清除被检测件表面的油污、锈斑、结疤等，被检测件表面的粗糙度应尽量与标准块表面粗糙度相接近。处理表面过程中应防止由于研磨等造成宏观硬度变化。用标准锉刀确定被检测件的硬度分为7级，被检测件硬度应以锉刀硬度级别给以标注，必要时需注明被检部位。

（三）应用范围及特点

锉刀具有操作简便，便于携带，不受工件大小、形状限制，可快速进行检测并有较好的可靠性等特点。在大批量生产过程中，当不可能全部进行正规的硬度检测时，除用硬度计抽检一定百分数外，其余部分可用锉刀进行检测。JB/T 6050—2006《钢铁热处理零件硬度测试通则》中，对于钢铁材料淬火回火件、渗碳与碳氮共渗件、渗氮件表面硬度测量方法的选用，都将锉刀硬度测试法作为可选用方法之一。此外，对一些外形不适合用硬度计进行检测的制件及制件表面有脱碳情况也可用锉刀进行检测。但是，这种方法的准确性与检测人员的操作经验有关。

二、测试笔硬度测试法

用洛氏硬度测试笔进行硬度测试，可直接获得近似洛氏硬度值。其检测方法的原理来源于锉刀检测硬度方法和划痕硬度测试方法。这种方法不是标准检测法，但在原理和实践上是可行的。

（一）测试笔要求

一套洛氏硬度测试笔由 5 支组成，每支长度为 200 ～ 220 mm，两端成笔状尖形，每支笔的两端有相近的两个硬度值。10 个笔尖的硬度值分别为 20、25、30、35、40、45、50、55、60、62（单位 HRC）。此外，测试笔的硬度应经计量局检定，其偏差 HRC ≤ 1 单位。

（二）检测方法和注意事项

使用时，保持测试笔与制件表面呈 45°，测试笔使用时的角度如图 6–16 所示。当进行检测时，如果笔尖在制件表面打滑，则说明测试笔的硬度低于制件表面硬度，应再选用高一档的笔尖刻画；如果笔尖在表面受阻，则说明笔尖的硬度高于制件表面，当介于两种情况之间时，取其中间值即为制件硬度。例如，用 50 HRC 的笔尖刻画时发现打滑，用 55 HRC 的笔尖刻画时感到笔尖受阻，则此制件硬度值应为 50 ～ 55 HRC。

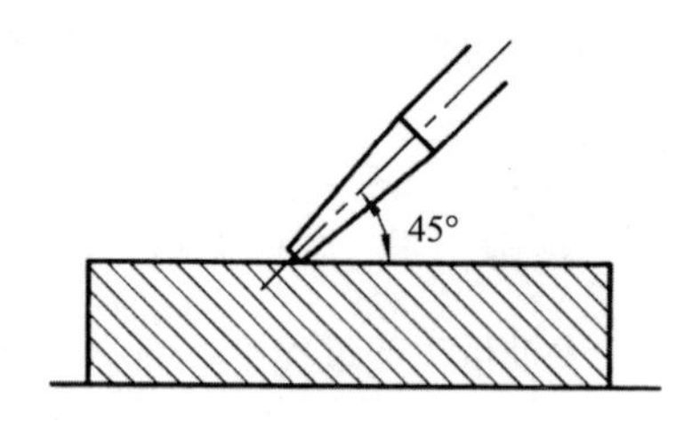

图 6–16　测试笔使用时的角度

需要注意的是，被测试件表面应经粗、细砂纸磨光，无油污锈斑、结疤等，并保证被测试件表面有足够刻画面积的光滑平面。另外，笔尖在制件上应垂直于金属表面条纹方向做直线刻画，切勿来回刻画或做曲线刻画。

第九节　金属硬度的无损测试法

无损测试法的基本原理是利用被测材料的硬度与某些物理量之间的对应关系，通过测定某一物理量的大小，间接判别材料的硬度数值。基于物理量类别的不同，检测方法多种多样，其中常见的方法包括剩余磁感应法、磁矫顽力法、磁导率法、动态磁损耗法、涡流法等。

一、剩余磁感应法

剩余磁感应测量的方法包括冲击法和测磁法。

冲击法是将试样饱和磁化后去掉磁场，再将试样与测量线圈做相对运动，这时在冲击检流计中产生感应电势，此电势与剩余磁感应成比例。最后，根据感应电势的大小计算剩余磁感应 B_r。

测磁法是利用磁强计测定试样的剩余磁感应在某一空间固定位置的磁场强度，或者测定两点之间磁场强度的差值。在大量生产检测中，如果不必要求硬度的绝对数值时，可直接运用此法判定零件的硬度范围。由于剩余磁感应测试法与试样的形状大小有关，即与退磁因素有关，因此，该法仅限于检查固定形状和尺寸的成批生产的零件。

二、磁矫顽力法

测定磁矫顽力 H 的方法包括直流法和交流法。由于磁矫顽力仅与材料的性能有关，与试样的形状和尺寸无关，因此该法应用较普遍。

直流磁矫顽力测量装置如图 6-17 所示，在试样表面放置电磁铁，被磁化后电磁铁与试样构成闭合磁路。在电磁铁一脚部开一孔放置高斯计探头，在高斯计上指示磁通大小。测量时，先用饱和电流将试样磁化到饱和，然后去掉磁场，此时高斯计指示数值为剩余磁感应。再反向并不断增加反向电流直至高斯计指示为

0，这时电磁铁所作用的反向磁场强度即为磁矫顽力，最后根据磁矫顽力大小计算出硬度值。

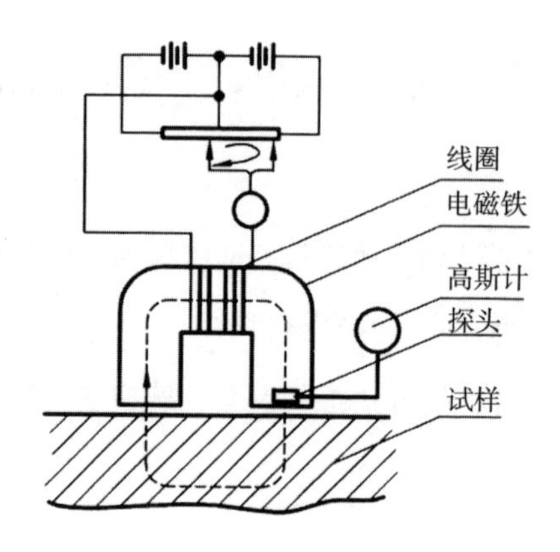

图 6-17　直流磁矫顽力测量装置

交流磁矫顽力测量装置如图 6-18 所示，磁场频率由频率发生器 1 调节，当交流磁化时，由于集肤效应，试样的磁化深度要比直流磁化时浅得多。通过改变频率，从而得到需要的磁化深度。在电磁铁 2 的脚部绕有磁通检测线圈 3，将此线圈的输出经积分电路 4，得到与磁通成比例的电压，经方波整形回路 5、脉冲整形回路 6，当电压为 0 时所对应的磁通也为 0。此时出现脉冲，在门脉冲持续时间内，打开电路 7，此时输送出与励磁电流成比例的电压，即电阻 8 的端电压，经整流放大回路 9 后，即可测得输出。由于磁通为 0 时的励磁电流相当于直流磁矫顽力计中的反向去磁电流，所以仪表 10 的指示与磁矫顽力成正比。11 为被测试样。

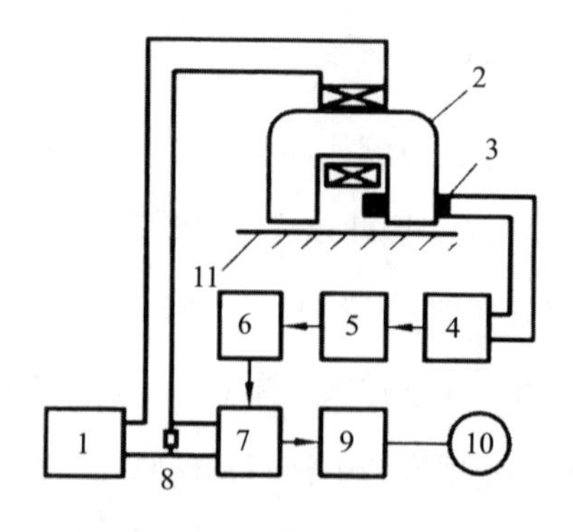

图 6-18　交流磁矫顽力测量装置

三、磁导率法

磁导率试验装置示意如图 6–19 所示，A 和 A' 为 2 个形状、尺寸、绕线直径、匝数完全相同的线圈，具有初级绕组和次级绕组 1、2 ' 和 1'、2，两初级绕组线圈串接，两次级绕组线圈并联。不放试样时微安表指示为 0，若把试样 3 ' 放入 A ' 线圈中，当初级绕组通以交变磁化电流时试样被磁化。由于电磁感应，次级绕组中将有电磁感应，并有电压输出，其大小与试样材料的磁导率、试样的形状尺寸及磁场强度有关。如果试样的形状尺寸及磁场强度保持不变，则次级绕组线圈中的输出将随材料的磁导率发生改变。当另一个线圈 A 中放入标准样品 3 时，次级绕组的差动输出就表示 2 个样品的硬度差值。

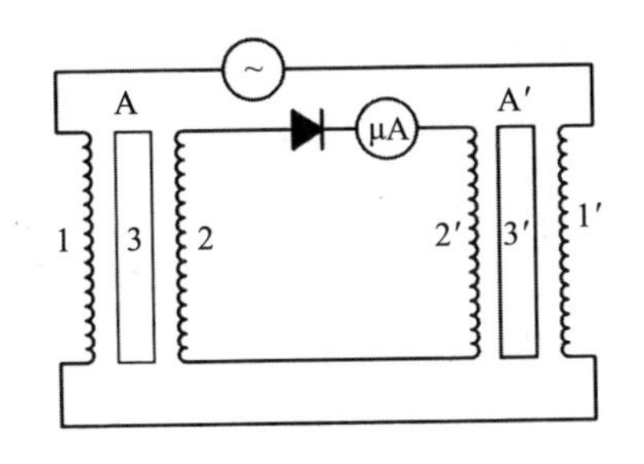

图 6–19　磁导率试验装置示意

为了提高测量灵敏度，可以在输出端连接放大器，此装置还可由电子回路控制机械装置，将试样或零件按硬度高低分类。若将输出信号接入示波器的垂直偏转板，则应从磁化电路中取一部分电压送至水平偏转板，当要检查的试样与标准试样硬度相同时，屏幕上会出现一水平线；若硬度不同，则波形偏离水平线，由偏离程度可判断试样的硬度。此方法具有设备简单、经济、灵敏度高等优点，然而试样的几何形状、应力状态、外界干扰等因素对测量结果影响很大。

四、动态磁损耗法

动态磁损耗法检测硬度的原理如图 6–20 所示，A 为电磁铁，B 为线圈，C 为磁性试样，D 为共振电容，E 为调压器，F 为直流电源，G 为检出交流信号电阻，L 为电流表，M 为交流电源，E、A、D、G 构成串联共振回路，调节交流频率从而使回路处于共振状态。

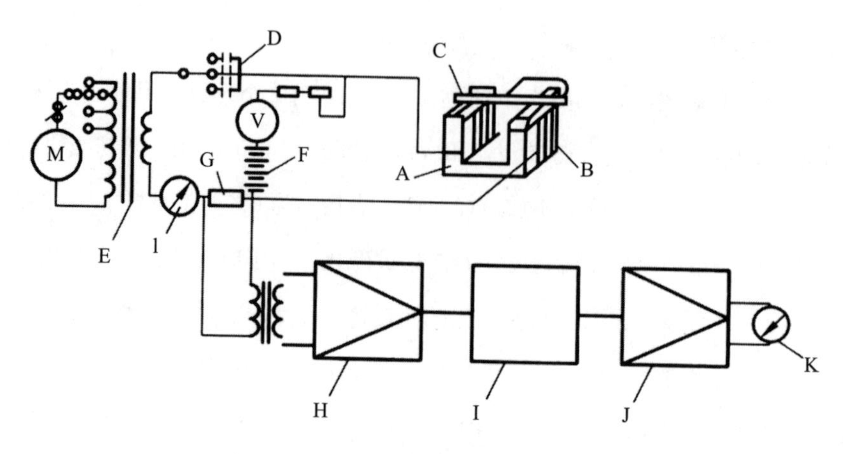

图 6–20　动态磁损耗法检测硬度的原理

将铁磁性试样 C 和电磁铁 A 构成闭合磁路，在交变磁场作用下，试样产生磁滞损耗和涡流损耗，此时试样的磁导率 $\mu=\mu'-\mu''$，其中 μ' 为可逆磁导率，μ'' 为不可逆磁导率。随着滞后的增加，μ' 减少，μ'' 增加，硬度与磁滞成正比，所以在检验时随试样硬度的增加，μ' 减小，μ'' 增大。这时电磁铁的电感分量及品质因素便发生变化，从而改变了 E、A、D、F 串联回路的共振状态。因此，如果电压不变，则回路中励磁电流的变化量将与试样的硬度相对应。此外，添加放大器 H、削波回路 I 的功率放大器 J，用电压表 K 指示硬度值可提高此方法的灵敏度。

五、涡流法

当在通有交流电的线圈中放入导电材料时，材料被感应产生涡流，此时，线圈的阻抗将发生变化。该变化是由材料的电磁性质、交流电频率以及材料与线圈的耦合状态所决定的。通过对线圈的阻抗分析，可研究材料的硬度特性。

对于铁磁性材料，这种线圈阻抗的变化主要由磁导率所决定；对于非铁磁性材料，该阻抗的变化主要由导电率 γ 所决定。测量线圈阻抗变化方法有电桥法和比较法，其原理如图 6–21 所示。

电桥法将试样线圈作为电桥的一臂，试样可以放入线圈中，也可将线圈置于试样表面。调节振荡器频率来改变涡流透入深度，由测量仪表指示线圈阻抗的变化。比较法是利用两相同的初级和次级双重绕组线圈，一个线圈中放标准样品，另一个放待测试样。两初级线圈串接，通交流电，然后将两次级线圈的输出反向送入示波器垂直偏转板，此时示波器上显示的波形振幅和位相表示两输出之间的差别。

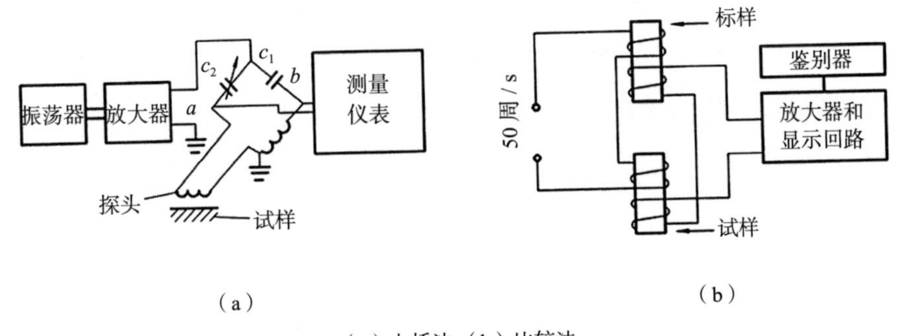

（a）电桥法；（b）比较法。

图 6–21　测量线圈阻抗变化方法的原理

利用涡流对金属材料电导率、磁导率和几何形状的敏感性，已制成多种型号的涡流检测仪，其高效应用于工业生产在线检测中。例如，对滚珠、滚柱、螺栓、轮毂和法兰盘、活塞以及粉末冶金制零部件等产品均可实现对硬度、裂纹等快速、无损、准确在线检测或分选。

第十节　超声波法

超声波法的基本原理是通过测定超声波在材料中的谐振频率、传播速度、衰减等特性，从而检验试样的硬度。超声硬度计工作原理如图 6–22 所示，测量谐振频率探头中有一个磁致伸缩效应的传感器杆 B，杆上绕有激磁线圈 C，由激磁放大器 E 供电，杆的端头镶有金刚石锥体压头 A，另一端焊在一大质量的圆钢柱上，连接处固定一压电晶体片 D。传感器杆在激磁电流的作用下产生超声振动，压电晶体片检出信号送至放大器 E，F 为脉冲形成电路，G 为功率放大器，H 为鉴频器，m 为硬度指示表。如果金刚石锥体压头 A 未与试样表面接触，则由于传感器杆的另一端固定在一个“无限大”质量的刚体上，则 A 端处于自由振动状态，当形成纵振动后杆的固定端是振动波节点，金刚石锥体压头 A 为波腹点，杆长为 1/4 的振动波长；当金刚石锥体压头 A 压到试样表面时被夹紧，振幅减小，腹点移向固定端，谐振频率增高，传感器的谐振频率随金刚石锥体压头与试样表面接触面积的增加而增高。当固定载荷时，接触面积与试样表面的硬度和弹性模量有关。如果已知载荷与弹性模量，则通过测定超声波谐振频率，即可获得硬度值。

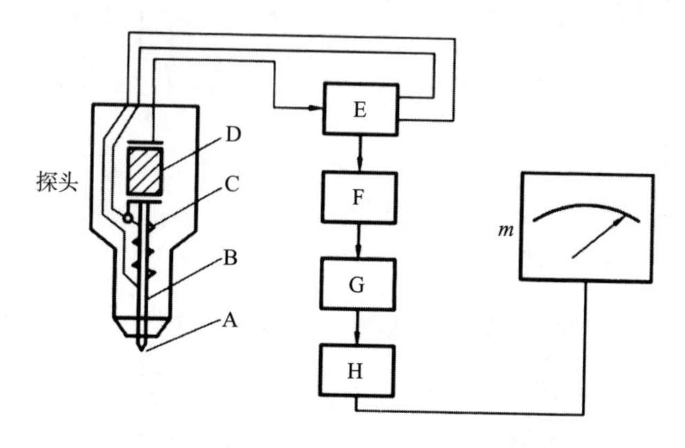

图 6–22　超声硬度计工作原理

除了上述方法外，还有其他许多检测零件硬度的方法，例如，在检测钢球硬度时，利用钢球在弹性形变时所消耗的能量来分析其硬度，将钢球自一定的高度处自由落至硬钢台上，根据钢球回跳高度判定其硬度。如果将水平钢台改成与水平成某角度的倾台，则钢球由一定高度自由落到斜面上后，将按抛物线向外弹射，根据“跳远”的远近可以分选钢球，硬的钢球跳得远，软的钢球跳得近。

第七章　高温和低温硬度测试法

随着工业现代化的发展，在高温和低温下工作的零件或结构件的使用量越来越多。例如，在高温下工作的高速轴承、柴油机缸体、发动机排气阀、模具、冲头以及低温容器等，这就对金属材料在高温、低温下的使用性能提出了要求。在近代科学技术的发展中，由于航天器、高能加速器以及火箭技术的发展，对于金属材料的高、低温性能要求更高。为了满足机械装置在高温、低温等环境下使用的安全性，用硬度值作为特殊环境下材料性能瓶颈的参数，受到人们越来越多的重视。

众所周知，金属材料在高温和低温条件下的性能与室温下相比显著不同，即常温环境所测得的金属材料力学性能并不能完全反映高温和低温条件下的实际情况。因此，为了了解金属材料在高温和低温下的性能以及其随温度变化的规律，国内外设计制造了高、低温硬度计，并在材料研究工作中应用了高、低温硬度测试法。

第一节　高温硬度测试法

高温和低温温区的温度范围如表 7–1 所示。

表 7–1 高温和低温温区的温度范围

单位	超低温	深冷	普冷	高温	超高温
℃	< –272.70	–272.7 ～ –153	–153 ～ 0	20 ～ 900	900 ～ 1 500
K	< 0.45	0.45 ～ 120.15	120.15 ～ 273.16	293 ～ 117 3	117 3 ～ 177 3

金属及其合金的高温硬度反映了材料在高温下抵抗塑性变形及耐磨损的能力，且与其他高温力学性能（如高温强度、持久性能、蠕变性能、高温疲劳性能等）之间存在着一定的关系。在室温下，金属材料的硬度与强度等很多力学性能存在线性关系，而高温硬度与高温强度尚无明确的对应性。但是，很多研究结果表明，可以通过便捷的高温硬度测试法，从高温环境下材料的硬度推断材料的其他高温性能，如高温蠕变强度、高温抗拉强度和高温持久强度等。有时，也可以把高温硬度试验当作选型试验，以便确定下一步进行何种高温试验。因此，经常用测定高、低温硬度的方法来初步评估材料的高温性能。一般而言，材料的高温硬度值低于室温硬度值。

目前，比较广泛采用的高温硬度测试法包括压印法、互相压入法和一端平压法 3 种。

一、压印法

压印法原理与室温硬度测试原理相同。在温度不太高时，检测可以通过在布氏、洛氏和维氏试验机上加装辅助设备来完成，高温硬度测试装置示意如图 7–1 所示。

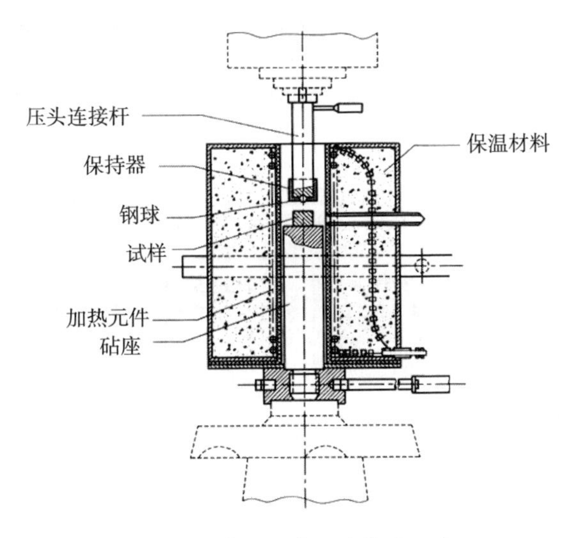

图 7-1 高温硬度测试装置示意

当温度要求较高时，多选用专门设计制造的高温硬度计。专用的高温硬度计的使用范围较高，为防止温度上升使金属及加热体发生氧化，常充保护气体或装真空的系统，且试样台的升降、转动，试样更换和压头的升降等装置都包括在系统之中。

用压印法进行高温硬度测试时，由于温度升高，硬度会降低，还可能在检测过程中伴随着产生材料的蠕变、回复、再结晶等过程。因此，除保证压痕的压入角相似和压痕的清晰完整外，当检测温度高于再结晶温度时，还应注意负荷大小和加荷时间的配合。例如，熔点低的软金属，在高温下检测硬度时，随加荷时间的延长，压痕会不断发生变化。压痕直径 d 与加荷时间 t 的关系为

$$d = at^{n} \tag{7-1}$$

式中：

a——系数；

n——速度指数。

a、n 与材料性质和负荷大小有关，n 与材料熔点成反比，一般介于 0.01 ～ 0.06 之间。

布氏法静力高温硬度测试的条件如表 7–2 所示。在压印法中用钢球、碳化钨球或维氏高温材质角锥压头作高温硬度试验后，可用布氏或维氏室温硬度公式计算其结果。

表 7–2　布氏法静力高温硬度测试的条件

试验材料	试验温度 /℃	负荷 /N（kgf）	负荷保持时间 /s	压头材料	钢球直径 /mm
紫铜	20 ～ 300	6 860 / 700	180	钢	10
	＞ 300	3 920 / 400			
轴承合金	20 ～ 200	980 / 100	5 ～ 10	合金钢	10
低合金钢	20 ～ 400	294 00 / 3 000	10	合金钢	10
	400 ～ 600	98 00 / 1 000			
	＞ 600	7 350 / 750			
高速钢	20 ～ 800	7 350 / 750	—	碳化物	10
高合金钢	20 ～ 700	98 00 / 1 000	5	合金钢	10
	＞ 700	4 900 / 500			
热强钢	600 ～ 800	7 350 / 750	30	伯别基特	5 或 10
热强合金	600 ～ 900				5

二、互相压入法

互相压入法是将 2 个用同样材料，按完全相同的尺寸制成的试样，沿着互相平行的母线紧密地放在一起（见图 7–2），加热到一定的温度后，在垂直于试样的方向上施加静负荷，加荷后保持一定时间再卸荷。利用测量显微镜测定沿母线所留下的平面压印宽度 a，并以单位面积上所受的负荷大小表示硬度的高低。

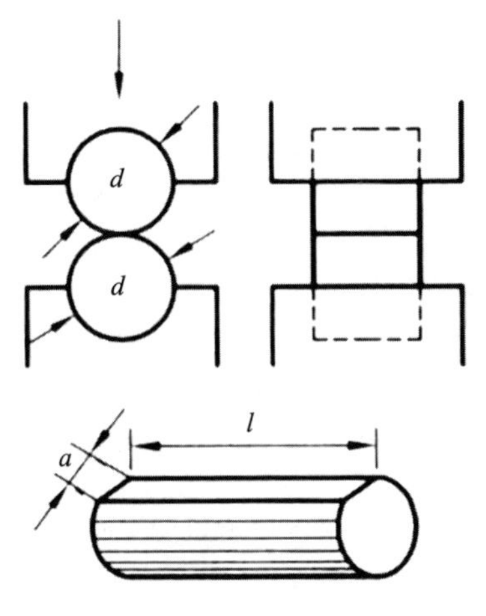

图 7–2 互相压入法示意

互相压入法检测试样硬度的计算公式为

$$\mathrm{H_C} = \frac{0.102F}{A} = \frac{F}{al} \tag{7–2}$$

式中：

F——试验力，单位 N；

a、l——压痕的长和宽，单位 mm；

$A=al$——压平面积，单位 mm^2。

由检测结果可知，$\mathrm{HB} \approx 1.5\mathrm{H_C}$。

三、一端平压法

一端平压法与互相压入法很相似，如图 7–3 所示。用被检测材料加工成顶端为 120°夹角的圆锥形试样，将试样插入由耐热钢做成的砧子中，在一定的温度下，垂直加荷，此时圆锥形试样顶端在耐热钢制成的砧子上。由于砧子硬度高于试样，因此试样角锥体将会被挤压成平面。保持一定时间去除负荷后，测量试样被挤出的平面尺寸，并以单位面积上所受负荷的大小来表示该种材料的硬度值。

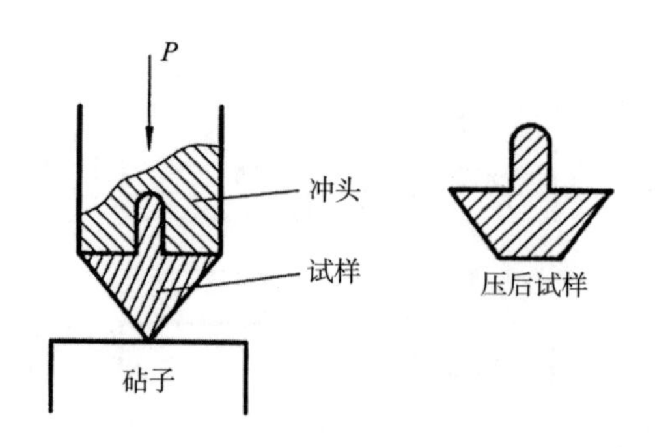

图 7–3　一端平压法示意

一般在 1 950 ℃以下采用压印法进行测试时，压头多用蓝宝石。在更高的温度测试时由于压头工作条件的限制，则多应用互相压入法或一端平压法，后 2 种方法已应用到 3 000 ℃以内的一些硬度测试中。

四、高温硬度计压头及种类

（一）高温硬度测试用压头

在不太高的温度下（一般指在 400 ℃以下）进行硬度测试时，可以在普通布氏、洛氏、维氏硬度计上加装一些辅助装置进行高温硬度检测。此时，可选用由 GCr15 材料做成的钢球作为压头，因为当测试温度高于 400 ℃时，钢球会受热软化，金相组织发生改变，导致硬度明显下降，所以 GCr15 材料不宜再被选用。洛氏和维氏用的金刚石压头，在温度急变时易于碎裂，在非真空条件下，当温度高于 600 ℃时，其会石墨化，故也不宜使用。

温度在 400 ～ 650 ℃时可采用耐热钢（组分为 19% Cr、9% Ni、1.5% W、1.5% Mo、0.5% Nb、0.5% Ti，其余为 Fe），也可用组分为 15% Cr、15% Ni、10% W，其余为 Fe 的钢作为压头材料；在 650 ～ 700℃时可用 $Cr_{10}Ni_{85}Ti_2W_6$ 的耐热镍基合金，当测试温度再升高时，可采用硬质合金、金属陶瓷或人造金刚石制造的压头，高温压头材料的技术条件如表 7–3 所示。

表 7–3　高温压头材料的技术条件

材料名称	熔点 /℃	常温维氏硬度（HV）	线膨胀系数 α
碳化钛 (TiC)	3 250	2 350 ～ 3 200	—
碳化硼 (B_4C)	2 720	2 200 ～ 5 000	4.5
碳化硅 (SiC)	2 700	2 000 ～ 4 200	4.4
金刚石	3 970	6 000 ～ 8 000	0.9 ～ 1.2
刚玉 (Al_2O_3)	2 050	950 ～ 2 250	5.5

人造刚玉也称为人造宝石，是由氧化铝和其他化学成分组成的化合物，莫氏硬度为 9 级，仅次于天然金刚石，颜色有白色、蓝色和红色等。和人造金刚石相比，其优点是价格低廉、熔点高而且有极高的化学稳定性和足够的高温强度。所以，现在的高温维氏压头材料多由以 Al_2O_3 为主要成分的刚玉系人造宝石制成，其化学成分及特性如表 7–4 所示。

表 7–4　人造宝石的化学成分及特性

宝石名称	化学成分 / %	特性		
		莫氏硬度	密度 /（$g \cdot cm^{-3}$）	熔点 /℃
蓝宝石	Al_2O_3：98.9；Fe_2O_3：1；TiO_2：0.1	9	3.93	2 050
红宝石	Fe_2O_3：1 ～ 5；其余为 Al_2O_3	9	4.1	2 050
白宝石	Al_2O_3：100	9	3.96	2 050

由于蓝宝石含有 TiO_2，所以相对于红宝石来说其具有更高的高温稳定性。一般蓝宝石的弹性模量 E=17 440 MPa（17 800 kgf / mm^2），线膨胀系数为 5.5×10^{-6}。因此，用它作为高温维氏压头材料是比较适宜的，其在 1 300 ℃下仍具有足够的耐用性，目前国内生产的高温压头多用蓝宝石为材料。

（二）高温硬度计种类

随着针对测试需求不断提出更高水平的测试技术指标，高温硬度测试技术得到了快速发展，其上限温度不断提高。现有的各种高温硬度检测仪均沿用了静态力压痕硬度测试技术。目前，商品化的高温硬度计主要包括以下 3 种。

（1）日本三丰 AVK–HF 型高温硬度计。该高温硬度计实验条件是对炉腔抽真空并送入保护性气体，达到防氧化的目的，且在炉内保持正压的条件下进行压痕动作。该硬度计的实际最高测量温度可达到 1 200 ℃，备有金刚石和蓝宝石两种压头，当加热温度较低时使用金刚石压头，1 000 ℃以上则换成蓝宝石压头。

（2）英国阿基米德 HRN/T150 高温洛式硬度计。该仪器可以测定从常温到高温的洛氏硬度，最适合用来验明耐热金属材料、陶瓷制品等新材料的高温硬度，上限测量温度为 1 500 ℃。

HRN/T150 采用先进的微电可编程控制技术并全程控制硬度测试，整个实验过程按照试样安置→高温炉温度设定→高温炉升温→硬度计参数设置→测头及标尺选择→预载荷加载→自动主载荷加载→自动主载荷卸载→硬度值显示→预载荷卸载顺序完成，其中硬度的测试完全由硬度计完成，无人为操作及人为误差影响。设备测深系统采用高精度光栅位移传感器，并由微电放大器细分，由此可获得 0.1HR 的最小硬度值。

（3）英国阿基米德 HTV–PHS30 高温维式硬度计。该仪器可以测定从常温到高温的维氏硬度，最适合用来验明耐热金属材料、陶瓷制品等新材料的高温硬度，上限测量温度为 1 600 ℃。

试验方法：高温炉的轴部在保持炉内密封的同时使炉子自由升降，可以从炉外向炉内试样施加试验力。而且，从炉外施加的试验力和试验力的控制取决于维氏硬度计。

试验力加 / 卸载与试样压痕测试的转换：将安装于高温炉上部旋转板上的压头对准试样位置，进行加载或卸载，然后将观察窗旋转至试样位置，由 CCD（Charge Coupled Device，电荷耦合元件）进行压痕对角线的测定及读取维氏硬度值。

国内生产的高温硬度计主要有长春材料机械研究院有限公司等单位研制的HBE–750 型高 / 低温布氏硬度计、CJS–24 型高 / 低温布氏硬度计、CJS–7 和 CJS–7A 型高温洛氏硬度计、CJS–1A 导电材料高温维氏硬度计和 CJS–12 型高温真空显微硬度计等。

HBE–750 型是由国内设计并通过鉴定投产的一种高温和低温布氏硬度计。它的负荷级数为 6 125 N（625 kgf）、18 374 N（1 875kgf）、2 450 N（250kgf）、4 903 N（500 kgf）和 7 355 N（750 kgf）。其除可做室温下的布氏硬度测试外，加上高温炉及相应辅助设备，还可做温度为 200 ～ 900 ℃的高温布氏硬度测试。如果测试换上低温炉及辅助设备，以液氮作低温源，则可在 –193 ～ 0℃范围内进行低温布氏硬度测试。HBE–750 型硬度计在高温和低温下使用的压头材料为钨钴类硬质合金，牌号为 YG3X。

五、高温布氏硬度计的主要结构和装置

高温布氏硬度计主要装置与常温布氏硬度计结构基本一样，只是有以下几个特殊的附加机构及特殊部件。

（1）加热炉和控温装置。高温布氏硬度计的加热炉一般为桶式管状电炉丝加热炉，上、下炉口配隔热塞块密封，炉内加热元件为电炉丝，上、下两段式控温。控温、测温装置为电子电位差计。

（2）加装用耐热钢特制的加长的带有耐热钢球压头的压杆，使压头能伸入桶管式加热炉内进行试验。

（3）高温布氏硬度计的工作台材料改为耐热钢或耐热合金材料。

（4）当试验温度高于 600 ℃时，考虑到试样表面的氧化带来的影响，故用常温布氏硬度计改造后的装置不适用，而要采用其他高温硬度计。

六、检测注意事项

随着温度的升高，试样材料的硬度会降低，同时还可能在试验过程中伴随着材料的蠕变、回复、再结晶过程。因此，除了保证压痕在几何形状上相似和清晰完整外，当试验温度高于再结晶温度时，应注意试验力大小和加载时间的配合。常用

的高温静力硬度测试，其加载的持续时间是根据材料性能的不同而设定的，可由几秒钟到几分钟，有时为了建立蠕变和持久强度与高温硬度之间的关系，加载持续的时间长达数小时，常用的高温布氏硬度测试条件可参考表 7–1。

试验力大小的确定必须考虑材料在高温下的软化现象。为了使压痕直径 d 与压头直径 D 之比不超出一般的允许限度，在事先应做一系列试验来确定如何随温度改变而变换试验力。试样表面存在的氧化层会影响试验结果的准确度，为此，试样除应预先真空处理外，试验还需要在真空状态下进行。

硬度计的试验力、压头直径、主轴对工作台的垂直度、同心度、常温硬度示值均应符合布氏硬度计规定的各项要求，否则会影响试验结果。试样工作面上任意两点的温差及温度波动度如表 7–5 所示。在真空状态下，常温硬度测试与一般布氏硬度计的硬度测试结果相比，其误差不应超过 2%。

表 7–5　试样工作面上任意两点的温差及温度波动度

试验温度 / ℃	< 300	300 ~ 900	−196 ~ 0
温度波动度 /℃	±6	±3	±2
温差 / ℃	6	5	5

七、高温硬度测试技术特点及优势

该测试方法快捷、简便、成本低，其优势主要表现在以下 5 个方面。

（1）得益于加热及测温系统的改善，现代化的高温硬度计能够保证在测试过程中试样温度的稳定性及精确性，与其他高温性能测试方法相比，高温硬度测试在这方面的劣势已经不复存在。然而，需要特别强调的是，在真空或惰性气体保护条件下进行工作的高温硬度计能够防止试样的氧化，可以有效地消除由于试样表面氧化而带来的试验误差。对于在高温下极易氧化的合金来说，这点尤其重要，试验所得结果也较其他缺乏高温氧化保护的试验更为可信。

（2）大量的研究结果已经表明，高温持久硬度与高温持久强度之间存在着一定的相关性，即通过测试高温硬度可获得材料的高温蠕变激活能，从而间接得到材料的蠕变或持久性能。根据此原理，用数小时的高温持久硬度测试即可估测数十到数万小时的高温持久强度。此法既省事，又省料，可以极大地节约材料的研发成本，缩减新钢种的投产周期，极具实用价值。

（3）对于某些难以进行车削等机械加工的高硬度、高脆性材料而言，需要加工成标准试样的高温拉伸、持久及蠕变等试验将无法进行。此时，对试样要求极为简单（仅需在磨床上将试样上、下两表面磨平即可）的高温硬度测试方法便成为唯一可行的高温测试手段。对于利用涂层来提高表面硬度从而达到提高高温耐磨性的材料来说，高温硬度测试也是其唯一可行的高温测试手段。

（4）利用高温硬度测试技术得到的材料在高温下的硬度值能够反映材料在高温工作环境下的真实性能，可以指导研究材料在高温条件下的老化、滑动磨损、软化等现象及其作用机理，这是常规硬度测试技术所不能媲美的。

（5）高温纳米压痕技术已被证明是一种很好的测试单一相弹性模量、高温硬度值以及各向异性的手段，这些物理量的精确测量无论对于基础研究还是工业生产都有重要的意义。

此外，高温硬度测试还被用于快速确定时效时间，估算高温持久强度以及测试材料热硬度等。

第二节　低温硬度测试法

低温硬度测试是指在低于室温以下的温度进行的硬度测试，一般来讲，金属材料随着温度的降低其硬度增高。

低温硬度测试装置示意如图 7–4 所示。低温硬度测试装置与高温硬度测试装置一样，可以在普通的硬度计上附加必要的装置，但其往往比高温硬度测试装置简单一些。最简单的办法是在硬度计载物台上加装一个冷却容器，把试样浸入有低温介质的容器中，再将压头也浸入，使其冷却到与试样相同的温度。在这样的条件下，按常规的方法进行硬度测试，就可取得低于室温以下的硬度值。

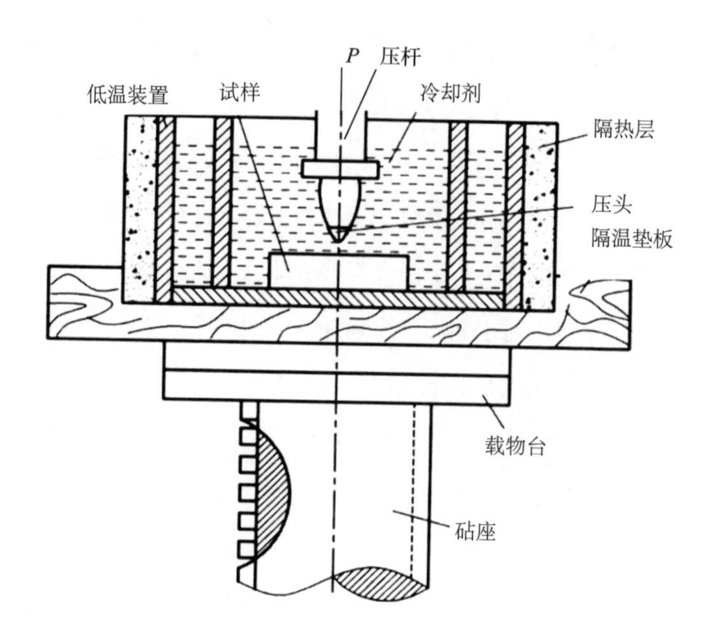

图 7–4 低温硬度测试装置示意

上述方法较简单，但不能得到连续变化和任意控制的温度，必要时应采用专用的低温硬度测试装置进行试验。

常用低温冷却剂及其制冷温度如表 7–6 所示。

表 7–6 常用低温冷却剂及其制冷温度

序号	冷却剂	制冷温度 / ℃
1	NaCl+ 冰 3 : 1	可达 –20
2	$CaCl_2$+ 冰 1 : 1	可达 –50
3	干冰 + 汽油 (或酒精)	可达 –65
4	干冰	可达 –78
5	干冰 + 乙醚	可达 –110
6	液氮 +(50% 甲醇 +50% 乙醇)	可达 –150
7	液氮	可达 –196
8	液氢	可达 –253
9	液氦	可达 –269

第八章　金属材料的硬度与强度评估

由于硬度的测试比拉伸试验要方便省事，不需要采用标准试样，而且可以在零部件上直接进行测试，因此，人们希望了解硬度与屈服强度等力学性能是否直接存在一定的关系。这种关系在评估材料和构件的强度性质时具有特殊的意义，即可以采用硬度测试来评估其他机械性能。

对于金属材料，屈服强度（Re）与硬度（H）之间的关系可以表示为

$$H = CRe \tag{8-1}$$

参数 C 取决于材料的种类和硬度测试方法，采用布氏硬度和显微硬度测试时取 3。硬度与屈服强度的换算仅限于一部分材料，对于具体的材料而言则需要进行实验，以确定参数 C。

拉伸强度（R_m）和硬度（H）也可以表示为类似的关系，即

$$R_m = DH \tag{8-2}$$

比例系数 D 也与材料种类和硬度测试方法相关。常见材料的比例系数如表 8–1 所示。

表 8–1　常见材料的比例系数

材料种类	比例系数 $D=R_m / H$
低碳钢	0.36
奥氏体铬镍钢	0.34
铜、黄铜、青铜(退火状态)	0.35
铜、黄铜、青铜(加工硬化状态)	0.40
塑性铝合金	0.35
塑性镁合金	0.40
锌(压铸)	0.42
锌锑合金(白合金)	0.22

当考虑金属材料的加工硬化状况时，上述关系可以修改为

$$\frac{R_{\mathrm{m}}}{H}=\frac{1-x}{2.9}\times\left(\frac{12.5x}{1-x}\right)^{x} \tag{8-3}$$

式中：

x ——由拉伸或压缩应力－应变曲线求得的加工硬化指数。该硬化指数与硬度实验室的硬化指数 n（也称为 Meyer 指数）存在的关系为

$$x=n-2 \tag{8-4}$$

对于完全冷作硬化的材料，加工硬化指数 x=0；对于经过退火软化的材料，x=0.6。根据式（8-3），可得到图 8-1 所示的 R_{m} / H 与加工硬化指数的关系。当加工硬化指数小于 0.45 时，式（8-3）绘制的曲线与实验获得的数值基本相符。因此，可以采用测量硬度的方法对金属材料的其他强度指标进行评估。

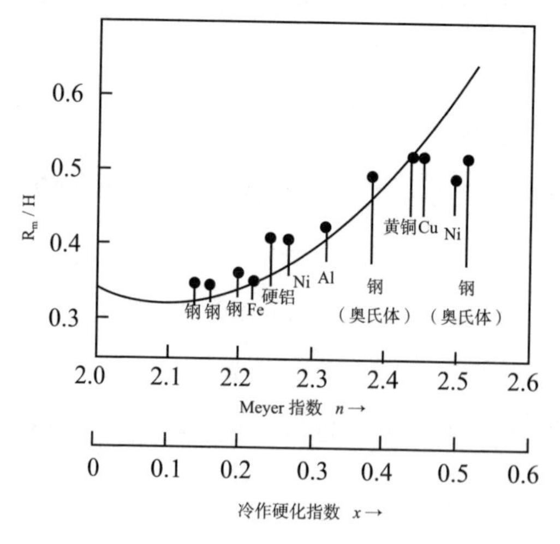

图 8-1 R_{m}/H 与加工硬化指数的关系

由于断裂韧性实验较为复杂，故人们采用较为简便的硬度方法来评估材料的韧性。例如，在评估硬质合金的韧性时，采用维氏硬度进行表征。随着试验力的增加，在压痕四周会出现裂纹，硬质合金的韧性可以由裂纹形成的临界功 S_{k} 来表示，其表达式为

$$S_{\mathrm{k}}=6.49F_{\mathrm{k}}\sqrt{F_{\mathrm{k}}/H_{\mathrm{V}}} \tag{8-5}$$

式中：

F_k——产生一定裂纹长度的试验力。

金属材料的硬度测试，应先根据测试材料的特点以及工艺状态，对其硬度进行预估，然后根据预估硬度值选择测试方法。常见金属材料的硬度参考范围如表8–2所示。

表 8–2　常见金属材料的硬度参考范围

金属材料种类			硬度范围
铁	灰口铸铁		150 ～ 280 HBW
	球墨铸铁		130 ～ 320 HBW
	黑心可锻铸铁		120 ～ 290 HBW
	白心可锻铸铁		≤ 230 HBW
	耐热铸铁		160 ～ 364 HBW
钢	优质碳素结构钢	热轧	131 ～ 302 HBW
		退火	187 ～ 255 HBW
	合金结构钢		187 ～ 269 HBW
	碳素工具钢	退火	187 ～ 217 HBW
		淬火	≥ 62 HRC
	合金工具钢	交货状态	179 ～ 268 HBW
		淬火	≥ 45 ～ 64 HRC
	高速工具钢	交货状态	≤ 285 HBW
		淬火回火	≥ 63 ～ 66 HRC
	轴承钢制品	交货状态	170 ～ 207 HBW
		淬火回火	58 ～ 66 HRC
	弹簧钢	热轧状态	285 ～ 321 HRC
		热处理	≤ 50 HRC

续表

金属材料种类			硬度范围
有色金属	铝合金	铸造	45 ～ 130 HBW
		压铸	60 ～ 90 HBW
		变形	≤ 190 HBW
	铜合金	铸造	44 ～ 169 HBW
		压铸	85 ～ 130 HBW
		变形	≤ 370 HV
	锌合金	铸造	50 ～ 110 HBW
		压铸	80 ～ 95 HBS
	铸造轴承合金	铅基	18 ～ 32 HBW
		锡基	20 ～ 34 HBW
		铝基	35 ～ 40 HBW
		铜基	60 ～ 65 HBW
	镍合金	退火	90 ～ 200 HBW
		冷轧	140 ～ 300 HBW
	铸造钛合金		210 ～ 365 HBW
	镁合金		49 ～ 95 HBW
	硬质合金		≥ 82 ～ 93.3 HRA
	高比重密度合金		290 ～ 310 HBW

第一节　钢铁材料的硬度与强度评估

一、钢的硬度测试与性能评估

钢铁材料的硬度与强度换算已形成了较为完整的体系，通过查看相关标准（GB/T 1172—1999）可以方便快捷地通过硬度来评估钢铁材料的强度指标。碳钢硬度与强度换算值如表 8–3 所示。

表 8–3　碳钢硬度与强度换算值

硬度							抗拉强度 R_m/MPa
洛氏	表面洛氏			维氏	布氏		
					HBS1		
HRB	HR15T	HR30T	HR45T	HV	F/D^2=10	F/D^2=30	
60.0	80.4	56.1	30.4	105	102		375
60.5	80.5	56.4	30.9	105	102		377
61.0	80.7	56.7	31.4	106	103		379
61.5	80.8	57.1	31.9	107	103		381
62.0	80.9	57.4	32.4	108	104		382
62.5	81.1	57.7	32.9	108	104		384
63.0	81.2	58.0	33.5	109	105		386
63.5	81.4	58.3	34.0	110	105		388
64.0	81.5	58.7	34.5	110	106		390
64.5	81.6	59.0	35.0	111	106		393
65.0	81.8	59.3	35.5	112	107		395
65.5	81.9	59.6	36.1	113	107		397
66.0	82.1	59.9	36.6	114	108		399
66.5	82.2	60.3	37.1	115	108		402
67.0	82.3	60.6	37.6	115	109		404
67.5	82.5	60.9	38.1	116	110		407
68.0	82.6	61.2	38.6	117	110		409
68.5	82.7	61.5	39.2	118	111		412

续表

硬度							抗拉强度 R_m/MPa
洛氏	表面洛氏			维氏	布氏		
HRB	HR15T	HR30T	HR45T	HV	HBS1		
					$F/D^2=10$	$F/D^2=30$	
69.0	82.9	61.9	39.7	119	112		415
69.5	83.0	62.2	40.2	120	112		418
70.0	83.2	62.5	40.7	121	113		421
70.5	83.3	62.8	41.2	122	114		424
71.0	83.4	63.1	41.7	123	115		427
71.5	83.6	63.5	42.3	124	115		430
72.0	83.7	63.8	42.8	125	116		433
72.5	83.9	64.1	43.3	126	117		437
73.0	84.0	64.4	43.8	128	118		440
73.5	84.1	64.7	44.3	129	119		444
74.0	84.3	65.1	44.8	130	120		447
74.5	84.4	65.4	45.4	131	121		451
75.0	84.5	65.7	45.9	132	122		455
75.5	84.7	66.0	46.4	134	123		459
76.0	84.8	66.3	46.9	135	124		463
76.5	85.0	66.6	47.4	136	125		467
77.0	85.1	67.0	47.9	138	126		471
77.5	85.2	67.3	48.5	139	127		475
78.0	85.4	67.6	49.0	140	128		480

续表

硬度							抗拉强度 R_m/MPa
洛氏	表面洛氏			维氏	布氏		
HRB	HR15T	HR30T	HR45T	HV	HBS1		
					$F/D^2=10$	$F/D^2=30$	
78.5	85.5	67.9	49.5	142	129		484
79.0	85.7	68.2	50.0	143	130		489
79.5	85.8	68.6	50.5	145	132		493
80.0	85.9	68.9	51.0	146	133		498
80.5	86.1	69.2	51.6	148	134		503
81.0	86.2	69.5	52.1	149	136		508
81.5	86.3	69.8	52.6	151	137		513
82.0	86.5	70.2	53.1	152	138		518
82.5	86.6	70.5	53.6	154	140		523
83.0	86.8	70.8	54.1	156		152	529
83.5	86.9	71.1	54.7	157		154	534
84.0	87.0	71.4	55.2	159		155	540
84.5	87.2	71.8	55.7	161		156	546
85.0	87.3	72.1	56.2	163		158	551
85.5	87.5	72.4	56.7	165		159	557
86.0	87.6	72.7	57.2	166		161	563
86.5	87.6	73.0	57.8	168		163	570
87.0	87.9	73.4	58.3	170		164	576
87.5	88.0	73.7	58.8	172		166	582

续表

硬度							抗拉强度 R_m/MPa
洛氏	表面洛氏			维氏	布氏		
HRB	HR15T	HR30T	HR45T	HV	HBS1		
					F/D^2=10	F/D^2=30	
88.0	88.1	74.0	59.3	174		168	589
88.5	88.3	74.3	59.8	176		170	596
89.0	88.4	74.6	60.3	178		172	603
89.5	88.6	75.0	60.9	180		174	609
90.0	88.7	75.3	61.4	183		176	617
90.5	88.8	75.6	61.9	185		178	624
91.0	89.0	75.9	62.4	187		180	631
91.5	89.1	76.2	62.9	189		182	639
92.0	89.3	76.6	63.4	191		184	646
92.5	89.4	76.9	64.0	194		187	654
93.0	89.5	77.2	64.5	196		189	662
93.5	89.7	77.5	65.0	199		192	670
94.0	89.8	77.8	65.5	201		195	678
94.5	89.9	79.1	66.0	203		197	686
95.0	90.1	79.4	66.5	206		200	695
95.5	90.2	79.8	67.1	208		203	703
96.0	90.4	79.1	67.6	211		206	712
96.5	90.5	79.4	68.1	214		209	721
97.0	90.6	79.8	68.6	216		212	730

续表

硬度							抗拉强度 R_m/MPa
洛氏	表面洛氏			维氏	布氏		
HRB	HR15T	HR30T	HR45T	HV	HBS1		
					F/D^2=10	F/D^2=30	
97.5	90.8	80.1	69.1	219		215	739
98.0	90.9	80.4	69.6	222		218	749
98.5	91.1	80.7	70.2	225		222	758
99.0	91.2	81.0	70.7	227		226	768
99.5	91.3	81.4	71.2	230		229	778
100	91.5	81.7	71.7	233		232	788

注：HBS 为淬火钢压头测试的布氏硬度。

二、硬度测试法测定钢中的碳含量

通过硬度测试也可以快速测定钢中的碳含量。具体方法：首先，清理需测定部位的表面油污、铁锈等；接着，用氧－乙炔火焰中的还原焰在被测试样表面直径 10 ～ 15 mm 的部位急剧加热 30 s，加热时不断转动喷嘴，使加热位置不产生氧化或局部熔化，加热至 950 ～ 1 000 ℃；然后，用水迅速冷却；最后，在该部位测试 3 点 HRC 硬度，并取其中 2 个较高值的平均值查表，硬度测试法测定钢中碳含量如表 8–4 所示，即可获得此钢中的碳含量。此方法适用于结构钢和类似钢种的铸锻钢材。与化学分析方法相比，该方法对碳钢的误差为 +0.02%，对合金钢的误差约为 0.05%。

表 8-4 硬度测试法测定钢中碳含量

<table>
<tr><th>最高硬度（HRC）</th><th>碳含量 / %</th><th colspan="4">牌号</th></tr>
<tr><td>42.5</td><td>0.15</td><td rowspan="5">15</td><td></td><td rowspan="4">15Cr
15CrMnMo
12CrNi2A</td><td></td></tr>
<tr><td>43.0</td><td>0.16</td><td></td><td></td></tr>
<tr><td>44.0</td><td>0.17</td><td rowspan="8">20</td><td rowspan="8">20Mn
20CrMn
20CrNiMo
20Cr
20CrMo</td></tr>
<tr><td>44.5</td><td>0.18</td></tr>
<tr><td>45.0</td><td>0.19</td><td></td></tr>
<tr><td>45.5</td><td>0.20</td><td></td><td></td></tr>
<tr><td>46.0</td><td>0.21</td><td></td><td></td></tr>
<tr><td>46.5</td><td>0.22</td><td rowspan="9">25</td><td></td></tr>
<tr><td>47.5</td><td>0.23</td><td></td></tr>
<tr><td>48.0</td><td>0.24</td><td></td></tr>
<tr><td>48.5</td><td>0.25</td><td></td><td></td><td></td></tr>
<tr><td>49.0</td><td>0.26</td><td></td><td></td><td></td></tr>
<tr><td>50.0</td><td>0.27</td><td rowspan="9">30</td><td rowspan="9">30CrNi3A
30Cr
30CrMo</td><td></td></tr>
<tr><td>50.5</td><td>0.28</td><td></td></tr>
<tr><td>51.0</td><td>0.29</td><td></td></tr>
<tr><td>52.0</td><td>0.30</td><td></td></tr>
<tr><td>52.5</td><td>0.31</td><td></td><td></td></tr>
<tr><td>53.0</td><td>0.32</td><td rowspan="8">35</td><td rowspan="9">35CrMo</td></tr>
<tr><td>54.0</td><td>0.33</td></tr>
<tr><td>54.5</td><td>0.34</td></tr>
<tr><td>55.0</td><td>0.35</td></tr>
<tr><td>55.5</td><td>0.36</td><td></td><td></td></tr>
<tr><td>56.0</td><td>0.37</td><td rowspan="8">40</td><td rowspan="8">40Cr
42CrMo</td></tr>
<tr><td>56.5</td><td>0.38</td></tr>
<tr><td>57.0</td><td>0.40</td></tr>
<tr><td>57.5</td><td>0.41</td><td></td></tr>
<tr><td>58.0</td><td>0.42</td><td rowspan="9">45</td><td></td></tr>
<tr><td>58.5</td><td>0.43</td><td></td></tr>
<tr><td>59.0</td><td>0.44</td><td></td></tr>
<tr><td>59.5</td><td>0.45</td><td></td></tr>
<tr><td>60.0</td><td>0.46</td><td></td><td></td><td></td></tr>
<tr><td>60.0</td><td>0.47</td><td rowspan="9">50</td><td></td><td></td></tr>
<tr><td>60.5</td><td>0.48</td><td></td><td></td></tr>
<tr><td>61.0</td><td>0.49</td><td></td><td></td></tr>
<tr><td>61.5</td><td>0.50</td><td></td><td></td></tr>
<tr><td>62.0</td><td>0.51</td><td></td><td></td><td></td></tr>
<tr><td>62.5</td><td>0.52</td><td rowspan="9">55</td><td></td><td></td></tr>
<tr><td>62.5</td><td>0.53</td><td></td><td></td></tr>
<tr><td>63.0</td><td>0.54</td><td></td><td></td></tr>
<tr><td>63.0</td><td>0.55</td><td></td><td></td></tr>
<tr><td>63.5</td><td>0.56</td><td></td><td></td><td></td></tr>
<tr><td>64.0</td><td>0.57</td><td rowspan="4">60</td><td></td><td></td></tr>
<tr><td>64.0</td><td>0.58</td><td></td><td></td></tr>
<tr><td>64.5</td><td>0.59</td><td></td><td></td></tr>
<tr><td>65.0</td><td>0.60</td><td></td><td></td></tr>
</table>

三、铸铁的硬度测试与性能评估

灰铸铁、球墨铸铁、可锻铸铁、蠕墨铸铁等在常规硬度测试时，可以选择在铸件有代表性的位置上进行，经协商也可以选择在附铸的布氏硬度试样块上进行。

灰铸铁的硬度分为 6 个等级，各硬度等级中的硬度主要是壁厚 $t > 40$ mm，且壁厚 $t \leqslant 80$ mm 的上限硬度值。灰铸铁的硬度等级和铸铁硬度如表 8–5 所示。依据灰铸铁的硬度提出了灰铸铁的硬度牌号的概念，硬度牌号可以更直接地了解材料的硬度特点。灰铸铁的硬度牌号如表 8–6 所示，球墨铸铁的硬度牌号如表 8–7 所示。

表 8–5　灰铸铁的硬度等级和铸铁硬度

硬度等级	铸件主要壁厚 /mm		铸件上的硬度范围（HBW）	
	>	≤	>	≤
H155	5	10	—	185
	10	20	—	170
	20	40	—	160
	40	**80**	—	**155**
H175	5	10	140	225
	10	20	125	205
	20	40	110	185
	40	**80**	**100**	**175**
H195	4	5	190	275
	5	10	170	260
	10	20	150	230
	20	40	125	210
	40	**80**	**120**	**195**
H215	5	10	200	275
	10	20	180	255
	20	40	160	235
	40	**80**	**145**	**215**
H235	10	20	200	275
	20	40	180	255
	40	**80**	**165**	**235**
H255	20	40	200	275
	40	**80**	**185**	**255**

注 1. **黑色**数字表示与该硬度等级所对应的主要壁厚的最大和最小硬度值。

2. 在供需双方商定的铸件某位置上，铸件硬度差可控制在 40 HBW 硬度值范围内。

表 8–6　灰铸铁的硬度牌号

硬度牌号	铸件上的硬度范围（HB）
H145	≤ 170
H175	150 ～ 200
H195	170 ～ 220
H215	190 ～ 240
H235	210 ～ 260
H255	230 ～ 280

表 8–7　球墨铸铁的硬度牌号

硬度牌号	铸件上的硬度范围（HB）
QT–H 150	130 ～ 180
QT–H 155	130 ～ 180
QT–H 185	160 ～ 210
QT–H 200	170 ～ 230
QT–H 230	190 ～ 270
QT–H 265	225 ～ 305
QT–H 300	245 ～ 335
QT–H 330	280 ～ 360

采用附铸布氏硬度试样块时，检测面为与铸件连接的面，灰铸铁附铸布氏硬度试样块尺寸如图 8–2 所示。如果铸件需要进行热处理，则应在热处理后进行硬度测试。

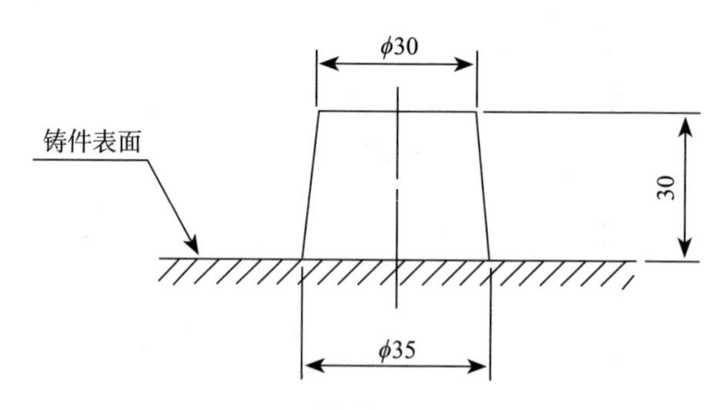

图 8–2　灰铸铁附铸布氏硬度试样块尺寸

灰铸铁的硬度、抗拉强度和截面厚度相关。灰铸铁铸件的平均硬度、最小抗拉强度与主要壁厚之间的关系分别如图 8–3 和图 8–4 所示。

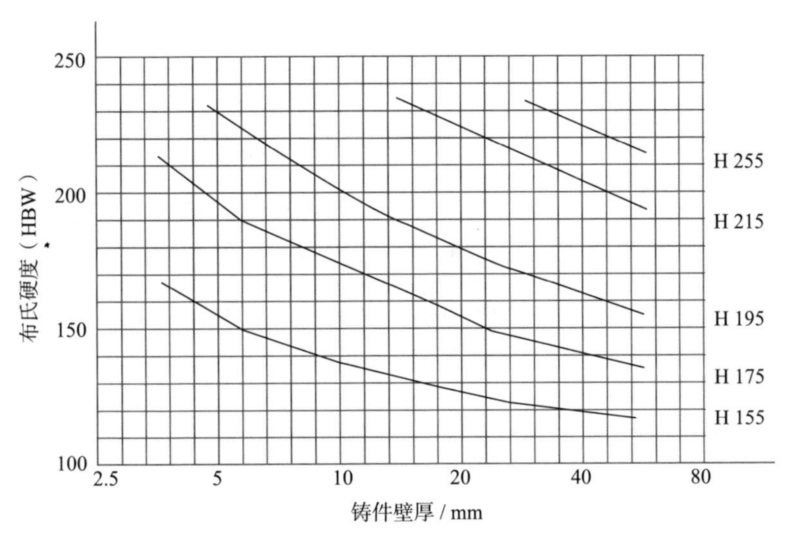

图 8-3　灰铸铁铸件的平均硬度与主要壁厚之间的关系

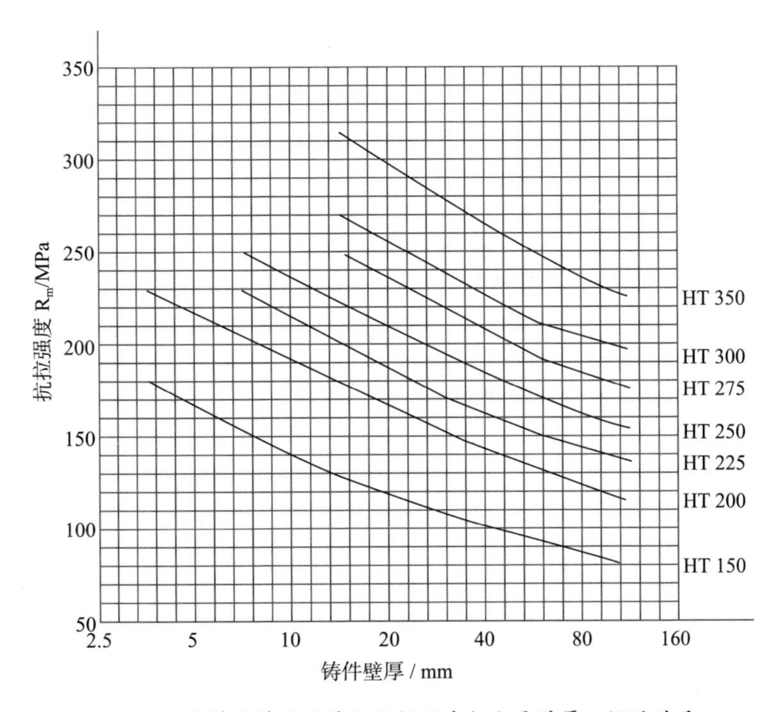

图 8-4　灰铸铁铸件的最小抗拉强度与主要壁厚之间的关系

（一）灰铸铁相对硬度（Relative Harte, RH）

灰铸铁的硬度测试和球墨铸铁、可锻铸铁相同，均采用常规布氏硬度测试法。在灰铸铁硬度测试中，有相对硬度（RH）的测试应用。相对硬度测试与一般硬度测试的概念不同。灰铸铁硬度和抗拉强度、弹性模量和刚性模量相互之间存在联系。在一般情况下，一个性能值的增加会导致其他性能值的增加。为了考虑灰铸铁的综合性能，将灰铸铁的一些力学性能，如抗拉强度（R_m）、屈服强度（R_e）、布氏硬度（HBW）等进行组合运算，衍生出一些新的力学综合性能指标，如相对强度、相对硬度、屈强比等。并利用相对硬度、相对强度指标，判断灰铸铁质量的优劣。

灰铸铁的布氏硬度（HBW）和抗拉强度（R_m）之间存在的关系式为

$$\text{HBW} = \text{RH} \times (A+B+R_m) \tag{8-6}$$

式中：

A=100；B=0.44。

RH——相对硬度。

通过在直径为 30 mm 的铸态试样棒上测得的抗拉强度（R_m）计算出的硬度称为正常布氏硬度（$\text{HBW}_{正常}$），计算公式为

$$当 R_m < 196\ \text{MPa} 时，\text{HBW}_{正常}=44+0.624\ R_{m实测} \tag{8-7}$$

$$当 R_m \geqslant 196\ \text{MPa} 时，\text{HBW}_{正常}=100+0.438\ R_{m实测} \tag{8-8}$$

由直径为 30 mm 铸态试样棒实测的布氏硬度（$\text{HBW}_{实测}$）与根据其实测抗拉强度（$R_{m实测}$）计算出的正常布氏硬度（$\text{HBW}_{正常}$）之比，称为相对硬度（RH），计算公式为

$$\text{RH}=\text{HBW}_{实测} / \text{HBW}_{正常} \tag{8-9}$$

当 RH=1 时，表示灰铸铁的材质达到了正常水平。

当 RH > 1 时，表示相对于强度而言，材质较硬且可切削性差。若要保证切削性能，则应适当降低抗拉强度。

当 RH < 1 时，表示实测硬度低，易切削加工。在硬度相同的条件下，RH 小的铸铁强度则较高。

一般情况下，当 RH=0.8 ～ 1.0 时，灰铸铁均具有良好的可切削性能。

RH 主要受原材料、熔化工艺和冶金方法的影响。对于灰铸铁生产企业而言，这些因素几乎可以保持常数。因此，可以通过测定硬度及相对硬度，获得对应的抗拉强度。灰铸铁相对硬度与布氏硬度、抗拉强度的关系如图 8–5 所示。

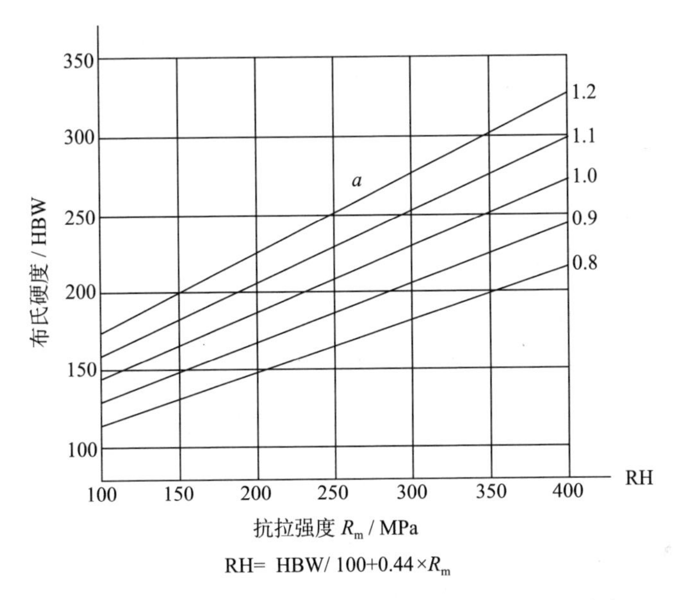

图 8–5　灰铸铁相对硬度与布氏硬度、抗拉强度的关系

灰铸铁抗拉强度和硬度比关系（*T*/*H* 比）如图 8–6 所示。灰铸铁的 *T* / *H* 比值在 0.8 ～ 1.4 之间波动。在共晶成分以上，碳当量 CE 增加，*T* / *H* 值减小，但幅度很小。在图 8–6 中，*T* / *H* 是常量，表示石墨对力学性能的影响。石墨形态和基体组织对灰铸铁力学性能有显著影响。例如，对铸件整体而言，抗拉强度和硬度制备接近常数。弹性模量和减震能力主要随石墨变化，也完全和常量 *T* / *H* 线的变化一致。这些线是共晶石墨和碳当量 CE 的常量线，这些重要的铸造参数用于铸造生产控制及对力学性能的控制。

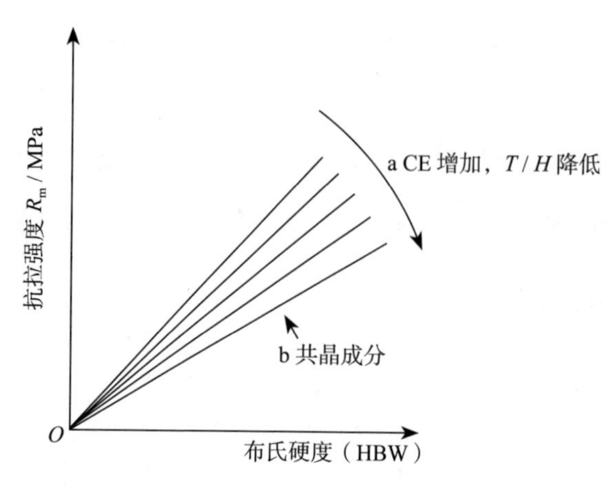

图 8-6　灰铸铁抗拉强度和硬度比关系（T/H 比）

（二）灰铸铁相对强度（Relative Zufestigkeit, RZ）

通过在直径为 30 mm 的铸态试样棒上测得的布氏硬度（$HBW_{实测}$），按照式（8-10）计算得到的灰铸铁的抗拉强度称为正常抗拉强度（$R_{m正常}$）。

$$R_{m正常} = 2.27\ HBW_{实测} - 227 \tag{8-10}$$

由直径为 30 mm 的铸态试样实测的抗拉强度（$R_{m实测}$）与根据其布氏硬度（$HBW_{实测}$）计算出的正常抗拉强度（$R_{m正常}$）之比，称为相对强度（RZ），计算公式为

$$RZ = R_{m实测} / (2.27\ HBW_{实测} - 227) \tag{8-11}$$

当 RZ=1 时，说明灰铸铁的质量达到了正常水平。

当 RZ ＜ 1 时，说明受冶金因素影响，灰铸铁的性能未充分发挥出来，没有达到正常水平。

当 RZ ＞ 1 时，说明此灰铸铁是优质产品。

（三）灰铸铁相对硬度和相对强度计算线解图

在生产实践中，对相同硬度牌号、壁厚、品质近似的灰铸铁进行布氏硬度（HBW）和拉伸强度（R_m）测试，利用 RH 和 RZ 线解图可方便查找灰铸铁的相对硬度 RH 和相对强度 RZ。灰铸铁相对硬度（RH）和相对强度（RZ）线解图分别如图 8-7 和图 8-8 所示。

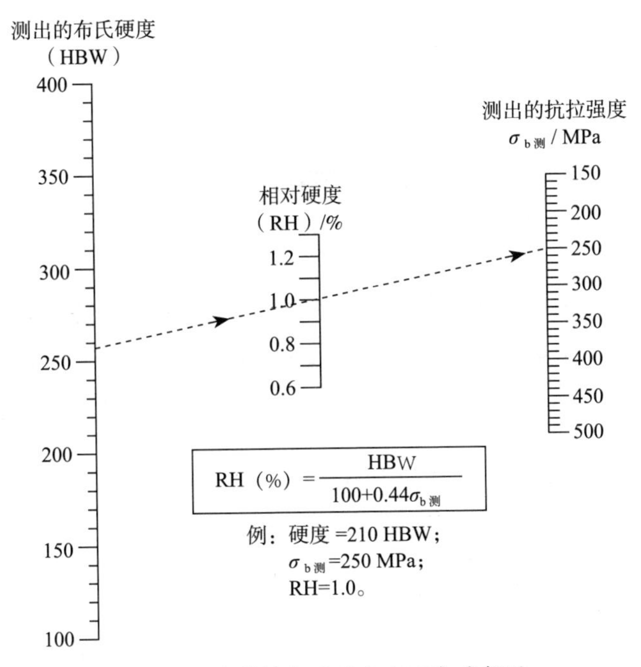

图 8-7　灰铸铁相对硬度（RH）线解图

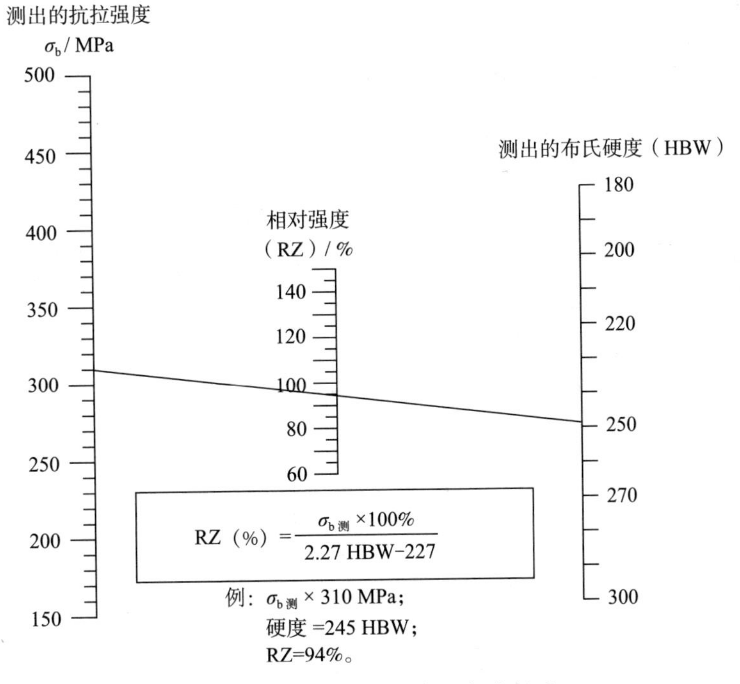

图 8-8　灰铸铁相对强度（RZ）线解图

第二节 铝及铝合金的硬度与强度评估

铝及其合金的硬度测试最常用和最适宜的方法是布氏硬度测试法。对于检测数量较多，并希望快速得到结果的铝及其合金试样，也可采用洛氏硬度测试法；对于铝箔材、带材以及仪器仪表用特别细小的零件，可采用小负荷显微维氏硬度测试法进行测试。铝合金型材生产和使用过程中多采用韦氏硬度测试法。不便于取样的铝合金大型铸件、锻件等宜采用里氏硬度测试法。

一、铝及铝合金布氏硬度测试

布氏硬度测试时，应根据铝合金成分、状态、硬度值的高低合理地选择 K 值（$0.102F/D^2$），然后再根据试样的厚度和宽窄选择压头直径和试验力。大多数系列中的铝合金，其硬度为 36 ~ 130 HBW。只有热处理强化型铝合金在 T4 和 T6 状态下，其硬度才高于 130 HBW。大多数纯铝的硬度值小于 35 HBW。铝及铝合金布氏硬度测试实验条件如表 8–8 所示。

表 8–8 铝及铝合金布氏硬度测试实验条件

布氏硬度值（HBW）	试样厚度 / mm	K 值（$0.102F/D^2$）	压头直径 / mm	试验力 F / N	保持时间 / s
>130	＞6	30	10	29 420	30
	6 ~ 3		5	7 355	
	3 ~ 1.5		2.5	1 839	
	1.5 ~ 0.6		1	294.2	
36 ~ 130	＞7	10	10	9 807	30
	7 ~ 4		5	2 456	
	4 ~ 2		2.5	612.9	
	2 ~ 0.6		1	98.07	
15 ~ 35	＞4	2.5	10	2452	60
	4 ~ 2		5	612.9	
	2 ~ 1		2.5	153.2	
	1 ~ 0.5		1	24.52	

二、铝及铝合金的洛氏硬度测试

适用于铝及铝合金硬度测试的洛氏硬度标尺有 HRB、HRG、HRF、HRE 以及 HR15T 等。硬度大于 130HB 的铝合金试样可选用 HRB、HRG、HR15T 等标尺；硬度小于 130 HB 的铝合金试样则宜选用 HRF 和 HRE 标尺；硬度值低于 35 HB 的试样不宜选用洛氏硬度测试法。使用以上洛氏硬度标尺时试样的最小厚度要求参见洛氏硬度测试方法中的相关内容。

三、铝及铝合金的维氏硬度测试

铝及铝合金箔材和带材厚度均较薄且较软。我国铝合金箔材的厚度接线为 0.2 mm。因此，对于箔材和厚度小于 1 mm 的带材宜选用小载荷维氏硬度或显微硬度进行硬度测试。试验力的选用应根据材料硬度和厚度选定，不同厚度铝合金箔、带材维氏硬度试验技术选用条件如表 8–9 所示。

表 8–9 不同厚度铝合金箔、带材维氏硬度实验技术条件选用表

HV	试验力 /N(kgf)													
	0.0 196 (HV 0.002)	0.049 (HV 0.005)	0.098 07 (HV 0.01)	0.196 1 (HV 0.02)	0.245 (HV 0.025)	0.490 3 (HV 0.05)	0.980 7 (HV 0.1)	1.961 (HV 0.2)	2.942 (HV 0.3)	4.903 (HV 0.5)	9.807 (HV1)	19.61 (HV2)	29.42 (HV3)	49.03 (HV5)
	最小厚度 / mm													
20	0.019	0.030	0.043	0.06	0.07	0.10	0.14	0.19	0.24	0.30	0.43	0.61	0.75	0.97
30	0.016	0.025	0.035	0.05	0.06	0.08	0.11	0.16	0.19	0.25	0.35	0.50	0.60	0.80
40	0.013	0.022	0.030	0.04	0.05	0.07	0.10	0.14	0.17	0.21	0.30	0.43	0.53	0.70
50	0.012	0.019	0.027	0.038	0.043	0.06	0.085	0.12	0.15	0.19	0.27	0.38	0.48	0.60
60	0.011	0.018	0.025	0.035	0.039	0.05	0.08	0.11	0.14	0.18	0.25	0.35	0.43	0.56
80	0.009 7	0.015	0.021	0.030	0.034	0.048	0.068	0.09	0.12	0.15	0.22	0.30	0.38	0.48
100	0.068	0.014	0.019	0.028	0.030	0.043	0.061	0.08	0.11	0.14	0.19	0.27	0.34	0.43

四、铝合金韦氏硬度测试

韦氏硬度测试大多应用于铝合金型材和铝合金门窗幕墙的硬度测试。GB/T 5237—2017《铝合金建筑型材》中规定了用韦氏硬度测试硬度；JJG 139—2001《玻璃幕墙装置质量检测方法》中规定，对于幕墙工程所用铝型材，应使用适应硬度计进行现场检测，硬度合格制值大于 8 HW（相当于 42 ～ 120 HBS）。此外，韦氏硬

度还可用于测试铝合金板材和管材。适用合金范围从 1XXX ～ 7XXX 系列，硬度测试范围相当于洛氏硬度 42 ～ 98 HRE，相当于布氏硬度 42 ～ 120 HBW。

五、铝合金板材硬度测试法

铝合金板材的硬度值可以用于检测热加工工序的性能、冷加工的变形程度和热处理状态。铝合金板材有带包铝层和不带包铝层两种。带包铝层的表面可明显提高材料的防腐蚀能力，飞机蒙皮和结构钣金零件大量采用带包铝层的铝合金板材。在硬度测试时，对带包铝层和不带包铝层铝合金板材的硬度测试应区别对待。

对于不带包铝层的铝合金板材，一般采用布氏硬度、洛氏硬度、韦氏硬度和巴氏硬度等测试法。其中，布氏硬度测试法准确度较高。铝合金板材布氏硬度测试条件如表 8–10 所示。

表 8–10　铝合金板材布氏硬度测试条件

HBW	板材厚度 /mm	$0.102\ F/D^2$	检测条件
＜ 35	＜ 1	2.5	HBW 1/2.5/30 或显微维氏硬度
＜ 35	1 ～ 2.5	5	HBW 1/5/30
＞ 35	2.5 ～ 5	10	HBW 2.5/62.5/30
＞ 35	5 ～ 10	10	HBW 5/250/30
＞ 35	＞ 10	10	HBW 10/1 000/30

采用洛氏硬度测试铝合金板材硬度时，主要标尺有 HRB、HRE、HR15T、HRF 等。这些标尺的适用范围与铝合金板材的硬度值范围相适应，铝合金洛氏与布氏硬度对照情况如表 8–11 所示。例如，超硬铝合金板（CS 状态）可用 HRB 和 HR15T 标尺，硬度合金板（CZ、CS 状态）可用 HRF 和 HRE 标尺，HRH 则是用于中等或中上等硬度的铝合金板材。

表 8-11　铝合金洛氏与布氏硬度对照表

HRB	HBS	HRE	HBS	HRF	HBS	HR15T	HBS
20	72	70	62	59.7	61	67.3	64
72	125	100	130	100	130	90.1	170

注：表中数据参考 HB / Z 215-1992《铝合金板材硬度与强度换算值》得出。

韦氏和巴氏硬度计都属于小型便携式硬度计，适用于测量铝合金板材，特别适用于生产现场考核工艺、建材施工地、仓库检测等。对于经组装不可分离的组件，用巴克尔 GYZJ 934–1 型硬度计测试钣金件的硬度值是有效的。检测铝合金板材，韦氏硬度测试法适用于 4 ～ 17 HW 范围内，相当于布氏硬度值为 42 ～ 120 HBS。高于 120 HBS 的板材可选用韦氏 W–B75 型硬度计或巴氏硬度计测试。

对于包铝合金板的硬度测试，目前尚无国家标准依据。美国波音公司《BBS 7221 硬度试验》技术资料中，对 2024 和 7075 合金铝板硬度测试进行了介绍。加拿大航空公司《MPS 168–13 金属硬度试验》技术资料中，对铝板的硬度值测试做了更为详细的介绍。

从以上资料中可以看出，国外早已应用洛氏硬度 HRE 和 HRH 标尺测试包铝合金板的硬度，我国现已有 HRE、HRH 标准，上列数据可供应用 HRE、HRH 标尺测试包铝合金板时参考。

在应用 HRE 和 HRH 测定包铝合金板硬度时，应注意其适用性。一是应注意包铝层厚度的影响和规律。GB/T 3880—2012《一般工业用铝及铝合金板、带材》中对可热处理强化铝合金板做了相应规定，即当板材厚度为 0.5 ～ 1.6 mm 时，每面包铝不得小于板材总厚度的 4%；当板材厚度为 1.6 ～ 10.0 mm 时，每面包铝不得小于板材总厚度的 2%。其次，对在包铝板上和去掉包铝板上测定硬度时，在积累分析数据的基础上，对硬度示值指标分别做出了规定。

带包铝板和不带包铝板通过 HRE、HRH 硬度测试，结果肯定是有差异的，加拿大航空公司《MPS–13 金属硬度试验》中介绍，在带包铝层表面测得的 HRE 值比在去除包铝层测得的 HRE 值最大相差 15 个单位，HRH 则相差 14 个单位。

国外有资料引证，薄铝板原要求用HRE标尺，由于有钻穿效应（即压痕深度 h 不能满足试样最小厚度 t 应大于10 h 的要求，且试样背面有肉眼可见的痕迹），故可允许用HR15T标尺，即表面洛氏硬度，试验力为147 N（15 kgf），压头直径为1.588 mm的钢球。国内有试验数据证明：2024–T3 0.3mm包铝板，要求HRE ≥ 90，因为其太薄，故不宜用HRE检测，实测用HR15T，结果为80.81HR15T。实验验证：HRE 90换算为HR15T 78.5关系成立。因此，薄包铝合金板（1.2 mm以下的）可用HR 15T表面洛氏硬度计进行硬度测试。

六、铝及铝合金织构的硬度判定方法

铝及铝合金板材、带材制备过程中，由于轧制工艺不当，有时板材、带材会产生各向异性，即织构。在随后的深冲加工过程中，易造成产品出现“四角”，即“制耳”现象。为改进工艺，提高产品质量，一般采用X射线衍射方法进行织构检测。在没有X射线衍射仪的时候，可采用硬度测试法，也可以定性而简易地测定板材、带材中是否存在织构。采用硬度测试法测定织构时，一般选择小载荷维氏硬度测试法进行压痕检测，然后观察压痕形态，即可判定试样中是否存在织构。对于退火后的板材试样，当无织构时，压痕保持正方形规则形态，四边无凸凹现象，深冲后无“制耳”或很小，如图8–9（a）所示。当退火后的板材试样存在织构时，正方形压痕的四边向内凹，深冲时，“制耳”常出现在板材的纵、横方向上，如图8–9（b）所示。当冷加工试样有织构时，正方形的压痕四边外凸，“制耳”产生在45°方向，如图8–9（c）所示。总之，利用硬度测试法监控产品质量，简易而有效。

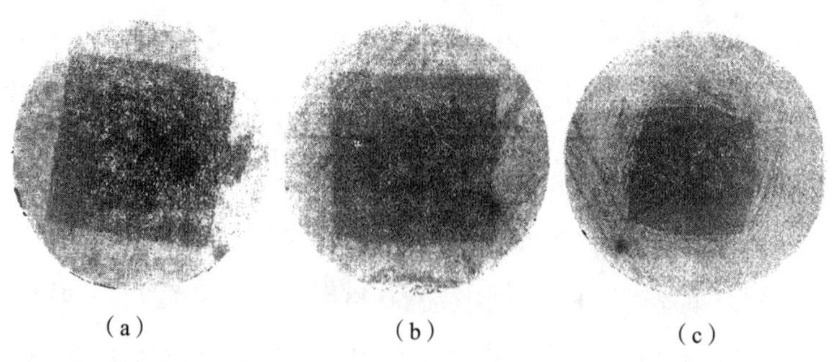

（a）　　　　（b）　　　　（c）

（a）退火状态无织构；（b）退火状态有织构；（c）冷加工状态有织构。

图8–9　硬度法测试铝及铝合金板、带材织构压痕形貌

第三节　铜及铜合金的硬度与强度评估

检测铜及铜合金试样的硬度，可以根据需要选择布氏、洛氏和维氏硬度法进行测试。应用较多的是布氏硬度测试法。采用布氏硬度测试铜及铜合金硬度时，布氏硬度测试法的适用条件如表 8–12 所示。采用洛氏硬度测试时，洛氏硬度标尺适用范围如表 8–13 所示。

表 8–12　测试铜及铜合金硬度时布氏硬度法的适用条件

材料	布氏硬度（HBW）	$0.102F/D^2$
铸态及变形的铜及铜合金	＜ 35	5
	35 ～ 200	10
	＞ 200	30

表 8–13　测试铜及铜合金硬度时洛氏硬度标尺适用范围

洛氏硬度标尺	使用范围
HRB	适用于各种黄铜和大多数青铜
HRF	适用于测定韧化黄铜、紫铜
HR15T	退火态铜合金及黄铜、青铜薄板
HR30T	铜合金、黄铜、青铜板
HR45T	铜镍合金

对于薄试样、薄板、带材和管材，以及不便于取样的大铸件、锻制件、压制件，宜采用韦氏硬度测试法。有色金属标准化技术委员会制定了行业标准 YS/T 471—2004《铜及铜合金韦氏硬度试验方法》。在使用 W–B75 型韦氏硬度计时用 HWA 表示，在使用 W–BB75 型韦氏硬度计时用 HWB 表示，符号之前为硬度值。

进行韦氏硬度测试时，试样的厚度一般不大于 6 mm。当试样厚度大于 0.5 mm 且小于 1 mm 时，为补偿试样厚度不足造成的误差，可采用相同材质、硬度相近的材料衬于试样下进行测试。测试试样表面要求光滑、洁净，不应有机械损伤，试样边缘不应有毛刺。若试样表面有涂层，则需彻底清除；如有轻微擦伤或模具痕迹，则需轻轻磨光。W-B75 型韦氏硬度值与 HRF、HRB 换算关系（硬态及半硬态铜合金）如图 8-10 所示。W-B75 型韦氏硬度值与 HRE 换算关系（纯铜及软态铜）如图 8-11 所示。铜及铜合金硬度与强度换算值可参考 GB /T 3771—1983。

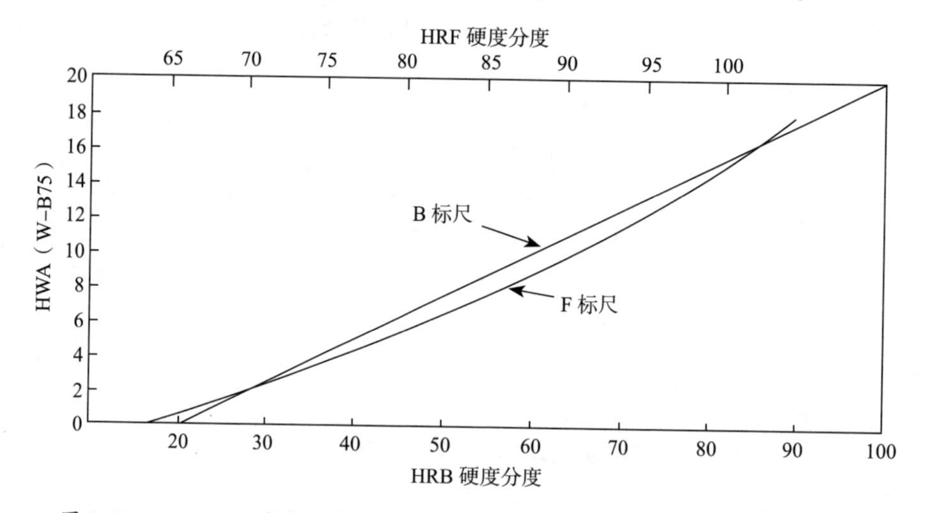

图 8-10　W-B75 型韦氏硬度值与 HRF、HRB 换算关系（硬态及半硬态铜合金）

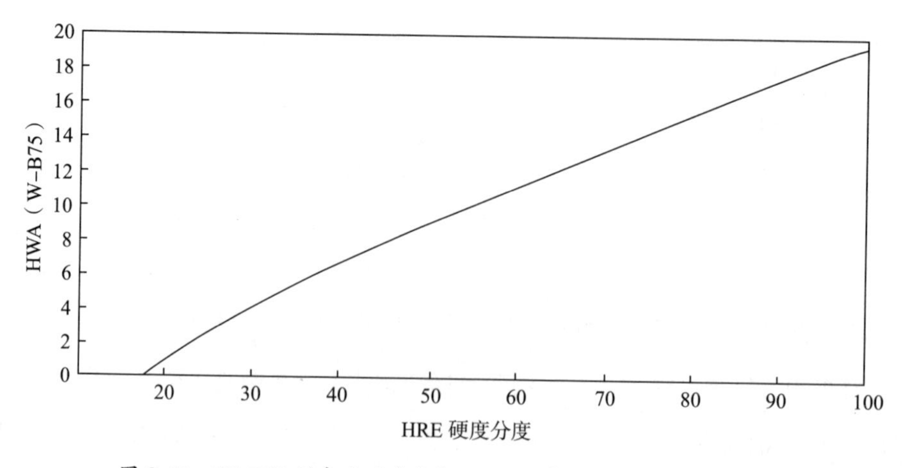

图 8-11　W-B75 型韦氏硬度值与 HRE 换算关系（纯铜及软态铜）

第四节　钛铝合金的硬度与强度评估

由于显微硬度能够较为方便、快捷地分析不同凝固试样的力学性能，Lapin 和 Dimiduk 发现硬度也能够反映钛铝合金的力学性能，且硬度与屈服强度之间存在线性关系，而且显微硬度能够方便、快捷地检测定向凝固试样的质量，因此采用显微硬度对直径为 3 mm 的试样的力学性能进行表征。分别从纵截面和横截面测量试样的显微硬度。维氏显微硬度在 HVS–1000 型电子显微小载荷维氏硬度仪上测量。测试过程载荷为 100 g，保持时间为 10 s。每个试样在不同界面上至少测量 15 次，将测量结果取平均值。对比在不同凝固条件下试样的显微硬度，分析生长速度和温度梯度对显微硬度的影响。同时，分析枝晶间距和层片间距等凝固组织特征参数对显微硬度的影响。

硬度是实际应用中采用较多的力学性能指标之一，它表征的是金属材料的软硬程度，其物理意义因硬度测试方法的不同而有所差异，其中维氏硬度是采用压入法测量硬度值的，其表征了金属的应变硬化能力和对塑性的变形抗力。因此，可以认为，硬度是金属材料各项力学性能的综合表现。Lapin 和 Dimiduk 分别测试了定向凝固 Ti–46Al–2W–0.5Si 合金和锻造 Ti–45.3Al–2.1Cr–2.0Nb 合金的显微硬度和洛氏硬度，并分析了合金的屈服强度和硬度之间的关系，发现两者之间存在一种线性关系，即

$$\sigma_y = K_1 + K_2\mathrm{HV} \tag{8–12}$$

式中：

σ_y——合金的屈服强度；

K_1、K_2——常数。

可以用显微硬度方便地预测合金的拉伸性能。

Lapin 报道的关于定向凝固 Ti–46Al–2W–0.5Si 屈服强度（σ_{per} 表示垂直于生长方向，σ_{par} 表示平行于生长方向）和硬度之间的关系为

$$\sigma_{per}=176.7+0.748\ \mathrm{HV} \quad (8\text{–}13)$$

$$\sigma_{per}=108.5+0.702\ \mathrm{HV} \quad (8\text{–}14)$$

由于显微硬度的测试较为简易，可以方便、快捷地获得定向凝固试样的性能和质量，因此可以采用测量显微硬度的方法预测定向凝固试样的力学性能。

一、凝固条件和凝固组织对定向凝固 Ti–49Al 合金显微硬度的影响

（一）凝固条件对定向凝固 Ti–49Al 合金显微硬度的影响

对于定向凝固材料，其力学性能强烈依赖于凝固参数。对于定向凝固 Ti–49Al 合金，在恒定的温度梯度下（G=12.1 K/mm），其显微硬度值随着生长速度的增加而增大，如图 8–12（a）所示。当温度梯度一定时，生长速度增大，导致冷却速度增大，从而使凝固组织中的晶粒尺寸减小、组织细化，使显微硬度值增大。在目前的速度范围内（V=5~30 μm/s），当生长速度为 30 μm/s 时，显微硬度值最大，当生长速度为 5 μm/s 时，显微硬度最低。HV_L 和 HV_T 分别代表在试样纵截面和横截面的显微硬度测量值。用线性回归分析获得的两者之间的关系为

$$HV_L=307.2\ V^{0.16} \quad (8\text{–}15)$$

$$HV_T=313.9\ V^{0.16} \quad (8\text{–}16)$$

相关性系数分别为 r_1=0.964 和 r_2=0.967。系数为正表示显微硬度与生长速度之间呈正比例关系。

定向凝固 Ti–49Al 合金显微硬度随生长速度的变化指数为 0.16。与 Lapin 获得的定向凝固 Ti–46Al–2W–0.5Si 合金的指数 0.14 较为接近，两者变化规律相似。从测量结果可以看出，横截面上的显微硬度略高于纵截面上的数值。

在恒定的生长速度下（V=10 μm/s），定向凝固 Ti–49Al 合金的显微硬度随着温度梯度的增加而增大，如图 8–12（b）所示。在定向凝固条件下，当生长速度一定时，增大温度梯度，也同样能够使冷却速度增大，同时使凝固组织中的晶粒尺寸减小，从而引起组织细化，同时引起显微硬度值的增大。用线性回归分析获得的显微硬度与温度梯度之间的关系式为

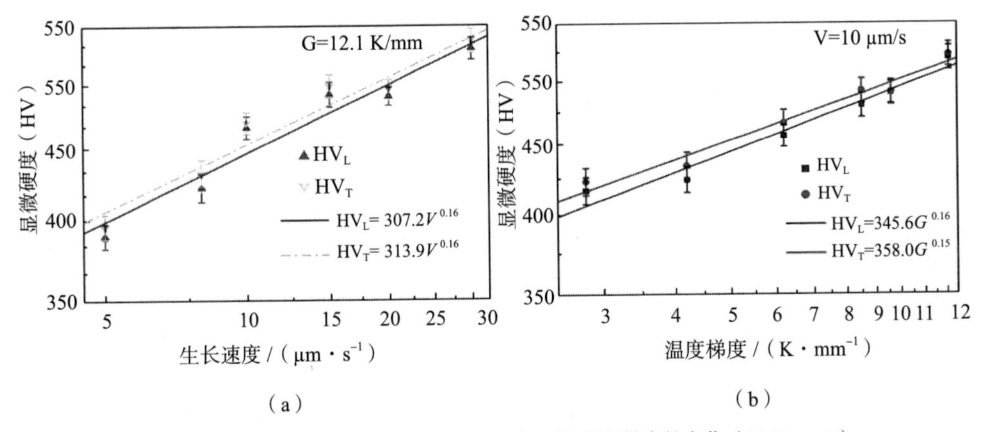

（a）随生长速度的变化（G=12.1 K/mm）;（b）随温度梯度的变化（V=10 μm/s）。

图 8-12 定向凝固 Ti-49Al 合金显微硬度随生长速度和温度梯度的变化

$$HV_L=345.6\ G^{0.16} \tag{8-17}$$

$$HV_T=358.0\ G^{0.15} \tag{8-18}$$

相关性系数分别为 r_1=0.980 和 r_2=0.985。在纵截面和横截面上，显微硬度随温度梯度的变化指数分别为 0.16 和 0.15，与生长速度对显微硬度的影响指数 0.16 较为接近。

图 8-13 为冷却速度对定向凝固 Ti-49Al 合金显微硬度的影响，图中给出了定向凝固 Ti-49Al 合金显微硬度随冷却速度的变化规律。定向凝固 Ti-49Al 合金的显微硬度随着冷却速度的增大而增大。显微硬度与冷却速度的关系为

$$HV=319.27\ \dot{T}^{\ 0.088} \tag{8-19}$$

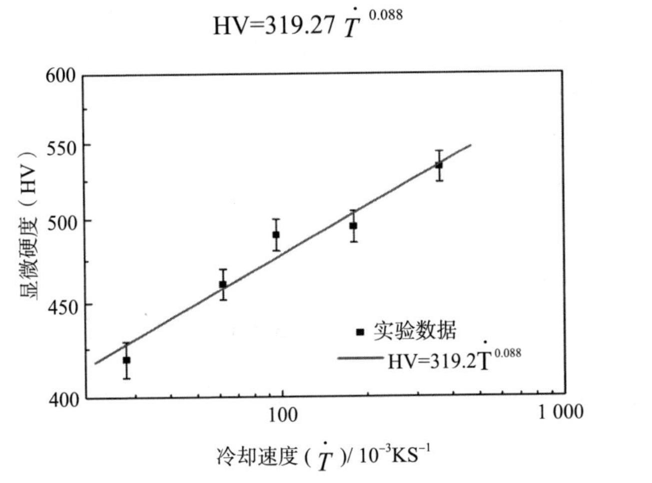

图 8-13 冷却速度对定向 Ti-49Al 合金显微硬度的影响

（二）凝固组织对定向凝固 Ti–49Al 合金显微硬度的影响

图 8–14（a）给出了在恒定温度梯度下（G=12.1 k/mm），定向凝固 Ti–49Al 合金直径为 3 mm 试样显微硬度随枝晶间距的变化情况。定向凝固 Ti–49Al 合金的显微硬度随着枝晶间距 λ 的增加而减小。用线性回归分析获得两者之间的关系式为

$$HV_L=11\,142.9\lambda^{-0.53} \tag{8-20}$$

$$HV_T=10\,792.2\lambda^{-0.52} \tag{8-21}$$

相关性系数为 r_1=–0.966 和 r_2 = –0.969。定向凝固 Ti–49Al 合金的显微硬度值随一次枝晶间距变化的指数为 –0.53 和 –0.52，略高于 Lapin 获得的关于定向凝固 Ti–46Al–2W–0.5Si 合金的实验值 –0.44。这种差别与合金成分和凝固条件不同有关。

图 8–14（b）给出了在恒定生长速度（V=10 μm/s）下，定向凝固 Ti–49Al 合金直径为 3 mm 的试样的显微硬度随枝晶间距 λ 的变化情况。定向凝固 Ti–49Al 合金的显微硬度随着 λ 的增加而减小。对实验结果进行线性回归分析，两者之间的关系式为

$$HV_L=3\,080.8\lambda^{-0.30} \tag{8-22}$$

$$HV_T=2\,797.4\lambda^{-0.28} \tag{8-23}$$

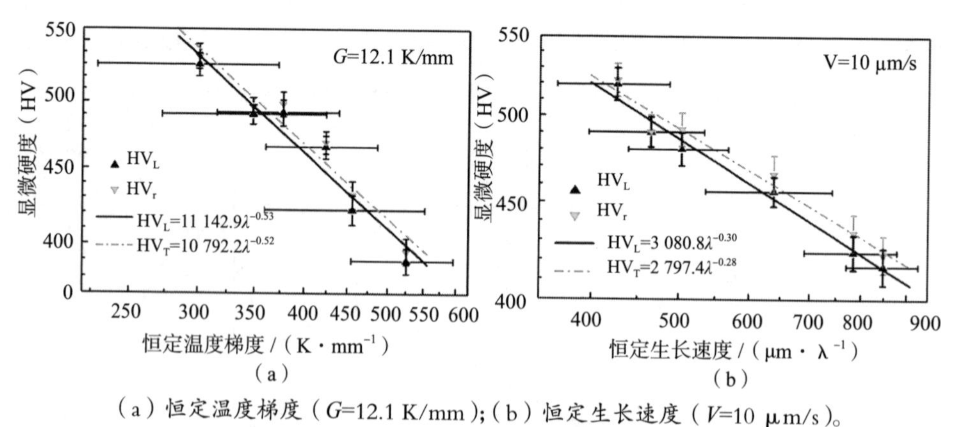

（a）恒定温度梯度（G=12.1 K/mm）；（b）恒定生长速度（V=10 μm/s）。

图 8–14　定向凝固 Ti–49Al 合金直径为 3 mm 的试样的显微硬度随枝晶间距的变化

相关性系数分别为 r_1=–0.988 和 r_2=–0.984。在纵截面和横截面上，定向凝固 Ti–49Al 合金显微硬度随温度梯度的变化指数分别为 –0.30 和 –0.28。通过对比图

8-14 中的曲线可以看出，与温度梯度相比，生长速度对枝晶间距的影响较大，从而导致不同生长速度试样的枝晶间距对合金的硬度值的影响更为明显。

图 8-15（a）给出了在恒定温度梯度下（G=12.1 K/mm）下，定向凝固 Ti-49Al 合金直径为 3 mm 的试样的显微硬度随层片间距 λ_L 的变化情况。定向凝固 Ti-49Al 合金的显微硬度值随着层片间距 λ_L 的增加而减小。用线性回归获得两者之间的关系式为

$$HV_L=614.3\lambda_L^{-0.38} \tag{8-24}$$

$$HV_T=615.6\lambda_L^{-0.36} \tag{8-25}$$

相关性系数分别为 r_1=–0.958 和 r_2=–0.946。定向凝固 Ti–49Al 合金显微硬度随层片间距变化的指数为 –0.38 和 –0.36，低于 Hall–Petch 公式中的指数 0.5。在纵截面上显微硬度随层片间距变化的指数略高于在横截面上的指数。

图 8-15（b）给出了在恒定生长速度下（V=10 μm/s），定向凝固 Ti–49Al 合金直径为 3 mm 的试样的显微硬度随层片间距的变化情况。定向凝固 Ti–49Al 合金的显微硬度同样是随着片层间距 λ_L 的增加而减小的。用线性回归分析得到两者之间的关系式为：

$$HV_L=604.8\lambda_L^{-0.25} \tag{8-26}$$

$$HV_T=605.0\lambda_L^{-0.24} \tag{8-27}$$

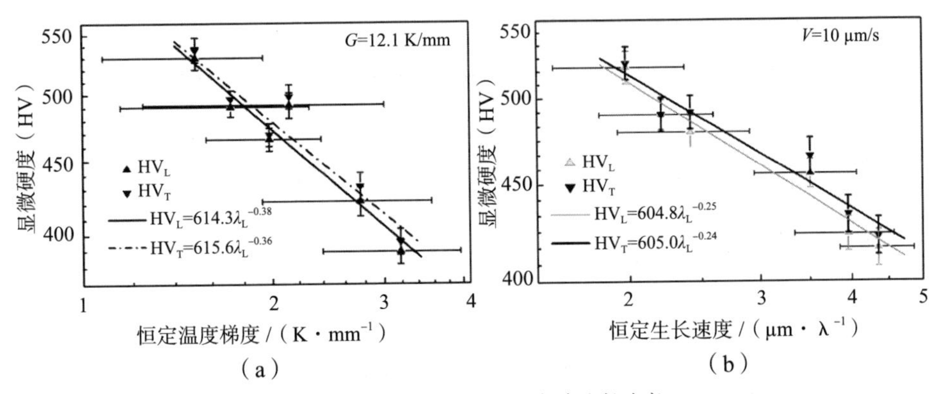

（a）恒定温度梯度 G=12.1 K/mm;（b）恒定生长速度 V=10 μm/s。

图 8-15　定向凝固 Ti–49Al 合金直径为 3 mm 的试样的显微硬度随层片间距的变化

相关性系数分别为 r_1=-0.971 和 r^2=-0.967。在纵截面和横截面上，定向凝固 Ti-49Al 合金显微硬度随温度梯度的变化指数分别为 -0.25 和 -0.23。通过对比图 8-15 中的曲线可以看出，不同生长速度试样的层片间距对合金的硬度值的影响更为显著，这是由于生长速度对层片组织的影响比温度梯度要大。

二、凝固条件和凝固组织对定向凝固 Ti-46Al-0.5W-0.5Si 合金显微硬度的影响

（一）凝固条件对定向凝固 Ti-46Al-0.5W-0.5Si 合金显微硬度的影响

图 8-16 为定向凝固 Ti-46Al-0.5W-0.5Si 合金直径为 3 mm 的试样的显微硬度随生长速度的变化，可以看出，定向凝固 Ti-46Al-0.5W-0.5Si 合金的显微硬度随着生长速度的增加而增大。采用线性回归获得两者之间的关系为

$$HV=794.7\,V^{0.15} \tag{8-28}$$

相关性系数为 r=0.985。

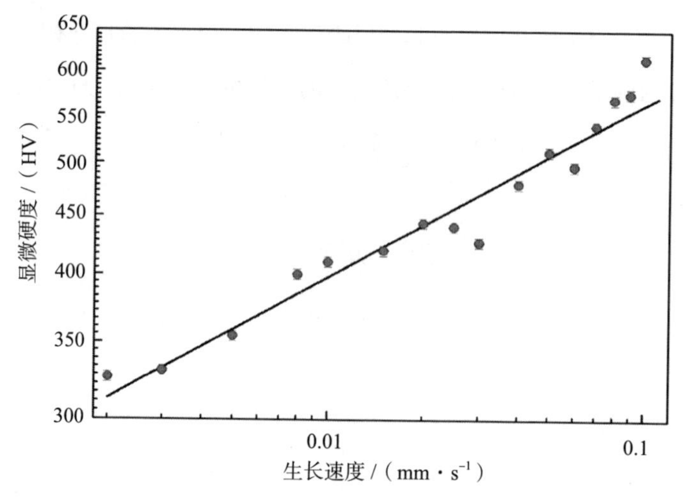

图 8-16　定向凝固 Ti-46Al-0.5W-0.5Si 合金直径为 3 mm 的试样的显微硬度随生长速度的变化

当温度梯度一定时，生长速度增大，导致冷却速度增大，从而使凝固组织细化，导致显微硬度增大。定向凝固 Ti-46Al-0.5W-0.5Si 合金显微硬度随生长速度的变化指数为 0.15，与 Ti-49Al 合金的指数 0.16 和 Ti-46Al-2W-0.5Si 合金的指数 0.14 都较为接近。该合金的显微硬度值低于相似生长速度下的 Lapin 获得的关于 Ti-46Al-2W-0.5Si 合金的实验结果。一方面是由于合金成分的差别；另一方面是

由于 Lapin 所做的定向凝固实验是在 Al_2O_3 坩埚中进行的，试样中混入了一定量的 Al_2O_3 颗粒，从而提高了合金的显微硬度。

（二）凝固组织对定向凝固 Ti-46Al-0.5W-0.5Si 合金显微硬度的影响

图 8–17 和图 8–18 为定向凝固 Ti–46Al–0.5W–0.5Si 合金直径为 3 mm 的试样的显微硬度随枝晶间距和层片间距的变化。随着枝晶间距和层片间距 λ_L 的增加，定向凝固 Ti-46Al-0.5W-0.5Si 合金的显微硬度逐渐降低。采用线性回归获得显微硬度两者之间的变化关系为

$$HV=398.1\lambda^{-0.31}$$

$$HV=0.86\lambda_L^{-1.09} \tag{8–30}$$

相关性系数分别为 r_1=–0.970 和 r_2=–0.980。定向凝固 Ti–46Al–0.5W–0.5Si 合金显微硬度随枝晶间距的变化指数低于定向凝固 Ti–49Al 合金的指数 0.53，也低于 Lapin 获得的关于定向凝固 Ti–46Al–2W–0.5Si 合金的实验值 0.44。而该合金显微硬度随层片间距变化的指数明显高于定向凝固 Ti–49Al 合金的指数 0.38，也高于 Hall–Petch 公式中的指数 0.5。

从以上结果可以看出，增大生长速度，能够降低枝晶间距和层片间距，进而提高定向凝固试样的显微硬度。这与 Hell–Petch 公式中关于合金的强度随晶粒尺寸的减小而增大的关系是一致的，因此间接地证明了合金的屈服强度随着生长速度的增加而增大。但是，这种方法存在的一个问题是不能够区分层片取向对定向凝固试样力学性能的影响。

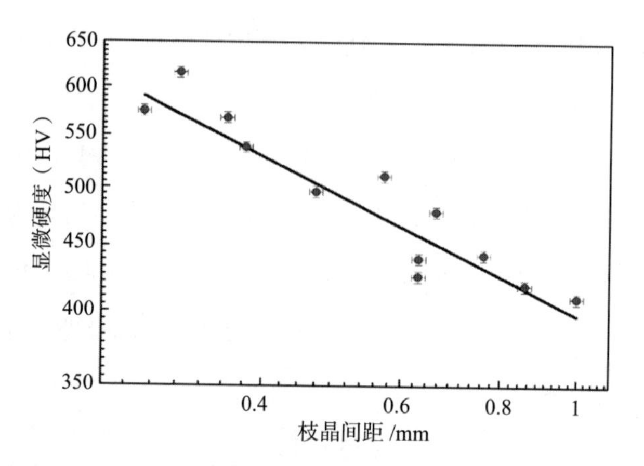

图 8–17　定向凝固 Ti–46Al–0.5W–0.5Si 合金直径为 3 mm 的试样的显微硬度随枝晶间距的变化

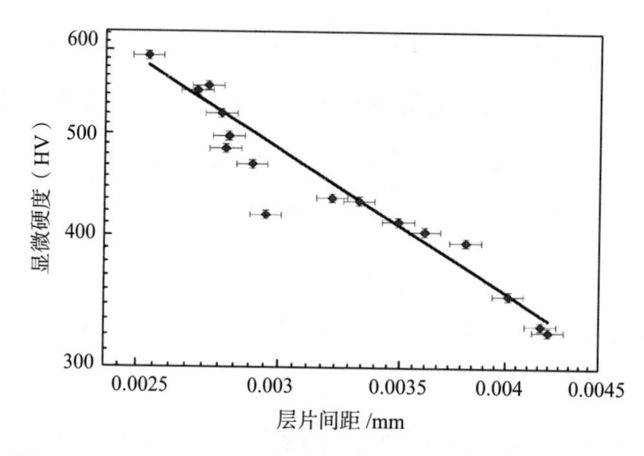

图 8–18　定向凝固 Ti–46Al–0.5W–0.5Si 合金直径为 3 mm 的试样的显微硬度随层片间距的变化

三、凝固参数对定向凝固 Ti–43Al–3Si 合金显微硬度的影响

定向凝固 Ti–43Al–3Si 合金显微硬度随生长速度、胞晶间距、层片间距以及 Ti_5Si_3 相体积分数的变化如图 8–19 所示。定向凝固 Ti–43Al–3Si 合金的显微硬度值随着生长速度的增加而增大；随着胞晶间距、层片间距和 Ti_5Si_3 相体积分数的增大而减小。定向凝固 Ti–43Al–3Si 合金显微硬度与生长速度、胞晶间距、层片间距以及 Ti_5Si_3 相体积分数的关系为

$$HV = 398.1V^{-0.31} \tag{8–31}$$

$$HV = 0.86\lambda^{-1.09} \tag{8–32}$$

$$HV = 257.5 + 0.44\lambda_L^{-0.5} \tag{8-33}$$

$$HV = 1\,318.3\,fV^{-0.44} \tag{8-34}$$

回归系数分别为 r_1=0.96；r_2=0.90；r_3=0.95；r_4=0.83。

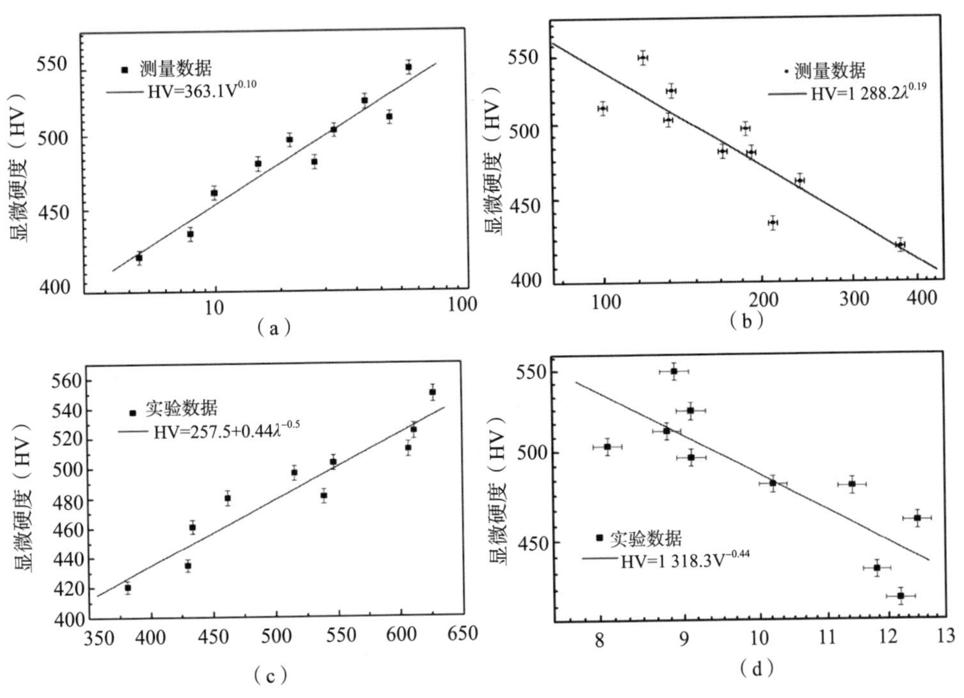

（a）生长速度 /（μm · s^{-1}）;（b）胞晶间距 /μm;（c）层片间距（$\lambda^{-0.5}$）/ $m^{-0.5}$;（d）Ti_5Si_3 相体积分数 1%。

图 8-19　定向凝固 Ti-43Al-3Si 合金显微硬度随生长速度、胞晶间距、层片间距以及 Ti_5Si_3 相体积分数的变化

四、TiAl 合金显微硬度与强度性能评估

由于定向凝固 Ti-49Al 合金的显微硬度和抗拉强度均随着冷却速度的增加而增大，因此可以将硬度制备与强度指标联系起来。定向凝固 Ti-49Al 合金显微硬度与抗拉强度对应关系如图 8-20 所示。定向凝固 Ti-49Al 抗拉强度值随着显微硬度值的增大而增大，两者之间的经验关系可以表示为

$$\sigma = 1.72HV - 574.4 \tag{8-35}$$

根据式（8-35），可以方便、快捷地根据硬度测试结果评估 TiAl 合金的强度

指标。目前，仍没有统一的硬度与强度换算关系，对于不同的TiAl合金仍先需要通过硬度和强度测试，然后建立经验公式，才能使用硬度测试结果进行强度指标的评估。

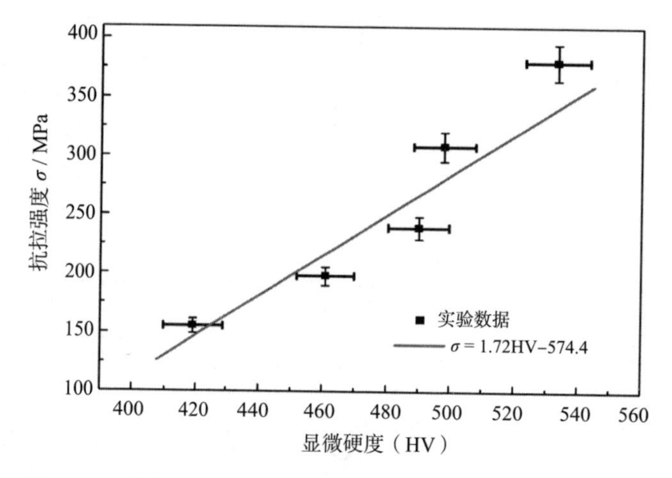

图 8-20　定向凝固 Ti−49Al 合金显微硬度与抗拉强度对应关系

第五节　滑动轴承材料的硬度与性能评估

一、滑动轴承合金材料的硬度测试

滑动轴承合金材料是机械制造工程中的一种重要的结构材料。滑动轴承合金在机械中传递（或支撑）载荷并相对滑动，具有小的磨损和动力消耗。这正是滑动轴承合金材料与一般结构材料的不同之处。绝大多数轴承合金材料具有双相结构，即合金的组织由一个硬相和一个软相构成。不论是软的低熔点相作为基体或者作为嵌入相存在，当轴承与轴颈表面之间的油膜破坏发生接触时，由于软的低熔点相剪切强度低，故其易剪断而不会引起较高的摩擦温度。当产生较高的摩擦温度时，低熔点相软化或者熔融形成金属膜，将起到“润滑剂”的效果，避免放置时发生咬粘。同时，低熔点相磨损后可贮存润滑油，为轴承提供较好的润滑状态。因此，滑动轴承合金材料的金相中必须有低熔点相的存在。所以，滑动轴承材料的强度和硬度一般较低。

滑动轴承通常以钢 / 铜为背，通过复合铅基或锡基，以及铜基或者铝基合金构成轴瓦。钢背或铜背上的轴瓦合金是通过铸造、压力加工或粉末冶金等方法复合制备的。轴瓦材料的硬度测试一般用布氏硬度测试法，滑动轴承、多层轴承减摩合金的硬度测试法，已形成行业标准 JB/T 7925.2—1995《滑动轴承多层轴承减摩合金硬度检验方法》。轴瓦硬度测试条件如表 8–14 所示；带材轴承合金的硬度如表 8–15 所示。

表 8–14　轴瓦硬度测试条件

多层材料	减摩合金层厚度 /mm		试验条件	环境温度 / ℃
钢与铅合金 钢与锡合金	—	≤ 0.2	小载荷硬度试验 1	18 ～ 24
	> 0.2	≤ 0.3	HV 0.2/10	
	> 0.3	≤ 0.5	HV 0.3/10	
	> 0.5	≤ 0.7	HV 0.5/10	
	> 0.7	≤ 1	HV 1/10	
	> 1	≤ 4	HB5 /25/30	
	> 4	≤ 7	HB 10/100/30	
	> 7	—	HB 10/250/30	
钢与铜铅合金 钢与铝合金	—	≤ 0.2	小载荷硬度试验 1	
	> 0.2	≤ 0.4	HV 0.3/30	
	> 0.4	1	HB 1/5/30	
	> 1	—	HB 2.5/31.25/30	
钢	任意厚度		HB 1/30/10	

注：对于减摩合金层厚度小于或等于 0.2 mm 的试验条件不做具体规定。

表 8–15　带材轴承合金的硬度

轴承合金	铸造	烧结	轧制并退火	特殊处理
$PbSb_{10}Sn_6$	19 ～ 23 HV			15 ～ 19 HV
$PbSn_{15}SnAs$	16 ～ 20 HV			
$PbSb_{15}Sn_{10}$	18 ～ 23 HV			
$SnSb_8Cu_4$	17 ～ 24 HV			
$CuPb_{10}Sn_{10}$	70 ～ 130 HB	60 ～ 90 HB		60 ～ 140 HB
$CuPb_{17}Sn_5$	60 ～ 95 HB			
$CuPb_{24}Sn_4$	60 ～ 90 HB	45 ～ 70 HB		45 ～ 120 HB
$CuPb_{24}Sn$	55 ～ 80 HB	40 ～ 60 HB		40 ～ 110 HB
$CuPb_{30}$		30 ～ 45 HB		
$AlSn_{20}Cu$			30 ～ 40 HB	45 ～ 60 HB
$AlSn_{12}Si_{2.5}Pb_{1.7}$			35 ～ 45 HB	
$AlSn_6Cu$			35 ～ 45 HB	
$AlSi_{11}Cu$			45 ～ 60 HB	
$AlZn_5Si_{1.5}CuPbMg$			45 ～ 70 HB	70 ～ 100 HB

对于检测试样，要求其检测面具有金属光泽，能够方便地测量检测压痕。在试样制备过程中，应控制加工硬化到最低程度，并避免温度的影响。在试样表面处理时，对表面粗糙度值 $Ra \leqslant 6.3\ \mu m$ 的铅基和锡基合金用粒度为 240 号的金相砂纸处理；对表面粗糙度值 $Ra \leqslant 3.2\ \mu m$ 的铜基和铝基合金用粒度为 320 号的金相砂纸处理。

二、滑动轴承合金硬度与性能关系

铸造轴承合金的力学性能如表 8–16 所示。

表 8–16　铸造轴承合金的力学性能

种类	合金牌号	铸造方法	布氏硬度（HB）	抗拉强度 R_m / MPa	伸长率（A）/%
锡基	$ZSnSb_{12}Pb_{10}Cu_4$	J	29	—	—
	$ZSnSb_{12}Cu_6Cd$	J	34	—	—
	$ZSnSb_{11}Cu_6$	J	27	—	—
	$ZSnSb_8Cu_4$	J	24	—	—
	$ZSbSb_4Cu_4$	J	20	—	—
铅基	$ZPbSb_{16}Sn_{16}Cu_2$	J	30	—	—
	$ZPbSb_{15}Sn_5Cu_3Cd_2$	J	32	—	—
	$ZPbSb_{15}Sn_{10}$	J	24	—	—
	$ZPbSb_{15}Sn_5$	J	20	—	—
	$ZPbSb_{10}Sn_6$	J	18	—	—
铜基	$ZCuSn_5Pb_5Zn_5$	S、J	60*	200	13
		Li	65*	250	13
	$ZCuSn_{10}P_1$	S	80*	200	3
		J	90*	310	2
		Li	90*	330	4
	$ZCuPb_{10}Sn_{10}$	S	65	180	7
		J	70	220	5
		Li	70	220	6
	$ZCuPb_{15}Sn_8$	S	60*	170	5
		J	65*	200	6
		Li	65*	220	8
	$ZCuPb_{20}Sn_5$	S	45*	150	5
		J	55*	150	6
	$ZCuPb_{30}$	J	25*	—	—
	$ZCuAl_{10}Fe_3$	S	100*	490	13
		J、Li	110*	540	15
铝基	$ZAlSn_6CuNi$	S	35*	110	10
		J	40*	130	15

注：1. 铸造方法，J——金属型铸造，S——砂型铸造，Li——离心铸造。

2. 硬度值中有 * 号者为参考数值。

第九章　金属材料的硬度与蠕变性能

第一节　金属的蠕变现象

金属的蠕变是指金属材料在恒定温度和恒定载荷下发生缓慢的塑性变形现象。低温下表现脆性的材料，在高温时往往具有不同程度的蠕变行为。由于金属蠕变的累积，金属部件发生过量的塑性变形而不能使用，或者蠕变进入了加速发展阶段，发生蠕变破裂，均会使金属部件失效损坏，甚至发生严重事故。从热力学观点出发，蠕变是一种热激活过程。在高温条件下，借助于外应力和热激活的作用，形变的一些障碍得以克服，材料内部质点发生了不可逆的微观过程。所以，对于长期运行的高温部件，要进行严格的蠕变监测。金属、高分子材料和岩石等在一定条件下都具有蠕变性质。

古代人们就发现，铅放在垂直的位置，有向下缓慢流动的现象；悬挂的铅管有自身伸长的现象。这些蠕变现象由于当时条件限制没有被人们所重视。1905 年，菲利普斯发表了橡胶、玻璃及金属丝在恒定的拉应力作用下有缓慢延伸的实验结果，并把伸长量与恒力作用时间用数学式表达了出来。

1910 年后，安德雷德等人发表了金属和合金的蠕变、变形的研究报告，后来更多的学者相继发表了关于蠕变的研究成果。

狄根逊等人的研究结果证明了在相当长的时间内承受应力时（特别是在高温下），材料在低于室温或试验温度下的 σ_m（材料极限应力）时也会发生破坏，甚至在更低的应力下也会发生破坏。蠕变的研究对长期在高温条件下工作的机械零件和构件具有特别重要的意义。例如，锅炉、涡轮发动机、内燃机、火箭及汽轮机等，其热机械构件的选材和设计，都必须考虑材料的蠕变性能，否则将发生破坏性事故。因此，蠕变性能是高温机械设计的主要依据之一，目前其可以通过蠕变试验获得。

一、蠕变曲线

蠕变变形的基本规律可用蠕变曲线描述。蠕变曲线是金属在一定温度和应力作用下，伸长率随时间而变化的曲线，其表明了温度、应力、变形量和时间之间的关系。

蠕变曲线分为 4 个部分和 3 个阶段，典型的金属蠕变曲线如图 9-1 所示。

（一）*Oa* 段

开始加载部分为 *Oa* 段，是加载荷时的瞬间伸长，其变形量为 ε_0，这一形变是由外负荷引起的形变过程。

abcd 曲线称为蠕变曲线，其中任意一点的斜率表示该点的蠕变速度。*abcd* 曲线可分为 *ab* 段、*bc* 段和 *cd* 段，分别对应蠕变的第Ⅰ阶段、第Ⅱ阶段和第Ⅲ阶段。

（二）*ab* 段：第Ⅰ阶段

蠕变第Ⅰ阶段，也称为减速蠕变阶段。这一阶段开始时蠕变速率很大，随着时间的延长，蠕变速度逐渐减小，到 *b* 点时蠕变速度达到最小值。

（三）*bc* 段：第Ⅱ阶段

蠕变第Ⅱ阶段，也称为恒速蠕变阶段。这一阶段的特点是蠕变的速率几乎保持不变，也称稳定蠕变阶段，此时的蠕变速率为最小蠕变速率。金属材料的设计、使用、蠕变变形的测量，都是依据蠕变变形的第Ⅱ阶段进行的，因此这个阶段的蠕变速率非常重要。

（四）*cd* 段：第Ⅲ阶段

该阶段是断裂即将来临之前的最后一个阶段。其特点是随着时间的增长，蠕变速率逐渐增加，直至 *d* 点时断裂。此阶段试样出现“缩颈”，或材料内部产生空洞、裂纹等，从而使蠕变速率激增。此外，该蠕变阶段可提供蠕变断裂时间和总变形量。

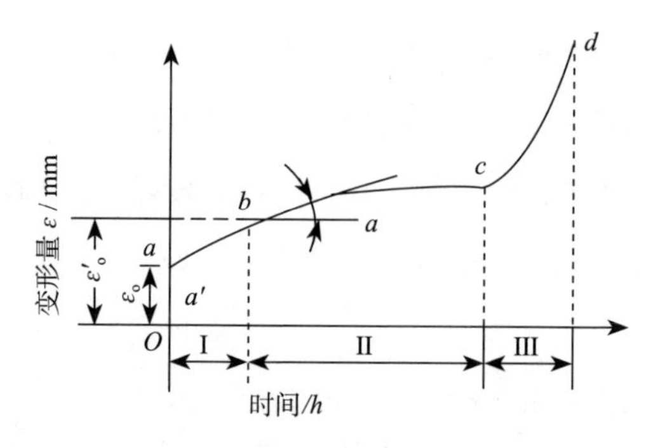

图 9–1　典型的金属蠕变曲线

若改变温度和应力，蠕变曲线的形状将发生改变，应力与温度对蠕变曲线的影响如图 9–2 所示。可以看出，温度恒定时改变应力，或者应力恒定时改变温度对蠕变曲线的影响是等效的，其蠕变曲线的形状有以下 3 个特点。

（1）蠕变曲线仍然保持 3 个阶段的特点。

（2）各阶段的持续时间不同：若应力大或温度高，则第Ⅱ阶段持续时间很短，甚至消失，此时蠕变曲线仅由第Ⅰ和第Ⅲ阶段组成；若应力小或温度低，则第Ⅱ阶段持续时间很长，有时甚至没有第Ⅲ阶段。

（3）蠕变断裂抗力指标变化的情况：在大应力、高温的作用下，蠕变断裂抗力指标大，蠕变断裂时间短，总变形量大；在小应力、低温的作用下，蠕变断裂抗力指标小，蠕变断裂时间长，总变形量小。

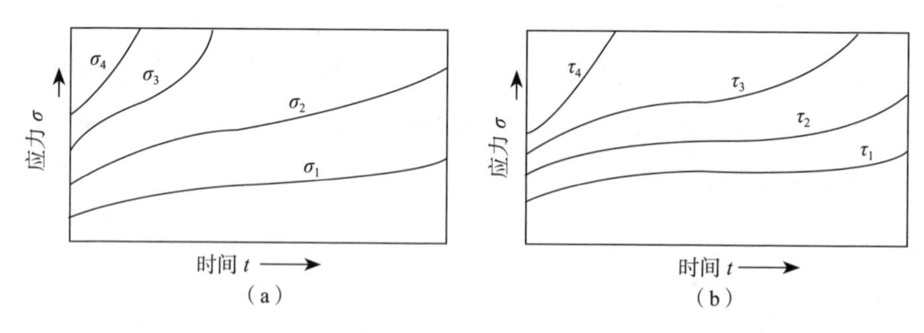

（a）恒温下，应力对材料蠕变曲线的影响（$\sigma_4 > \sigma_3 > \sigma_2 > \sigma_1$）；

（b）应力恒定条件下，温度对材料蠕变曲线的影响（$\tau_4 > \tau_3 > \tau_2 > \tau_1$）。

图 9–2　应力与温度对蠕变曲线的影响

二、蠕变机理

金属的蠕变变形主要是通过位错滑移、位错攀移、扩散蠕变及晶界滑动等机理进行的。各种机理对蠕变的贡献随温度及应力的变化而不同。

（一）位错滑移

在蠕变过程中，位错滑移是一种重要的变形机理。在常温下，若滑移面上的位错运动受阻产生塞积，滑移则不能继续进行，只有在更大的切应力作用下，才能使位错重新运动和增殖。通常在高应力和低温下，常常是由位错滑移机制控制着稳态蠕变速率。其应力指数 $n>3$，蠕变激活能与晶格自扩散激活能或位错管道扩散激活能相近。

（二）位错攀移

在高温下，位错可借助于外界提供的热激活能和空位扩散来克服某些短程障碍，从而使变形不断产生，高温下的热激活过程主要是刃型位错的攀移。在一定温度下，热运动的晶体中存在一定数量空位和间隙原子，位错线处一列原子由于热运动移去成为间隙原子或吸收空位而移去，此时位错线便移上一个滑移面，或其他处的间隙原子移入而增添一列原子，使错位线向下移一个滑移面。位错在垂直滑移面方向的运动称为位错的攀移运动。滑移和攀移的区别是滑移与外力有关，而攀移与晶体中的空位和间隙原子的浓度及扩散系数等有关。

在较高应力和中等温度下，常常是位错攀移机制作为主控机制。其应力指数 $n=3\sim20$，蠕变激活能与晶格自扩散激活能或位错管道扩散激活能接近。在蠕变过程中，位错会在热激活作用下通过滑移移出它们的滑移面。由于原子的运动及空位的平衡浓度随着温度的升高而增加，因此在高温情况下，扩散控制的蠕变过程变得越来越主要。位错在高温下更容易攀移，同时位错的运动增加。位错攀移机制常常被认为是蠕变过程中的主要过程，尽管在某些特殊的情况下，其他蠕变过程对总应变的贡献也可能很显著。

当给金属施加一个初始应力发生变形后，一系列的位错就会在障碍物处堆积起来。障碍物可以是晶界、亚晶界、相界，也可以是第二相粒子。位错的运动被第二相粒子阻碍并发生堆积。在热激活作用下，空位运动显著，借助于空位的迁移，位错可以攀移到其他新的滑移面继续运动。在这种情况下，发生的晶粒变形是位错攀移和位错滑移共同作用的结果。位错攀移确保了可移动位错的有效数目，保证了后续新的滑移面上位错滑移的进行，从而使晶体发生持续的变形。由于这两种位错运动过程受温度和应力的影响程度不同，因而它们所独立造成的蠕变速率也不一样，最后总的蠕变速率由两个过程中进行得最慢的那一个控制。

刃型位错攀移克服障碍的模型如图 9–3 所示，其主要包括越过固定位错；越过弥散质点的攀移；与邻近滑移面上异号位错相消；形成小角度晶界；消失于大角度晶界。由此可见，塞积在某种障碍前的位错通过热激活可以在新的滑移面上运动或者与异号位错相遇而对消，或者形成亚晶界，或者被晶界吸收。当塞积群中某一个位错被激活而发生攀移时，位错源可能再次开动而放出一个位错，从而形成动态回复过程，这一过程不断进行，使蠕变得以不断发展。在蠕变第Ⅰ阶段，由于蠕变变形逐渐产生应变硬化，使位错源开动的阻力及位错滑移的阻力逐渐增大，致使蠕变速率不断降低，因此这一阶段是为减速蠕变阶段。在蠕变第Ⅱ阶段，由于应变硬化的发展，促进了动态回复的进行，金属不断软化。当应变硬化与回复软化两者达到平衡时，蠕变速率遂为一常数，因此这一阶段为恒速蠕变阶段。

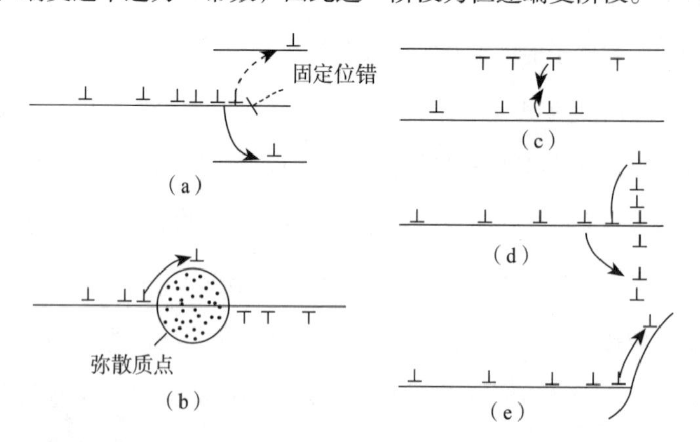

（a）越过固定位错；（b）越过弥散质点的攀移；（c）与邻近滑移面上异号位错相消；

（d）形成小角度晶界；（e）消失于大角度晶界。

图 9–3　刃型位错攀移克服障碍的模型

（三）扩散蠕变

扩散蠕变是在较高温度（约比温度[①]超过 0.5）下的一种蠕变变形机理，它是在高温条件下大量原子和空位定向移动造成的。在不受外力的情况下，原子和空位的移动没有方向性，因而宏观上不显示塑性变形。但是，当金属两端有拉应力 σ 作用时，在多晶体内产生不均匀的应力场。晶粒内部扩散蠕变示意如图 9–4 所示。可以看出，对于承受拉应力的晶界（如 *A*、*B* 晶界），空位浓度增加，对于承受压应力的晶界（如 *C*、*D* 晶界），空位浓度降低。因而在晶体内空位将从受拉晶界向受压晶界迁移，原子则朝相反方向流动，致使晶体逐渐产生伸长的蠕变，该现象称为扩散蠕变。

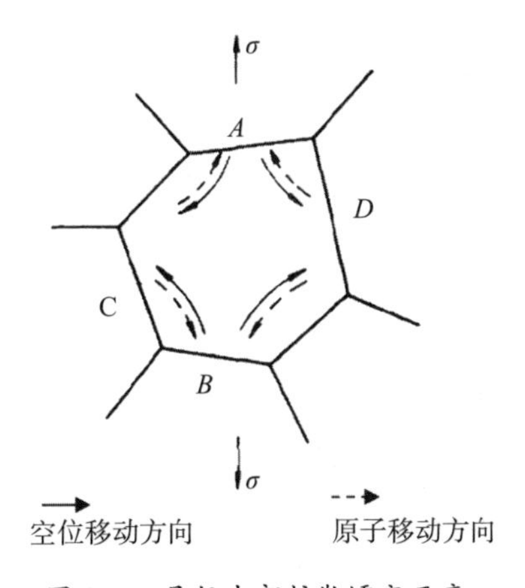

图 9–4　晶粒内部扩散蠕变示意

根据空位扩散路径不同，又可分为 2 种：第一种是空位在晶内扩散，称为 Nabarro–Herring 蠕变，其应力指数 *n* 接近于 1，蠕变激活能接近晶格自扩散激活能；第二种是空位沿晶界扩散，称为 Coble 蠕变，其应力指数 *n* 接近于 1，蠕变激活能接近晶界扩散激活能。前者发生在相对较高的温度下，后者则发生在相对较低的温度下。扩散蠕变对晶粒尺寸比较敏感，当应力足够低时，扩散蠕变将取代位错攀移。

① 约比温度：蠕变发生时的温度与合金熔点的比值。

（四）晶界滑动

在高温下，由于晶界强度下降，于是在载荷作用下，晶界将产生滑动和迁移，从而对蠕变伸长做出贡献，但其贡献的大小与蠕变试验条件有关。在常温下，晶界的滑动变形是极不明显的，可以忽略不计。但在高温条件下，由于晶界上的原子容易扩散，受力后易产生滑动，故能促进蠕变进行。随着温度升高，应力降低，晶粒度减小，晶界滑动对蠕变的作用越来越大。但总的来说，它在总蠕变量中所占的比例并不大，一般约为 10%。但是，随着温度升高和变形速度下降，晶界滑动对蠕变伸长的贡献增加，有时可占蠕变总变形量的 30% ～ 40%。

晶界滑动和迁移示意如图 9–5 所示。在外加载荷下，*A*、*B* 两晶粒的晶界产生滑动，同时 *B*、*C* 两晶粒晶界在垂直于外力方向的迁移，从而使 *A*、*B*、*C* 晶粒的交点位置由 1 变到 2，如图 9–5（a）和图 9–5（b）所示。为了适应 *A*、*B* 两晶粒的滑动和迁移，在 *C* 晶粒内会产生相应的变形带。随后，*A*、*B* 两晶粒边界继续滑动，但在原滑动方向上将受阻，从而使 *B*、*C* 晶粒边界又在其垂直方向上进行迁移。此时，3 个晶粒的会合点又由 2 迁移到 3，如图 9–5（c）所示。而 *A* 晶粒边界在另一方向可以产生滑动从而达到图 9–5（d）所示的状态。这样 *A*、*B*、*C* 三晶粒由于滑动和迁移产生了变形，从而对蠕变伸长量做出了贡献。

晶粒越细，晶界滑动对总变形量的贡献就越大。因此，对高温蠕变来说，晶粒细的蠕变速度较大，随晶粒直径的增加，蠕变速度减小。但是，当晶粒尺寸足够大以致晶界滑动对总变形量贡献小到可以忽略时，蠕变速率将不依赖于晶粒尺寸。稳态蠕变速率与晶粒直径的关系如图 9–6 所示。

对于金属材料，晶界滑动一般是由晶粒的纯弹性畸变和空位的定向扩散引起的。但前者的贡献不大，主要还是空位的定向扩散起作用。所以，有时将晶界滑动蠕变机制也归类到扩散蠕变机制当中。在金属蠕变过程中，由于晶界的滑动易于在晶界上形成裂纹，故在蠕变的第 III 阶段，裂纹迅速扩展，使蠕变速率加快，当裂纹达到临界尺寸时便产生蠕变断裂。

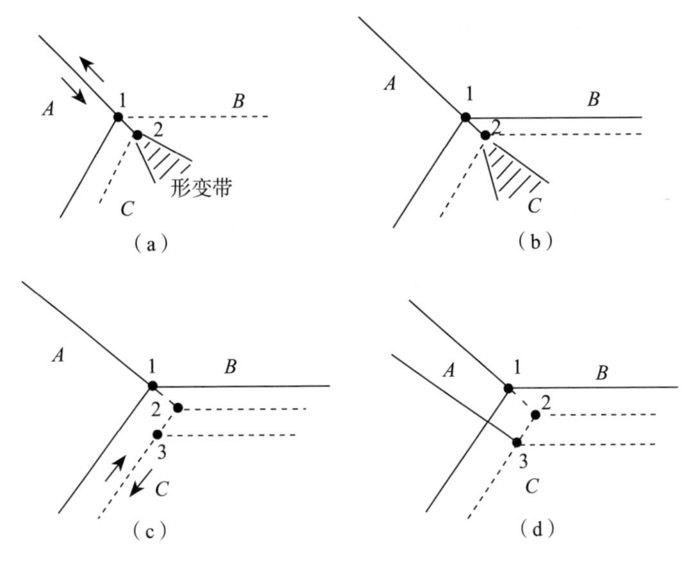

图 9–5 晶界滑动和迁移示意

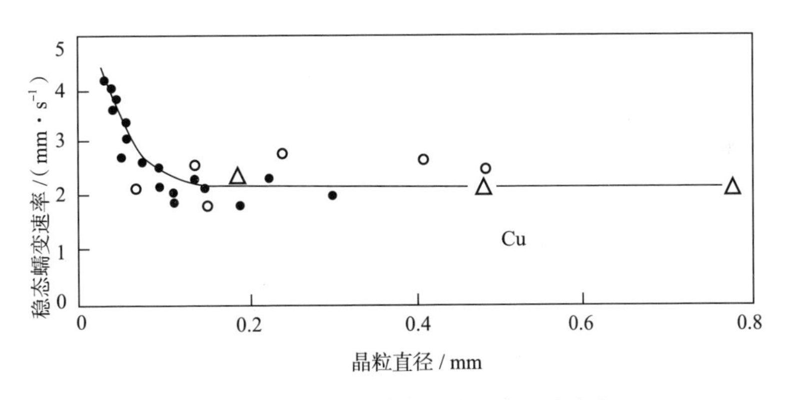

图 9–6 稳态蠕变速率与晶粒直径的关系

综上所述，在高温情况下，材料在应力的作用下将会发生蠕变激活过程，如位错滑移和位错攀移，以及晶界滑动，同时伴随着热扩散过程。蠕变过程中产生的总应变速率是各个单独蠕变机制所引起的应变速率的总和。由于存在多种蠕变机制，因此，在给定的蠕变条件下，不太可能仅有单独一种机制起作用，更有可能的是两种以上的机制同时作用并相互依存。当有多种蠕变机制同时起作用且相互独立时，产生最高应变速率的蠕变机制将成为总蠕变速率的主导因素，或者说对总蠕变应变速率的贡献最大，而引起最低变形速率的蠕变机制将成为主要机制或制约机制，它将影响甚至制约着整个蠕变变形的进程。但是，尽管在一定应力范围内，一种机制可能会占主导地位，但随着应力的增加或下降，另一种蠕变机制可能会成为主控机制。对于有着简单幂律行为的蠕变机制来说，这种随着应力水平变化而发生主控机制易位的现象会导致在低应力范围内拥有低应力指数的蠕变机制易位给在高应力范围内拥有高应力指数的蠕变机制。

上述蠕变机制在不同的温度和应力下所起的作用不同，这可以由蠕变变形机理图来描述。图 9–7 为典型蠕变机理，图中的边界线清楚地划分了各种机制的作用范围，不同的材料边界线的位置也不同。

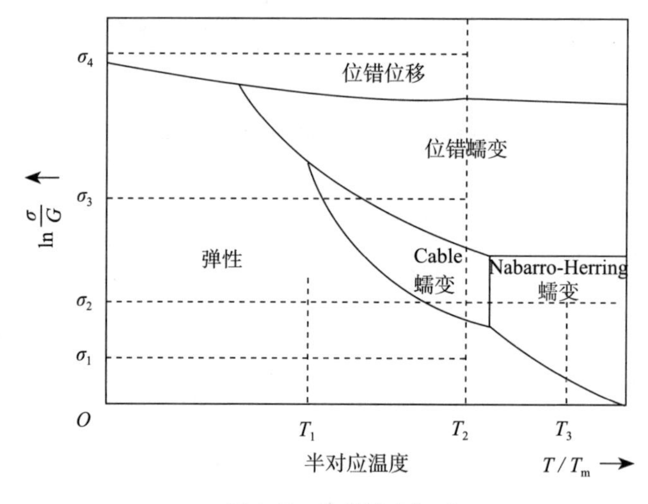

图 9–7　典型蠕变机理

三、影响蠕变的因素

（一）温度

由前面对蠕变机理的分析可知，温度升高蠕变增大。这是由于温度升高，位错滑移和晶界滑动加快，扩散系数增大，这些都对蠕变有贡献。

（二）应力

蠕变随应力增大而增大，若对材料施加压应力，则增加了蠕变阻力。除了温度和应力外，影响材料蠕变行为的最重要因素是显微结构（晶粒尺寸和气孔率）、组成、化学配比、晶格完整性和周围环境。

（三）晶体的组成

结合力越大，越不容易发生蠕变。因此，随着共价键结合程度的增加，扩散和位错的运动降低，如碳化物、硼化物以共价键结构结合的材料具有良好的抗蠕变性。

（四）显微结构

蠕变是结构敏感的性能。材料中的气孔率、晶粒尺寸、玻璃相等对蠕变都有影响。

（1）气孔率。由于气孔减少了抵抗蠕变的有效截面积，因此气孔率增加，蠕变率随之增加。此外，当晶界黏性流动起主要作用时，气孔的空余体积可以容纳晶粒所发生的变形。

（2）晶粒尺寸。晶粒越小，蠕变率越大，这是因为晶界的比例随晶粒的减小而大大增加，晶界扩散及晶界流动也就加强。表 9–1 为无机材料的蠕变率，从表中的数据可以看出，当晶粒尺寸为 2 ～ 3 μm 时，蠕变率为 26.3×10^{-5} h^{-1}；当晶粒尺寸为 1 ～ 3 μm 时，蠕变率为 0.1×10^{-5} h^{-1}，此时蠕变率减小很多。单晶没有晶界，因此，其抗蠕变的性能比多晶材料好。

表 9–1　无机材料的蠕变

材料	蠕变 (1 300 ° C，1.24×10^7 Pa)/ h^{-1}	材料	蠕变 (1 300 ° C，7×10^7 Pa)/ h^{-1}
多晶 Al_2O_3	0.13×10^{-5}	石英玻璃	$2\,000\times10^{-5}$
多晶 BeO	30×10^{-5}	隔热耐火砖	$10\,000\times10^{-5}$
多晶 MgO(注浆)	33×10^{-5}	软玻璃	8
多晶 MgO(等静压)	33×10^{-5}	铬砖	0.000 5
$MgAl_2O_4$ (2 ～ 3 μm) (1 ～ 3 μm)	26.3×10^{-5} 0.1×10^{-5}	镁砖	0.000 02
多晶 ThO_2	100×10^{-5}	石英玻璃	0.001
多晶 ZrO_2	3×10^{-5}	隔热耐火砖	0.005

（3）玻璃相。温度升高，玻璃的黏度降低，变形速率增大，蠕变率增大，因此黏性流动对材料致密化有影响。材料在高温烧结时，晶界黏性流动，气孔容纳晶粒滑动时发生的变形，可实现材料的致密化。非晶态玻璃的蠕变率比晶态大。此外，玻璃相对蠕变的影响还取决于玻璃相对晶相的润湿程度。如果玻璃相不润湿晶相，则晶粒发生高度自结合作用，其抵抗蠕变的性能就好；如果玻璃相完全润湿晶相，则玻璃相穿入晶界，将晶粒包围，自结合的程度小，从而形成抗蠕变最弱的结果。其他玻璃相的润湿程度介于两者之间。

大多数耐火材料中存在的玻璃相在决定变形性状中起着极其重要的作用。对于高温耐火材料，要求完全消除玻璃相是不可能的，因而只能降低玻璃相的润湿性。可能的办法是在只有很少润湿发生的温度中进行烧结或改变玻璃相的组成使其不润湿，但这是不容易做到的。强化耐火材料的另一种方法是通过控制温度和改变组成来改变玻璃的黏度。此外，非化学配比由于可以在晶体中形成离子空位，因而对蠕变速率也有影响。

第二节　蠕变与硬度的关系

在高温下测定固体的强度性质是很困难的，正常的拉伸或弯曲试验需要较大的特殊形状的试样，对于比较稀有的材料来说，这往往是得不到的。此外，对于在一系列不同温度下的不同速率的应力－应变实验来说要有复杂的设备，故会存在一些难题，特别是应变的精确测量；而进行硬度测试则容易得多，只需要一些简单的设备和一块具有平坦抛光表面的小试样即可。

在高温下可以用冲撞硬度法。使一个硬球落在试样上，测定其回跳高度，这样就能测得在很高温度下的相关信息。但是，这种试验中所包含的变形速率相对较高，因为测量是在所研究固体的半对应温度（$T/T_m=1/2$，即 $T=T_m/2$）以上的温度下进行的（T_m 为该固体熔点的绝对温度），蠕变将对结果产生不可避免的影响，并且试验中的变形速率也将成为一个重要的参数。因而，为了在高温下获得较齐全的强度性能的近似指标，准静力压痕硬度测试是十分理想的。原则上，通用的室温硬度测试技术可以扩展到高温条件下，但压头软化和压头化学稳定性的问题最后总会出现。

在一般硬度试验中，隐藏着假定压头保持完全刚性，并不受压入过程的影响，实际上，没有理想的刚性压入工具。某些变形一般为弹性变形，且一定会出现，但压头产生的形状变化通常很小，故它们对压入过程的影响可以忽略不计。但是，如果压入的压力足以引起压头的某些塑性变形，就可能发生较严重的问题。当平均压力为 1.1Y 时，压头开始出现塑性，此处 Y 为单轴压缩时材料的屈服压力；当平均压力约为 2.8Y 时，压头出现充分的塑性。这就造成压头使较软金属的平面变形，或者较硬试样表面使压头本身变形。由此可知，如果要避免压头开始塑性变形，那么必须有 1.1Y（压头）＞ 2.8Y（材料），即压头的坚硬程度必须是所试验材料的 2.8/1.1（约为 2.5 倍）。因此，压头硬度一般至少是受压材料的 2 倍。这就产生了对很硬的材料如何选择压头的问题，这个问题对研究在很高的温度下的硬度测试特别重要。因为虽然测试的材料随着温度升高能够被软化，但压头也将出现相同的倾向，并且软化甚至可能超过所测试的材料。Westbrook 主张用二硼化钛作为压头材料，但它不能用在太高的研究温度下。而且，当温度超出 1 300 ℃时，在很多硬材料上做一般的准静力压痕硬度测试，似乎还没有适合作压头的材料。倘若有这样一种材料可用，那么我们将面临着测定其本身高温硬度性质的问题。

如果无论什么材质的压头在高温下都将出现某些变形，那么相互压入过程，即将两块同样的材料挤压在一起就可以进行准静力硬度测试。此技术已能够在高达 2 500 ℃温度的固体上进行。高温硬度测试受加载速率和施加载荷时间长短的影响，为了将一般机械性能（如屈服强度）和相互压入的测量联系起来，Atkins 和 Tabor 研究了在室温下交叉的各种材料圆柱体和楔块在一起挤压的情况。此外，Silvéring 对锡和铝进行了蠕变和硬度的补充研究，研究采用了室温和比其 $T_m/2$ 稍高一点的温度（＜ 500℃），因而可以显示出蠕变。目前已得出关于蠕变对准静力压痕硬度测试影响的模型，并成功地描述了如铟、铅、锡、铝、氧化镁和过渡金属的碳化物、硼化物和氮化物等不同材料的性能。对于控制各种温度范围机械性能的流变机理（如自扩散），可以根据硬度的反应来辨认并能够确定相应的活化能。下面从两个方面对利用测量压痕硬度来研究材料屈服和蠕变性质的方法进行描述，该方法还适用于在很高温度下的极硬固体性能的测量。

一、相互压入

应用相互压入作为测量硬度的方法是由 Réaumur 于 1722 年首先提出的，材料相互压入示意如图 9–8 所示。2 个 90°棱柱相互压入，下边的楔块放在砧上，随后用锤打击上面的楔块，以相互压入的相对深度来表示相对硬度。后来 Réaumur 不喜欢该试验并放弃，转而赞同划痕试验，他所提出的关于划痕硬度的矿石标度比莫氏试验超前一个世纪。图 9–9 为各种形式的互相压入试验示意。

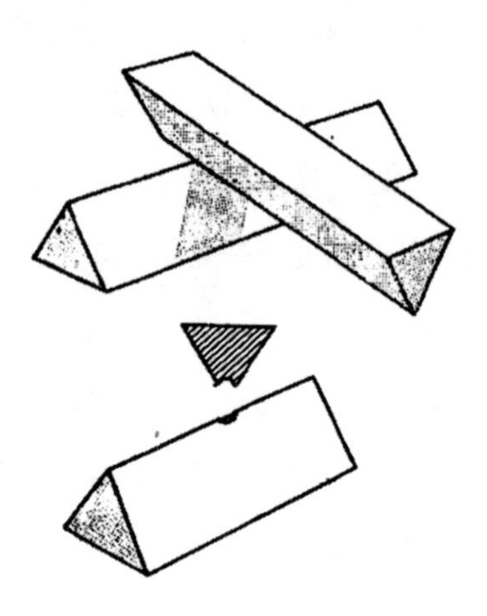

图 9–8　材料相互压入示意

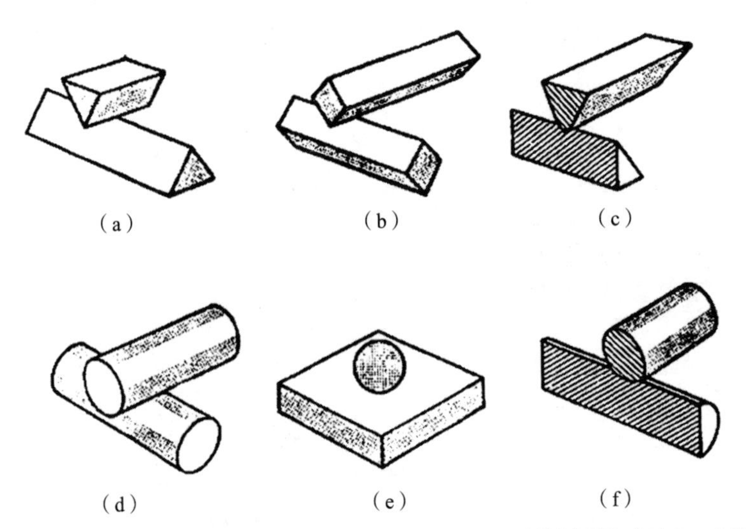

(a) Réaumur 法;(b) Haigh 法;(c) Réaumur 法和 Haigh 法的剖面图;(d) Föppl 法;
(e) Auerbach 法;(f) Föppl 法和 Auerbach 法的剖面图。

图 9-9 各种形式的相互压入试验示意

根据这些压痕的几何形状，Föppl 方案的情况类似于刚性球体压入，而 Réaumur–Haigh 方案的情况类似于刚性锥体压入，已发现这是符合实际的。下面的研究结果适合于高温应用，将硬度定义为

$$H=\frac{\text{所施载荷}}{\text{恢复后压痕投影面积}}$$

研究发现，Meyer 定律适用于交叉的圆柱体，(X– 圆柱硬度)=2.3(典型的屈服应力)的关系式是特殊应用，此处流变应力为在 27(d/D)% 有效应变时的应力，这些数值可和球形压痕的参数 2.8 和 20(d/D)% 相比较，并反映在交叉圆柱体试验中的制约作用较小。

关于交叉楔块，其硬度与载荷无关，而对于 90°楔块(在高温下用的交叉方棒)，其在 8% 有效应变时的硬度为典型流变应力的 3.4 倍，图 9–10 为铜的交叉块的压痕硬度与模块角度的关系。

经过对停滞金属帽部分和压头底下变形的观测，润滑对硬度值影响很小，这种特别关系到后来发展成蠕变模型，对于交叉圆柱体和楔块试样的尺寸是有限的，很大的压痕将产生应变场，它和背面支持试样的底座相互作用，因此必须注意限制压痕尺寸。

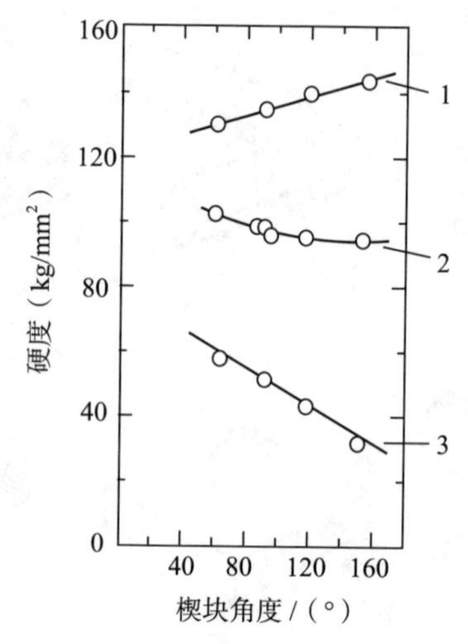

1—加工硬化的铜 $Y\approx 40\text{kg/mm}^2$；2—根据 Haigh 的数据得出的结果；3—退火铜 $Y\approx 14\ \text{kg/mm}^2$。

图 9-10 铜的交叉楔块的压痕硬度与楔块角度的关系

二、压痕硬度和蠕变

在给定温度下，硬度随着时间而下降的速率实际上和压头形状无关。压入时的蠕变过程不由压头形状决定，该情况指出在所有钝的压头下存在类似的变形模式。

对于稳态蠕变，其蠕变速率与所施应力和温度的关系可表示为

$$\varepsilon_{稳态}\propto S^m\exp\left(\frac{-Q}{RT}\right) \tag{9-1}$$

式中：

$\varepsilon_{稳态}$——蠕变速率；

Q——活化能；

S——所施应力；

m——常数（≈5）；

R——气体常数，8.314 J /（mol · k）；

T——温度。

在此之前的不稳态蠕变过程可以用 Mott 所拟定的关系式来表示，即

$$\varepsilon_{\text{不稳态}} \propto \varepsilon_{\text{稳态}}^{1/3} t^{-2/3} \propto S^{m/3} \exp\left(\frac{-Q}{3RT}\right) t^{-2/3} \tag{9-2}$$

或用切应变和应力表示为

$$\gamma_{\text{不稳态}} \propto \tau^{m/3} \exp\left(\frac{-Q}{3RT}\right) t^{-2/3} \tag{9-3}$$

以上蠕变方程都是从实验中导出的，式中的应力多为常数，并且不太大，一般假设试样各部分进行的蠕变都是均匀变形的。但是，如果应力和应变都不均匀且传导的压力本身在整个实验中变化时，硬度压痕结果不再一样。尽管如此，还可以证明能够用不稳态蠕变方程来解释压入情况，达到密切的近似。

根据 R. Hill 原理，将压入过程假定为相当于进入试样体内的一系列壳体的塑性运动，这些壳体和包围压痕的半球形核心是同心的，R. Hill 原理示意如图 9-11 所示。假设压头下的半球核心是在一个等于压入压力的流体静压力作用下，并且压痕随着时间增加受到在外部边界开始不稳态蠕变的限制。

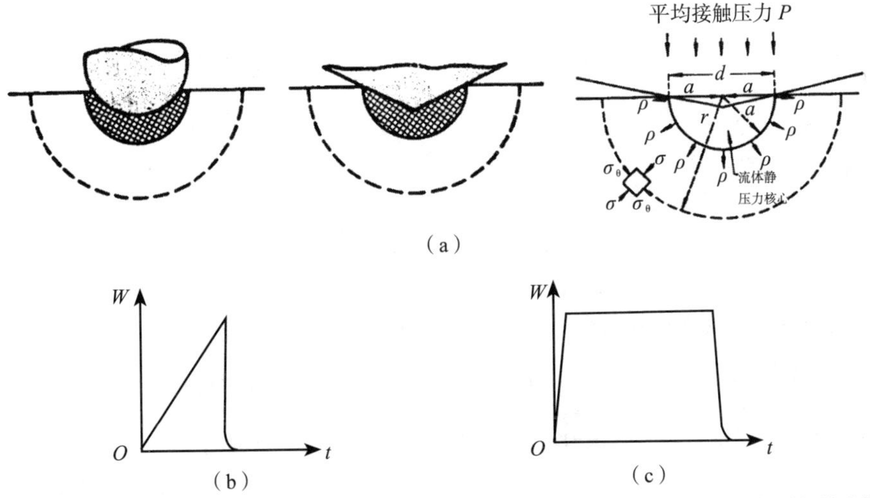

（a）蠕变情况下的压入过程；（b）短时间硬度载荷与时间关系曲线；（c）长时间硬度载荷与时间关系曲线。

图 9-11　R. Hill 原理示意

此时，假设在与核心中心距离 r 处，材料的流变率由这一点的材料不稳态蠕变决定，对于不可压缩的材料，如果压痕半径（等于核心的半径）为 a，则可以证明，在距离 r 处的切应变率为

$$\dot{\gamma}=\frac{3}{2}\frac{a^2}{r^3}\dot{a} \tag{9-4}$$

将式（9–4）代入式（9–3）得

$$\tau \propto a^{6/m}\dot{a}^{3/m}t^{2/m}r^{-9/m-1}\exp\left(\frac{-Q}{mRT}\right) \tag{9-5}$$

塑性平衡的条件表明在距离 r 处的径向应力 σ 和 τ 的关系为

$$\frac{\mathrm{d}\sigma}{\mathrm{d}r}=\frac{4\tau}{r} \tag{9-6}$$

根据式（9–5）可以获得一个用压痕尺寸 a、$\dot{a}$ 和半径 r 表示的 $\mathrm{d}\sigma/\mathrm{d}r$ 的表达式，可以从 $r=a$，即 σ 等于压入压力 P 的区域到 $r=\infty$（σ=0）的区域积分，得

$$\sigma=P\propto\left(\frac{\dot{a}}{a}\right)^{3/m}t^{2/m}\exp\left(\frac{-Q}{mRT}\right) \tag{9-7}$$

施加载荷时的硬度称为“短时间硬度”，保持载荷时的硬度称为“长时间硬度”。

假设载荷是以某种恒定的速率 $\dot{W}$ 施加的，短时间硬度载荷与时间关系曲线如图 9–11（b）所示，在时间 t 的载荷为 $\dot{W}t$，硬度为 $P\propto W/a^2\propto\dot{W}t/a^2$，将 P 代入式（9–7）并积分得到压痕尺寸和时间之间的关系式（注意当 t=0 时，a=0）为

$$a\propto\dot{W}^{1/2}t^{1/2+1/2m}\exp\left(\frac{-Q}{2mRT}\right) \tag{9-8}$$

这是研究蠕变最有用的公式，从它可以推导出一个与时间有关的 Meyer 方程。

对于长时间硬度，可以假设加载速率相当迅速，以致试验的持续时间远大于加载时间，于是 $P\propto W/a^2$，$a\propto\dot{W}^{1/2}P^{-1/2}$ 和 $\dot{a}\propto W^{1/2}P^{-3/2}\dot{P}$，所以有

$$\frac{\dot{a}}{a}\propto\frac{\dot{P}}{P} \tag{9-9}$$

将式（9–9）代入式（9–7），并积分可求得 P 为

$$P^{-m/3}-P_0^{-m/3}\propto\exp\frac{-Q}{3RT}\left(t^{1/3}-t_0^{1/3}\right) \tag{9-10}$$

式中：

P——在时间 t 时的硬度；

P_0——达到全载荷 W 后的在时间 t_0 时的硬度。

对于典型的拉伸蠕变测量的 m=5。但是，在该种试验中的应力比硬度试验中的应力（$S < 10^{-4} \times$ 弹性模量）低很多。在高应力下，可用同样的蠕变规律进行测量，此时 m 接近于 10。为了简化，取 m=9，故式（9–8）变为

$$a \propto \dot{W}^{1/2} t^{0.55} \exp\left(\frac{-Q}{18RT}\right) \tag{9–11}$$

式（9–10）变为

$$P^{-3} - P_0^{-3} \propto \exp\frac{-Q}{3RT}\left(t^{1/3} - t_0^{1/3}\right) \tag{9–12}$$

这些方程可用于研究蠕变对硬度测试的影响，其有效性可以与实验测定的 $\dot{W}$、t 和所得的活化能的数值对照来加以校验。对于新材料，特别是在很高温度下，通过上面方程能够得出关于强度、蠕变性能和变形过程的知识，这些知识通常是用其他方法很难得到的。

第三节　锡合金的蠕变性能与硬度

一、锡及锡合金的基本特性

锡是人类最早生产和使用的金属之一，它始终与人类的技术进步相联系。从青铜器时代到如今的高科技时代，锡的重要性和应用范围不断显现和扩大，成为先进技术中一种不可缺少的材料。

锡的重要特性是熔点低，能与许多金属形成合金，无毒、耐腐蚀，具有良好的延展性以及外表美观等。在人们的日常生活当中，锡主要用于马口铁的生产，它主要用作食品和饮料的包装材料，其用锡量占世界锡消费量的 30% 左右。此外，锡铅焊料中用锡量占世界锡消费量已超过 30%，而锡焊料中有 75% 用于电子工业。

由于焊接工艺的改进，焊料的用量有所减少，但随着电子工业（包括计算机、电视和通信系统）的迅速发展，焊料的用量仍在稳步增长。锡–铅二元合金是使用最普遍的焊料合金，大多数电气和电子元件的焊接和测试仪表器件的焊接均使用接近锡–铅共晶成分的高锡焊料，这种成分焊料的优点是熔点低而且具有最大浸润能力。高锡焊料也用于罐头边缝的焊接，对精密度要求不高的焊接，如一般工程细管配件、汽车水箱和灯座等的焊接，可以采用含锡量稍低的焊料。随着环保要求的日趋严格，现在许多国家禁止使用含铅–锡焊料来焊接饮用水管，而含 Ag 3.5 wt.% 的 Sn–Ag 焊料和含 Cu 0.9 wt.% 的 Sn–Cu 焊料，及含 Sn 95.5 wt.%、Cu 4 wt.%、Ag 0.5 wt.% 的 Sn–Cu–Ag 焊料已成功地替代了锡–铅焊料。无铅焊料的广泛使用将导致锡消耗量的增加。锡及其合金具有非常好的油膜滞留能力，所以还被广泛用于制造锡基轴承合金。含锡轴承合金主要包括巴氏合金、铝锡合金和锡青铜。其中，巴氏合金分为高锡合金、高铅合金以及含锡和铅都较高的中间合金，主要用于制造大型船用柴油机主轴承和连杆轴承，汽轮机和大型发电机的轴承，中小型内燃机、压缩机和通用机械等的轴承。

锡的原子序数为 50，电子结构为 $1s^22s^22p^63s^23p^63d^{10}4s^24p^64d^{10}5s^25p^2$，熔点为 231.89 ℃，沸点为 2 260 ℃，具有 3 种同素异形体：白锡（四方晶系）、灰锡（金刚石形立方晶系）和脆锡（正交晶系）。白锡晶胞参数为 a=0.583 2 nm，c=0.318 1 nm，晶胞中含 4 个 Sn 原子，密度为 7.28 g/cm^3；灰锡晶胞参数为 a=0.648 9 nm，晶胞中含 8 个 Sn 原子，密度为 5.75 g/cm^3；脆锡密度为 6.54 g/cm^3。

二、锡合金的蠕变性能

影响焊料合金压痕蠕变性能的因素主要包括第二相、晶粒尺寸、温度和应力大小 4 个方面。

（1）第二相。分布在焊料基体上的第二相粒子能够有效地钉扎位错，阻碍位错运动，从而提高焊料的抗蠕变性能，焊料中的第二相有 IMC 和纳米颗粒两类。

（2）晶粒尺寸。一般压痕测试压入深度较小（纳米压痕一般为几百纳米深度），对于大晶粒焊料，压头只在一个或几个晶粒中运动，蠕变速率受晶粒内部位错运动控制；对于小晶粒焊料，受到压头作用的晶粒数量增加，晶界增加，因此晶界处更容易形成位错塞积、纠缠，从而降低蠕变速率。若晶粒尺寸进一步减少，则晶界数目将大大增加，晶界滑动和晶界扩散蠕变将明显增强，蠕变速率反而增大。

（3）温度。蠕变变形需要热激活，蠕变激活能和扩散激活能都是温度的减值函数，两者都会随着温度的升高而降低。高温下，IMC 软化，位错更容易越过 IMC 产生蠕变变形。此外，温度还会影响焊料合金中的 IMC 的形态和分布，进而对蠕变产生影响。

（4）应力大小。应力会影响材料的蠕变机理。在低应力条件下，位错不足以穿过晶粒，蠕变变形以扩散蠕变和晶界滑动为主；而在高应力条件下，位错能够克服材料变形产生的加工硬化从而在焊料晶粒内滑移，蠕变以位错运动为主，而且位错的滑移和攀移分别主导不同应力条件下的蠕变变形。当位错被焊料中的 IMC 钉扎时，位错在较低应力作用下通过攀移的方式绕过 IMC，此时位错攀移主导位错蠕变；而在高应力作用下，位错能够直接穿过 IMC 进行滑移运动，此时位错滑移主导位错蠕变。

Sn–Ag 无铅焊料共晶成分为 Sn–3.5Ag，熔点为 221 ℃，组织为细密枝状 Ag_3Sn 分散在 Sn 基体中形成弥散强化的合金，因此其焊接强度较 Sn–Pb 更高。弥散的 Ag_3Sn 能够有效地阻挡焊料中位错的运动，因此 Sn–3.5Ag 抗蠕变性能优于 Sn–37Pb。在 Sn–3.5Ag 合金中加入 Zn、In、Bi 以后，其抗蠕变性能提升，Sn–3.5Ag 和 Sn–3.5Ag–2X（X=Zn、In、Bi）焊料的压痕蠕变曲线如图 9–12 所示。这是由于焊料基体上除含有 Ag_3Sn 外，还有少量的细小的 $In_{0.2}Sn_{0.8}$、AgZn 和颗粒状 Bi 相，这些相也起到弥散强化作用。此外，Zn、In、Bi 的加入可以细化焊料基体晶粒尺寸，从而提高了焊料的硬度和抗蠕变性能。

Sn–Ag–Cu 系焊料是目前应用最为广泛的焊料，通常 Ag 质量分数为 3.0 ～ 4.0 wt.%，Cu 质量分数为 0.5 ～ 0.9 wt.%，其可以改善焊点润湿性。与 Sn–Ag 焊料相比，Sn–Ag–Cu 系焊料基体上除 Ag_3Sn 外，还有少量的 Cu_6Sn_5。这些金属间化合物的尺寸、形貌及分布都会影响焊料的蠕变性能。此外，一些学者将陶瓷颗粒，如 ZrO_2、SiC 加入 Sn–Ag–Cu 系焊料中，由于陶瓷颗粒的弥散强化作用，其抗蠕变性能得到显著提高。

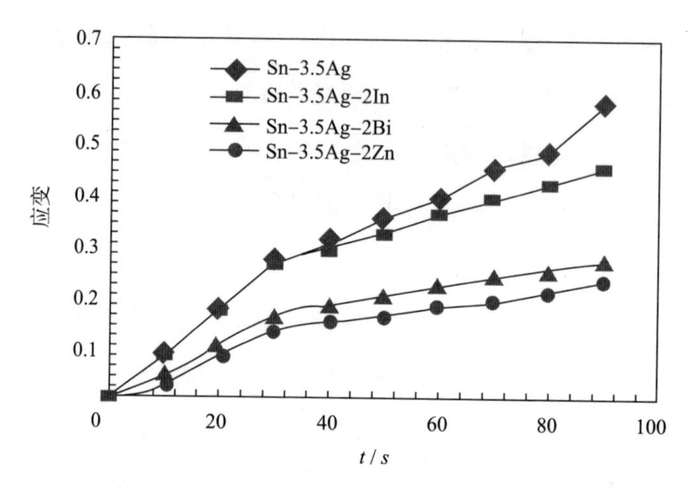

图 9–12　Sn–3.5Ag 和 Sn–3.5Ag–2x (x=Zn、In、Bi) 焊料的压痕蠕变曲线

Sn–Zn 共晶成分 Sn–9Zn，其熔点为 189 ℃，与 Sn–37Pb 共晶焊料的熔点 183 ℃接近，力学性能好，成本低。但焊料中的富 Zn 相是比较大的结晶，从而导致 Sn–Zn 润湿性能差，一般添加质量分数为 3% 的 Bi 改善其润湿性。有研究表明，Bi 的固溶强化和 Bi 在 Sn 基体的弥散沉淀强化导致 Sn–8Zn–3Bi 的抗蠕变性能优于 Sn–9Zn。

Sn–58Bi 共晶合金熔点为 139 ℃，Bi 易偏析、粗化，因此 Sn–Bi 焊料的延伸性差。焊料中的 Bi 主要分布在晶界处，对晶界滑动有影响而对位错在晶粒内的运动（即位错蠕变）影响较小，Bi 的固溶强化作用提高了 Sn–Bi 焊料的抗蠕变性能。

Sn 基焊料的蠕变机理主要有位错、扩散蠕变和晶界滑动 3 种。对于 Sn 焊料合金，晶界滑动并非独立的蠕变机理，往往伴随着扩散蠕变，通常将其归为扩散蠕变。在实际环境中，焊料蠕变过程往往不受单一机理控制，而是由多种蠕变机理共同作用。不同应力、温度下的主要蠕变机理可以用图 9–13 表示。焊料蠕变的主要机理通常由应力指数 n、蠕变激活能 Q 以及蠕变过程中材料的微观组织结构变化来判断。对于 Sn 基焊料合金室温蠕变，当 n=1 ～ 2 时，扩散蠕变主导蠕变机理，并

且如果 Q 与 Sn 沿晶界的扩散激活能（40 kJ/mol）接近，则为 Coble 扩散蠕变；若 Q 与 β–Sn 的自扩散激活能 Q_{ld}=108 kJ/mol 接近，则为 Harper–Dorn 扩散蠕变。当 n 为 2 ～ 3 时，晶界滑动主导扩散蠕变；当 $n > 3$ 时，位错蠕变机理开始主导蠕变变形；当 n 为 4 ～ 6 时为位错攀移造成的蠕变，一般会伴随着原子沿位错管道的扩散，Q 接近 Sn 原子的位错扩散激活能（Q_{pd}=46 kJ/mol）；当 $n > 6$ 时，位错滑移主导蠕变变形。

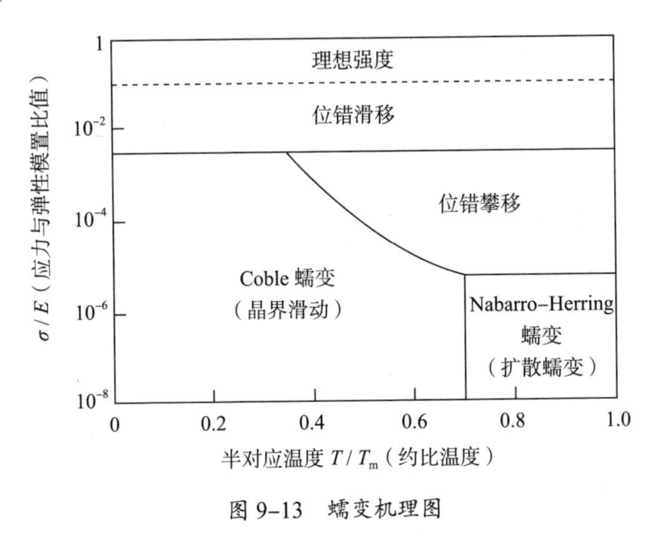

图 9–13　蠕变机理图

三、锡合金蠕变与硬度的关系

有研究表明，在采用纳米压痕试验确定 Au–20Sn 焊料蠕变参数时，不同温度下，Au–20Sn 焊料压痕蠕变硬度与压痕蠕变应变率的关系如图 9–14 所示。可以看出，压痕蠕变应变率随着压痕蠕变硬度及温度的增加而增大，且在同一温度下，压痕蠕变硬度与压痕蠕变应变率近似为一条直线。

纳米硬度的定义为载荷与投影接触面积之比，这就决定了该参数受到加载速率和蠕变时间的影响。在恒定加载速率加载到最大载荷后的蠕变过程中，蠕变深度随蠕变时间增加而增加，说明在最大载荷相同的情况下，蠕变时间的延长导致投影接触面积的增加，从而导致纳米硬度值降低。此外，在设定相同的最大载荷情况下，加载速率影响压入深度，加载速率越大，则到达最大载荷时所产生的压入深度越小。如果蠕变时间比较短，则由高加载速率所积聚的能量在蠕变过程中并不能得到充分的释放，最终初始卸载点的深度将随加载速率的增加而降低，从而导致纳米硬度随加载速率的增加而升高，这些因素最终导致了纳米硬度结果的较大离散性。因此，Sn 基钎料合金的纳米硬度值是一个受压痕参数影响的力学性能。表 9–2 为由纳米压痕载荷 – 位移曲线物理解析得到的钎料合金力学性能参数，表中列出了 2 种 Sn 基钎料合金的纳米硬度及其误差值。

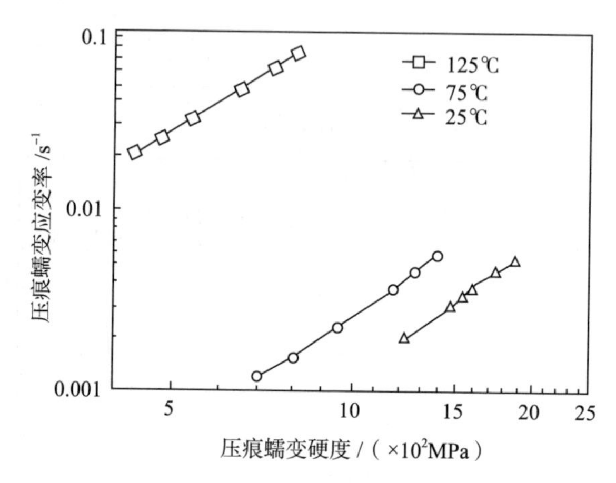

图 9–14　不同温度下，Au–20Sn 焊料压痕蠕变硬度与压痕蠕变应变率的关系

表 9–2　由纳米压痕载荷 – 位移曲线物理解析得到的钎料合金力学性能参数

合金成分	试样形式	钎料状态	压痕参数		力学性能		
			最大载荷 / mN	蠕变时间 / s	纳米硬度 / MPa	蠕变速率指数	应力指数
Sn–37Pb	拉伸试样	铸态	500	180	240±8	0.167 0	6.0
	ϕ 0.76 mm BGA 小球	铸态	300	180	35±5	0.225 9	4.426 7
	ϕ 0.76 mm BGA 焊点	软钎焊态	300	180	60±4.2	0.080 5	12.416 5
Sn–3.0Ag–0.5Cu	拉伸试样	铸态	500	180	248.2±28.3	0.086 0	11.63
	ϕ 0.76 mm BGA 小球	铸态	300	180	106.72±25.3	0.031 3	31.957
	ϕ 0.76 mm BGA 焊点	软钎焊态	300	180	100.70±30.4	0.038 2	26.188

第四节　镁合金的蠕变性能与硬度

一、镁及镁合金的基本特性

镁合金具有密度小、强度高于铝合金的特点，因此在航空、交通、电子等领域得到广泛应用。目前已发展出的主要合金系有Mg–Al、Mg–Zn、Mg–Re及Mg–Mn等合金系列。

镁的原子序数为12，电子结构为$1s^22s^22p^63s^2$，晶体结构为密排六方。在25 ℃条件下其点阵常数为a=0.320 2 mm，c=0.519 9 nm，c/a=1.623 5。当其配位数等于12时，原子半径为0.162 nm，原子体积为13.99 cm^3/mol。在20 ℃时的密度为1.738 g/cm^3，比热容为1 781 J/（cm^3·K），是常用结构材料中最轻的金属。但同样条件下镁的比热容和膨胀系数是铁的1倍多，其弹性模量在航空领域常用的金属中是最低的。

由于镁属于六方晶体结构，在室温下滑移面为{0001}基面，滑移方向为$\langle 11\bar{2}0\rangle$，即在室温下只有3个滑移系，因而塑性较低。塑性变形要通过滑移与孪生的协调变形来实现，孪晶面为$\{10\bar{1}2\}$。当温度提高到150～225 ℃时，滑移系增加，塑性得到改善，高温下的孪晶面为$\{10\bar{1}3\}$。

二、镁合金的蠕变性能

已知镁合金在室温下的滑移变形主要发生在基面{0001}上，但在高温条件下，可发生非基面的{1011}系滑移变形。镁合金的蠕变性能取决于高温下位错滑移的难易程度。同时，由于温度的升高，原子扩散能力增强，导致晶界滑动性的增强，因此位错的滑移和晶界的滑动程度就决定了合金的蠕变性能的优劣。从微观组织的角度来讲，第二相粒子的弥散强化对镁合金的蠕变性能起到重要作用。第二相粒子对位错运动和位错在晶界处的消亡（回复）过程具有阻碍作用，即阻碍晶界迁移或滑动，这都对提高合金的蠕变性能起到显著的作用。增加热稳定性高的第二相，改变其分布以及改善晶界结构等均有利于提高镁合金的抗蠕变性能。

Mg-Al 系合金中的 â 相 $Mg_{17}Al_{12}$ 的熔点为 460 ℃，因此在高温下将发生软化，而且其与基体为非共格界面，受力时在晶界上易形成孔洞，结果会导致高温蠕变性能的下降。在合金中加入 Si、Sb 以后形成 Mg_2Si（熔点约为 1 085 ℃）和 Mg_3Sb_2（熔点为 1 228 ℃），且分别分布在晶界和晶内，这两种金属间的化合物在较高温度下比 $Mg_{17}Al_{12}$ 更稳定，显著提高了合金的蠕变性能。Si、Sb 对 AZ91 合金性能的影响如图 9-15 所示，它们的存在也会促进晶界发生大量连续析出，降低原子沿晶界扩散的能力，从而提高了合金的强度。

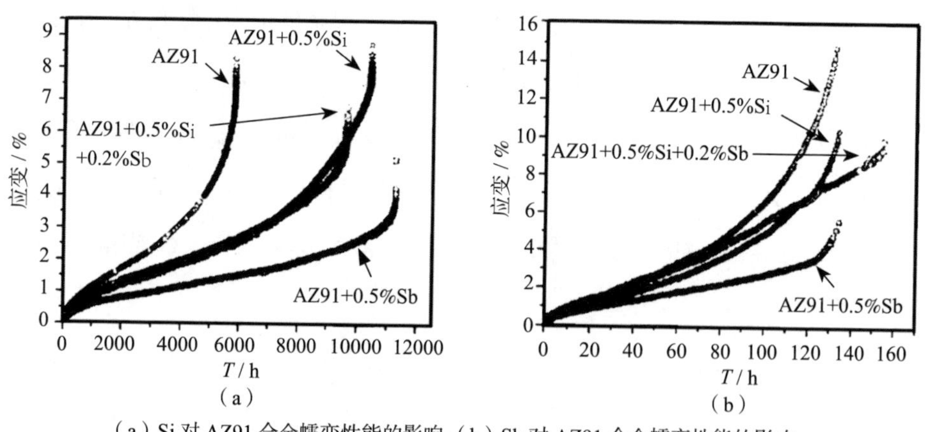

（a）Si 对 AZ91 合金蠕变性能的影响；（b）Sb 对 AZ91 合金蠕变性能的影响。

图 9-15　Si、Sb 对 AZ91 合金蠕变性能的影响

稀土在镁合金中能形成高温条件下稳定性更高的含稀土的化合物第二相，从而使镁合金具有较高的抗蠕变性能。压铸 Mg-4Al-RE（混合稀土）合金中形成热稳定性比 $Mg_{17}Al_{12}$ 更高的 $Al_{11}RE_3$（熔点为 1 200℃）稀土化合物，有效地阻碍了晶界的滑动，使该合金在 175 ℃和 200 ℃、应力 60 MPa 的条件下，具有较高的抗蠕变性能。

Y 是最有效地提高镁合金高温蠕变的稀土元素，含 Y 的镁合金的蠕变性能显著高于不含 Y 的其他合金的蠕变性能，Mg-Y 合金在 227 ℃时的应变速率与应力的关系如图 9-16 所示。Mg-Y 合金优异的抗蠕变性能主要是由于 Y 在 Mg 中产生

的较强的固溶强化效应，Y 含量的增加增强了非基面滑移的位错产生的位错强化效应以及高温变形时析出过渡相产生的析出强化效应。

镁合金的蠕变机理主要有扩散控制的位错攀移和晶界滑动，到底哪一种机理起作用则取决于合金系、显微组织、应力以及温度。

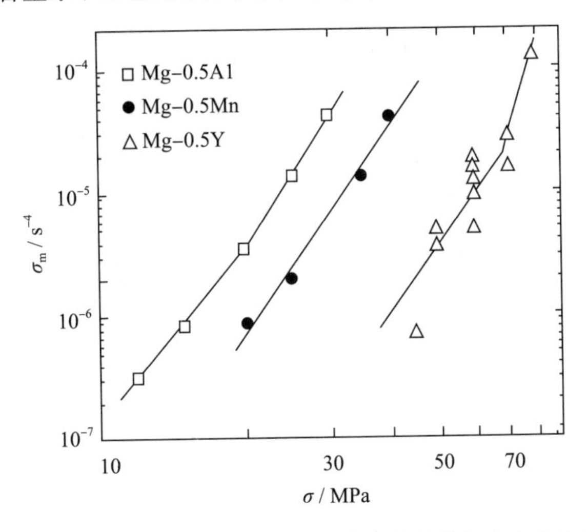

图 9–16　Mg–Y 合金在 277 ℃时的应变速率与应力的关系

三、镁合金蠕变与硬度的关系

维氏硬度的硬度值计算方法是根据压痕单位面积所承受的试验力计算的。用对角线法来测量实验中通过试验力的作用在试样表面压出的四方锥形的压痕长度并计算出压痕相应的表面积，最后得到硬度值。研究中常常采用压入法测得合金蠕变前后的维氏硬度值。高温条件下，晶粒的细化，会使合金的硬度增加，且高温下材料在发生蠕变过程中易发生加工硬化，其也会提高合金的硬度。AZMT30（Mg–3Al–0.8Zn–0.4Mn–0.4Sn）板材与管材合金、AZMT31（Mg–2.6Al–0.6Zn–0.5Mn–0.7Sn–0.01Y）板材合金蠕变前的维氏硬度分别为 58.8 HV、57 HV 和 54 HV。蠕变试样的两个端头，即夹持端未发生蠕变变形处的平均硬度（AZMT30 板材及管材合金试样的维氏硬度分别为 57.95 HV 和 55.4 HV，AZMT31 板材合金试样的维氏硬度为 52.8 HV）相对蠕变前合金试样的维氏硬度略有降低。在变形强化和高温条件下晶粒变粗、组织受热，两者综合作用下导致硬度会出现略有降低甚至几乎是没有变化的现象，3 种合金蠕变试验前和夹持端未发生蠕变处的维氏硬度如图 9–17 所示。

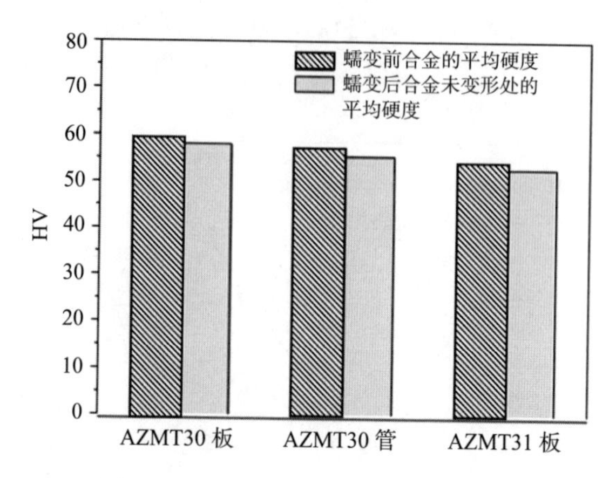

图 9–17　3 种合金蠕变实验前和夹持端未发生蠕变处的维氏硬度

表 9–3 为不同状态蠕变镁合金试样的维氏硬度。经过数据比对可知，发生蠕变的试样，在试样变形处或者是在试样中间位置的硬度明显比两端未变形的地方高，硬度提高率为 1.9% ～ 10.1%。因此，3 种合金蠕变后的变形处的维氏硬度高于未变形处合金的维氏硬度，且蠕变后变形处合金的维氏硬度高于蠕变前合金的维氏硬度，说明高温使合金发生了变形硬化。

表 9–3　不同状态蠕变镁合金试样的维氏硬度

合金	试验条件	维氏硬度（HV）			硬度提高率 /%
		变形部分	端头	平均值	
AZMT30 板材	22 MPa/200 ℃	58.9	56.4	57.7	4.4
	22 MPa/250 ℃	60.5	58.2	59.4	4.0
	12 MPa/300 ℃	59.0	57.9	58.5	1.9
	15 MPa/300 ℃	60.6	59.3	59.9	2.2
AZMT30 管材	15 MPa/200 ℃	57.9	54.4	56.2	6.4
	15 MPa/250 ℃	58.7	55.5	57.1	5.8
	15 MPa/300 ℃	59.7	56.4	58.1	5.9
AZMT31 板材	22 MPa/200 ℃	57.3	54.9	56.1	4.4
	22 MPa/250 ℃	58.0	54.2	56.6	5.1
	22 MPa/300 ℃	58.4	55.0	56.7	6.2
	12 MPa/250 ℃	53.8	49.5	51.6	4.7
	15 MPa/300 ℃	55.5	50.4	52.9	10.1

第十章　金属材料的硬度与摩擦性能

硬度是材料抵抗在表面范围内局部塑性变形的能力，它可以用布氏、洛氏、维氏或努氏测试法来确定。一般认为，采用硬的材料可以减少磨损。而摩擦过程产生的磨屑分离，是由于经历了裂纹的形成和扩展的结果，这些过程难以用硬度进行推算。对此只能定性地认为，较硬的材料比较软的材料脆性大一些。从这个角度来看，硬的材料不如软的材料好。例如，当硬的陶瓷材料处于所谓磨损的高位状态时，其磨损量比软金属材料大。

第一节　硬度测试和磨损过程对比

若根据负荷来估算材料抗力，则可以肯定硬度测试和磨损试验两者具有共同的特征，即两者的材料抗力都只限于发生在材料的表面层上。在做硬度测试时，材料抗力导致局部范围内的塑性变形，从而形成压痕。磨损时，在材料的表面范围内往往也发生塑性变形，不过只有当磨损机理为磨粒磨损时，这种塑性变形才与硬度测试时的情况相似，它伴随有一个压入的过程。

硬度测试和磨损之间的主要差别在于，在磨损过程中除考虑法向分力外，还需考虑切向分力，这与摩擦副之间有较大的相对运动有关，而且这种运动一般持续相当长的时间；而在硬度测试时，压头和测试材料之间只有很小的相对运动，而且负荷作用的持续时间也很短，只要能满足产生一个永久性的、不再变化的压痕即可。又因规定的压入速度很低，所以单位时间内能量转化也很小，故硬度测试不会使测试材料的温度升高。与之相反，在磨损过程中，若由摩擦系数、法向力和摩擦速度三者乘积所得的摩擦功率较高时，则其摩擦面上可能有很高的温升。

第二节　摩擦条件引起的硬度变化及其对磨损的影响

一、摩擦系数对硬度测试的影响

压头与测试材料之间的摩擦系数，也是影响硬度测试结果的重要因素。随着摩擦系数的增大，就要消耗更多的测试压力去克服摩擦力，用于形成塑性变形的测试压力随之减小。硬度与摩擦系数的关系，可以根据 Tabor 的理论表示为

$$H=H_0\,(1+f\ \tan\theta) \tag{10-1}$$

式中：

H_0——无摩擦系数时的硬度；

θ——压头的半角；

f——摩擦系数。

硬度测量过程中的摩擦系数还受其他因素的影响。例如，在大气条件下，油、气等分子在压头表面形成一层薄膜，有利于减少摩擦系数；而在真空条件下，可以防止这种薄膜的生成，从而导致压头与测试材料之间的摩擦系数增大，进而使硬度测试结果增大。

二、摩擦载荷引起的硬度变化及其对磨损的影响

导致磨损的摩擦负荷能够引起材料硬度的明显变化：有可能使硬度增加，也有可能使硬度减小。这些硬度的变化主要与下列一些过程有关。

（一）摩擦生热引起温度升高

摩擦引起的温升的范围很大，对于慢速的滑动轴承只上升几摄氏度，而对于切削刀具则可达 1 000 ℃左右。以铅锡轴承合金为例，当温升达到 100 ℃时，其力学性能会显著降低。如 $PnSn_5$ 合金在 20 ℃时其硬度为 22HB2.5，而在 200 ℃时，其硬度就降至 6HB2.5。所以，这种合金不能用于油池温度超过 100 ℃的发动机中。在某些难以避免形成高温的场合中，应尽量采用硬度随温度升高而下降很少的材料，如陶瓷材料。

（二）受摩擦负荷作用的表面层受热和机械活化而生成反应

受摩擦负荷的材料，其硬度还会因形成反应层而发生变化。例如，在铝表面会形成由 Al_2O_3 构成的具有很高硬度的氧化物膜。而受摩擦化学反应生成的氧化铜（CuO）或氧化亚铜（Cu_2O）比铜的硬度低。在润滑材料中所含的一些添加剂如氯化物、磷化物或硫化物等，它们在金属材料表面上也会形成反应层，这些反应层可能比金属基体材料软些。所形成的反应物的硬度与金属的硬度的比值大小决定了这种反应层是起着降低作用还是加剧磨损的作用。另外，通过吸附作用，材料的硬度也会发生变化，这种现象首先由 Rehbinder 和 West-wood 提出，故称为“Rehbinder 效应”或“West-wood 效应”。该学说认为，助磨剂在颗粒上的吸附降低了颗粒的表面能或者引起近表面层晶格的位错滑移，产生点或线的缺陷，从而降低颗粒的强度和硬度，同时阻止新生裂纹的闭合，促进裂纹的扩展。

（三）由摩擦引起的温升和塑性变形而发生相变

温度升高还会使材料内部相的组成发生变化。这种变化中一个最重要的现象是高硬度“摩擦马氏体”的产生。当钢表面层受到很高的负荷作用时，引起其温度剧烈上升，局部温度可超过奥氏体转变温度，这样通过随后“自身淬硬”作用便形成摩擦马氏体。如果能成功地在钢的表面上形成均匀的摩擦马氏体表面层，则这些摩擦马氏体可以使钢硬化。不过一般情况下只是在表面层局部处能形成摩擦马氏体，过后也容易崩落，结果导致磨损量的增加。在滚动轴承中还有一种蝴蝶状缺陷，它的周围有裂纹，并由此发展而形成麻点，这种情况可能与摩擦马氏体有关。

（四）受摩擦负荷作用的表面层因塑性变形而造成冷作硬化

对于磨损来说，最重要的现象是由于摩擦负荷所造成的冷作硬化现象，这种现象发生在金属材料生成磨屑之前。通过试验研究发现，受摩擦负荷作用的金属材料具有明显的冷作硬化现象，这同硬度测试时的情况相似，机械应力的绝大部分用于建立一种流体静压，这种流体静压能增加裂纹的形成和扩展的难度，从而引起材料断裂的应力要比拉伸试验测得的高约 3 倍，其断裂延伸率也高约 4 倍。

可以采用一个磨钝的钻头对材料表面施加负荷并做旋转运动，研究钻磨摩擦引起的冷作硬化情况。以受摩擦负荷作用后的流变应力与退火软化状态下的流变应力的比值来衡量冷作硬化的尺度，分别描述 4 种金属材料冷作硬化情况，如图 10–1 所示。这些直线是由大量测量点所求的回归直线。其中，纯金属和置换固溶体受到的冷作硬化程度最大；间隙固溶体合金，包括退火软化钢的冷作硬化程度降低。介于这两条直线之间的是体心立方晶体的金属（W、Mo、Nb）和一些密排六方晶体的金属（Zr、Hf、Co），这些金属常常在晶间溶解有杂质，所以可以认为它们的冷作硬化程度介于前两种金属之间。调质钢可达到的冷作硬化程度比退火软化钢要小。析出硬化和弥散硬化的合金不会产生冷作硬化现象。

这些现象可以用位错理论解释。流变应力、屈服强度或拉伸强度与位错运动的自由度有关，滑移中的位错由于遇到障碍而受到阻滞。起障碍作用的是各种晶格缺陷诸如间隙原子、析出物以及其他位错。纯金属在再结晶状态下的位错密度很小，因此，其位错滑移在滑动路程上很少遇到其他形式位错的阻碍。当发生塑性变形时，位错源被开动，位错密度逐渐增加。由于各不同滑移系统的位错相互作用，可能出现位错塞积状态，造成进一步塑性变形困难，而且容易形成裂纹。纯金属在出现这种位错塞积和发生裂纹之前，可以经受极大的变形和激烈的冷作硬化。置换固溶体金属也有类似情况，在变形开始时，置换原子与滑移中的位错之间发生的相互作用处于主要形式，但随着变形的增加，各位错之间的相互作用变成主要形式。

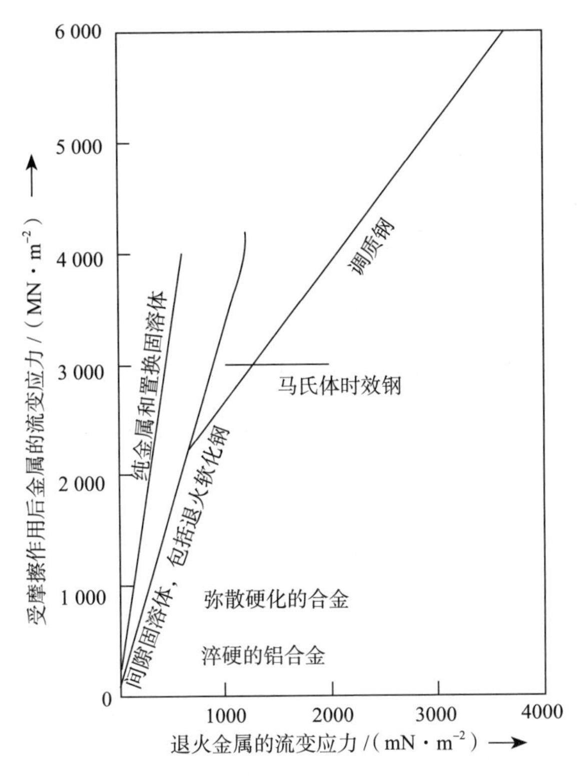

图 10-1　不同种类金属材料在钻削摩擦负荷作用下的冷作硬化

对于间隙固溶体合金，其中间隙原子从一开始就是位错滑移运动的一大障碍。此外，间隙原子还能减少有效的滑移系统数目。相比之下，位错滑移与其他位错之间的相互作用成为次要形式，故它所能达到的冷作硬化程度比纯金属和置换固溶体的小。钢中碳元素以间隙型溶解于其中。由奥氏体经切变转化生成的马氏体具有很高的位错密度，这是由切变所需的剪切变形引起的。位错密度随着含碳量的增加而增加，随着回火温度的升高仅有少许下降。因此，作为塑性变形所必需的流变应力从一开始就较大，几乎不可能再出现冷作硬化现象，并且在受到很小的变形情况下就会出现裂纹。

对于析出硬化和弥散硬化的合金，包括马氏体时效钢，它们的位错包括位错滑移，主要存在于基体中，故其塑性变形多半也局限在基体之内。这样一来，只要受到较小的变形，基体中的位错密度即明显增加。由于析出物不随基体一同变形，因而使变形状态分布不均匀，故在很小的变形情况下，还未发生冷作硬化之前就可能已经形成裂纹。从这一点就可以说明，材料抵抗磨粒磨损的能力与其冷作硬化能力密切相关。

为了减少磨损，在某些情况下可将材料表面在承受摩擦负荷之前，先通过塑性变形使之预先产生冷作硬化，如施行喷丸或滚压处理。根据负荷条件和磨损机理的不同，这种预先冷作硬化对减少磨损有良好的作用。在很多场合下，预先冷作硬化主要能降低跑合期的磨损，而对稳定期的磨损并没有明显的影响。

冷作硬化现象对于高锰钢的耐磨性能起着很重要的作用。这些钢含有12%～14%的锰，在原始状态时具有软的奥氏体组织，它们只有在受到摩擦负荷或预先冷作硬化条件下，才会转变为马氏体，使硬度大为提高，磨损也变得很小。如果因控负荷很低，所引起的塑性变形不显著，则这些高锰钢的磨损量仍可能很大。

对于以表面疲劳磨损为主的穴蚀磨损和气蚀磨损，若表面能形成均匀但不太强的冷作硬化层，则可能使磨损量下降。相反，对于处于高位状态的磨粒磨损，预先冷作硬化对磨损量没有影响，因为摩擦负荷本身就能起到冷作硬化的作用，此时，材料的冷作硬化性越好，也就是说可塑性越好，其磨损量越低。

第三节　磨损过程各物料硬度与磨损机理的关系

由于磨损最终是由各磨损机理单独或共同作用的结果，因此需要理解各种磨损机理的作用与参加磨损过程中的各物料要素的硬度之间的关系。这里不仅要考虑基础件的硬度，也要考虑配对件的硬度，某些情况下还要考虑中间材料的硬度，并应用大量例子说明：在什么场合下，采用硬度高的材料能使磨损减轻，又在什么场合下，材料的其他性质比硬度更为重要。

第四节　黏着磨损与硬度

如果一对接触副之间不存在润滑油膜或保护性的吸附层和反应层，彼此发生直接接触，就有可能发生黏着作用。黏着作用特性是一种配对特性，即它取决于配对副双方的性质。如果不知道配对件材料的性质，就不能单方面说这种材料是否容易发生黏着，而只能说它和某一种材料配对时容易发生黏着，在与另一种材料配对时，不容易或不会发生黏着。

由于表面不平整，接触副总是只能在微观区域内发生接触。出现这种微观接触便为形成原子间黏着联结创造了必要前提。因此，下面将首先分析由微观接触面积所构成的真实接触面积大小与配对副硬度之间的关系。然后，探讨根据配对副双方的硬度来预测黏着结合力大小的可能性。作为衡量黏着强度的黏着系数、黏着磨损和由黏着所造成的胶合等与接触副的硬度存在一定关系，主要影响因素包括真实接触面积、黏着结合力、黏着系数、黏着磨损等。

一、真实接触面积

当两个接触的表面发生相对滑动时，其接触面积不是名义接触面积，而是由许多微凸体接触面积组成的，如图 10–2 所示。所有微凸体接触面积之和称为真实接触面积。一般情况下，真实接触面积小于名义接触面积，在两个接触表面绝对光滑时，两者相等。两个接触表面在载荷的作用下相互接触，最初接触位置为微凸体顶端，微凸体在载荷作用下发生变形，起到支撑载荷的作用。

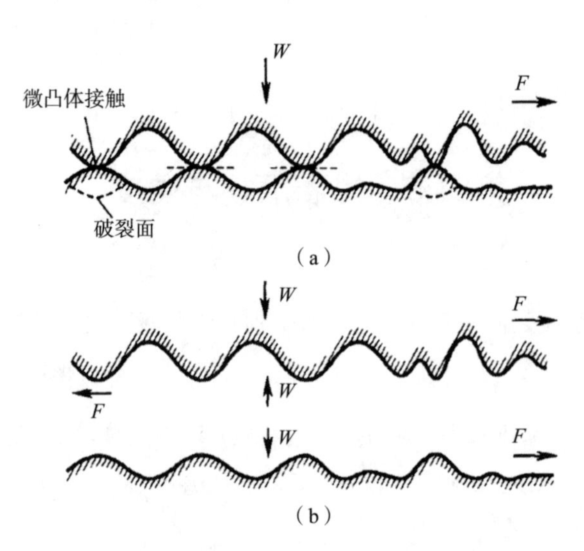

（a）两个非绝对光滑表面的滑动接触；（b）相应的分离表面。

图 10–2 非绝对光滑表面接触状态示意

真实接触面积越大，越有可能发生黏着作用。例如，在摩擦焊接过程中，要尽可能使真实接触面积与几何面积相等，从而保证焊接强度。相反，若要限制黏着作用的发生，就需要尽可能地减小真实接触面积。若向一对接触副用法向力 F_N 加以挤压，则微观接触面上的粗糙凸峰首先发生弹性变形。此时，真实接触面积的大小为

$$A_R = C\left(\frac{F_N}{E'}\right)^n \tag{10–2}$$

式中：

$\frac{1}{E'} = \frac{1-\mu_1^2}{E_1} + \frac{1-\mu_2^2}{E_2}$；

C——常数；

μ_1、μ_2——接触副的泊松比；

E_1、E_2——接触副的弹性模量。

若粗糙凸峰主要发生塑性变形，则可以表示为

$$A_R = C\frac{F_N}{H} \tag{10–3}$$

式中：

H ——接触副中较软一方的硬度。

对于粗糙凸峰，其是由弹性变形向塑性变形的过渡状态，可以利用塑性指数 φ 进行评估，即

$$\varphi = \left(\frac{F'}{\mathrm{H}}\right)\left(\frac{\sigma}{\beta}\right)^{\frac{1}{2}} \tag{10-4}$$

式中：

σ ——粗糙凸峰高度的均方根差；

β ——凸峰的平均半径。

当 $\varphi < 0.6$ 时，接触变形是纯弹性变形；当 $\varphi > 1$ 时则主要是塑性变形；若在 2 个数值之间，则为凸峰发生弹塑性变形的过渡状态。若接触副较软一方的硬度增加，则变形随之向弹性范围推移。

若在接触面上除法向力外，还有附加的切向力 F_T 作用，则在发生宏观的滑动之前，由于微观接触区域内的塑性变形，从而使真实接触面积增大。在这种情况下，真实接触面积 A_R 的大小为

$$A_R = C\frac{F_N}{H}\sqrt{1+\left(\frac{F_T}{F_N}\right)^2} \tag{10-5}$$

真实接触面积一直增大到使比值 F_T/F_N 升至与其静摩擦系数相等时为止，即大的静摩擦系数相应有一个大的真实接触面积。不过只有在微观接触面积内有很强黏着结合力作用时，摩擦系数才会很大。

二、黏着结合力

在固体微观接触面积内能起作用的黏着结合力与固体内部晶格中原子的结合力属于同一类型。因而，这些黏着结合力也可区分为金属键、共价键和离子键等。接触表面发生的物理作用和化学作用是由相互接触的微凸体产生黏着接触导致的，但当界面发生相对运动时，接触点的黏着部位发生剪切，形成一定的切向阻力。在此过程中，强度最低的黏着点将被剪断，断口位于微凸体接触界面或位于被黏着的

微凸体中。接触点产生剪切断裂后，又迅速产生新的接触点。由于黏着来自接触界面的分子力，微凸体接触界面的强度与基体材料的强度相近，故滑动剪切作用将撕扯出部分材料碎片。在这种情况下，摩擦力取决于基体材料的抗剪切强度。

根据经典黏着理论，在无润滑条件下的黏着摩擦力分量为

$$F_{\mathrm{a}}=A_{\mathrm{R}}\tau_{a} \quad (10\text{–}6)$$

式中：

τ_a——干摩擦的抗剪切强度平均值。

假设一对接触副是由相同的金属材料制成的，并且中间不存在吸附层和反应层，则可以认为自由电子的种类和密度对黏着结合力的强度有决定性的影响。另外，外电子层上未填满的电子数也是一个重要参数。根据这些观点，可以定性地解释从 B 族金属、贵金属直至过渡族金属，其黏着强度是和硬度一致依次降低的原因。对于共价键分量较高的过渡族金属，其电子在很大程度上被限制在一定范围内，因此其黏着结合力有很强的方向性，即只有在受到较大的活化能作用下，才能出现黏着连接。由此可以解释这样一种现象，即在金属材料表面覆盖具有共价键型的氧化物层或其他反应层时，其与纯金属表面相比，就不易发生黏着作用。这也是陶瓷材料之间的黏着倾向小的原因。

对于由不同材料组成的接触副之间所发生的黏着现象，如果接触副双方都由金属材料组成，当一方作为电子施方，另一方作为电子受方并相互发生作用时，则它们之间具有很强的黏着作用。但只凭接触副硬度大小是不能够确定一种金属是电子施方还是电子受方的。对于金属与塑料组成的接触副，其黏着磨损也由类似的机理所引起。这时金属会从塑料一方取得电子，也就是说，金属是起着电子受方的作用。如果接触副的一方是金属材料，另一方是陶瓷材料，则金属的黏着作用可能主要由共价键引起。除铝与氧化铝外，金属与陶瓷接触副的黏着作用比金属与金属的接触副的黏着作用小。这时也难以根据接触副的硬度大小或者硬度的比值来预测可能发生的黏着作用。

三、黏着系数

根据接触副硬度大小虽然可以知道真实接触面积的大小，但是只有当这对接触副由相同的金属材料组成时，才能由硬度对黏着结合力做出定性的估计，所以只能采用实验方法来判断它们是否倾向于发生黏着。常用的一种方法是，将这对接触副用一个规定大小的法向力施加挤压，然后再将它们拉开，这个拉开的力和原来施加的法向力的比值称为黏着系数。

Sikorski 曾用实验法对由大量纯金属组成的接触副的黏着系数进行测定。他在一台试验机上先对两个圆柱形试样的端面施加法向力，使其做相互对转，以破坏表面上的反应层，因为这些表面层会影响黏着效果。经转动后把试样拉开，然后按上述方法确定其黏着系数，测试结果如图 10–3 所示。可以看出，测试结果总的趋势是黏着系数随着接触副金属硬度的增加而下降，相同金属接触副的黏着系数也是随着硬度的增加而下降的。另外，晶格结构对黏着系数也有明显影响。六方体和体心立方体金属接触副的黏着系数明显小于面心立方体金属接触副的黏着系数。

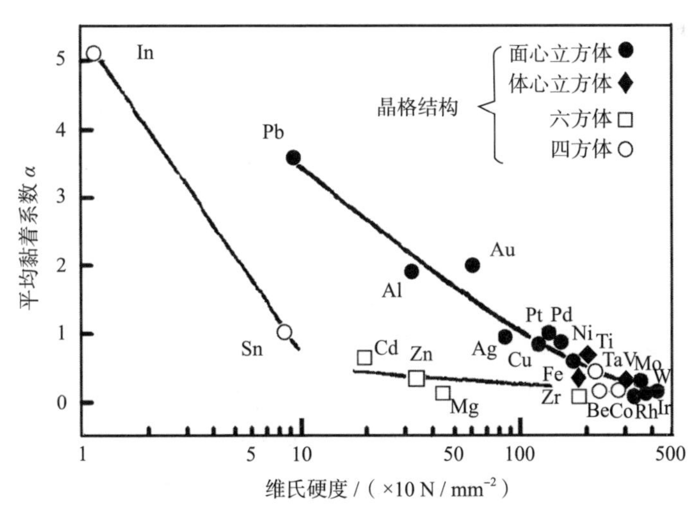

图 10–3 由纯金属组成的接触副的黏着系数

所有研究结果均说明，接触副的塑性变形决定真实接触面积的大小，从而显著影响黏着系数的大小。随着硬度增加，塑性变形越来越困难，以致真实接触面积减小。晶格结构对塑性变形性质也有一定影响。例如，面心立方体金属要在显微接触范围内有数目较多的有效滑移系统（12 个），因此它比六方体金属更容易发生塑性变形，其接触面积也更容易扩大，因为后者通常只有 3 个有效滑移系统。体心立方体金属虽然具有 12 个有效滑移系统，但需要有相当高的剪应力才能使这些滑移系统起作用。此外，如果很多滑移系统同时在作用，则各个位错的相互作用造成的冷作硬化会特别强，以致材料在发生很小变形之后，其抵抗塑性变形的能力进一步提高。

图 10–4 为面心立方体金属接触副的黏着系数。由图可知，它们随硬度的变化不大，只有 Pd（钯）的数值是在曲线离散带之外。若真实接触面积达到最大值，就有可能出现最大黏着系数。真实接触面积最大值和显微接触区域塑性变形的方向有关。但由于真实接触面积随硬度的增加而减小，而与方向无关，故黏着系数保持不变可能是由于随硬度的增加其黏着结合力也增加。

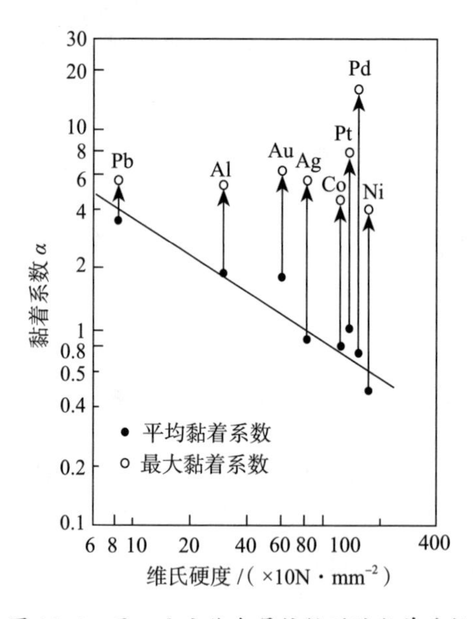

图 10–4　面心立方体金属接触副的黏着系数

图 10–5 为铜合金和铜镍合金的黏着系数。两种合金的努氏硬度值随合金浓度的变化会出现一个最大值。对于铜合金，其硬度最大值与黏着系数的最小值有对应关系。银钯、银铜和铂钴合金也具有类似的特性。对于铂钴合金，当其最大硬度达到 380×10 N/mm^2 时，黏着系数甚至降至 0。对于镍铜合金，当其铜含量

在40%以下时，有完全不同的性质，如图10–5（b）所示。在这种合金范围内，黏着系数却随硬度的上升而增加。这个现象可以解释为，随着铜含量的增加，合金的黏着结合的强度也增大。在做黏着试验之前预先进行冷作硬化也会导致黏着系数的降低，其原因是真实接触面积有所减小。另外，通过特殊的热处理，使合金获得有序排列的组织，可以显著提高合金的硬度，并使黏着系数明显降低至0或者0.1左右。

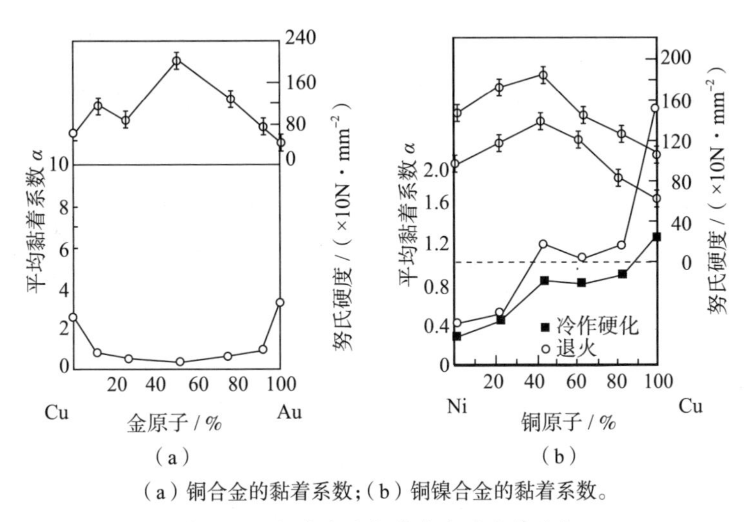

（a）铜合金的黏着系数；（b）铜镍合金的黏着系数。

图10–5　铜合金和铜镍合金的黏着系数

钢是金属材料中一种最重要的材料，若双方是由纯铁组成的接触副，其黏着系数很低。如果它们是由铁素体、马氏体或珠光体组织的接触副，则其黏着系数更低。而且尽管马氏体比珠光体的硬度高很多，但这几种钢的黏着倾向性仍按上述顺序依次降低。晶格结构为面心立方体的奥氏体钢，其黏着倾向性特别强，故应当避免采用双方由奥氏体钢做的接触副。

对于碳化钛、玻璃、蓝宝石和金刚石等一类硬材料，由于其具有很高的弹性模量，故在接触时会形成很高的弹性应力，当压力去除后，这些弹性应力能使原来产生的黏着结合又分开，除非对其施以非常大的压力，否则不易黏着。许多材料都是如此，这是因为除了存在吸附层和反应层之外，其基本原因就是弹性应力的作用。在真空中，用氩离子溅射进行表面净化，排除表面形成吸附层和反应层的影响，获得的碳化钛与碳化钛接触副在真空中的黏着性能如图 10–6 所示。由图可知，分离力的平均值与压力无关，故黏着系数值并无多大意义。对玻璃与玻璃接触副所做的试验也有类似的结果。可以预料，蓝宝石与蓝宝石接触副，金刚石与金刚石接触副也将如此。应强调指出，在同样试验条件下，这些接触副所需的分离力比铜与铜或金与金接触副要小 1 个以上的数量级。对于铜与碳化钛、金刚石、或蓝宝石组成的接触副，铜与碳化钛的接触副的黏着能力比铜与金刚石、铜与蓝宝石的接触副大约 10 倍，如图 10–7 所示。由于碳化钛中带自由电子的金属键占有很大比例，故碳化钛与铜之间形成具有金属键特性的黏着联结。而金刚石和蓝宝石中没有自由电子，所以它们与铜之间的黏着作用较弱。

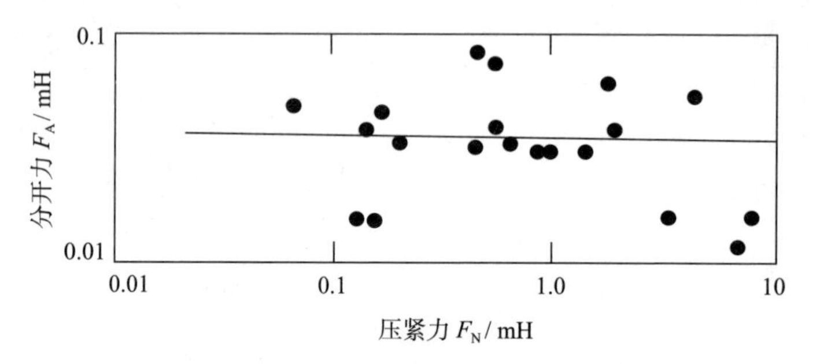

图 10–6　碳化钛和碳化钛接触副在真空中的黏着性能

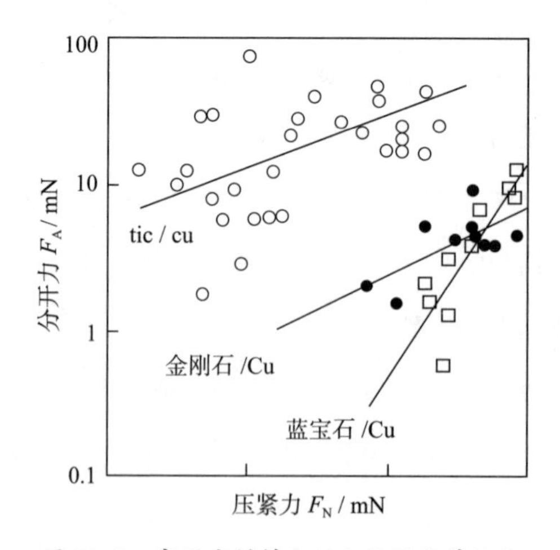

图 10–7　高硬度材料和铜之间的黏着性能

四、黏着磨损

由于黏着作用，颗粒可能会从摩擦副一方转移到另一方。如果这种转移是造成磨损的基本原因，则称为黏着磨损。尽管此时一般还有其他磨损机理在起作用，从而形成松脱的磨屑。

黏着磨损的体积磨损量 W_V 为

$$W_V = K \frac{F_N}{H} S \tag{10-7}$$

式中：

F_N——法向力；

H——接触副中较软一方的硬度；

S——滑动路程；

K——磨损系数。

磨损系数 K 可以看成当接触副双方的粗糙凸峰接触时出现材料颗粒由一方向另一方转移的概率。在大气环境中常见摩擦副的 K 值如表 10–1 所示。

表 10–1　大气环境中常见摩擦副的 K 值

摩擦条件	摩擦副材料	摩擦副的 K 值
室温洁净表面	铜对铜	10^{-2}
	低碳钢对低碳钢	10^{-2}
	不锈钢对不锈钢	10^{-2}
	铜对低碳钢	10^{-3}
清洁表面	所有金属	$10^{-3} \sim 10^{-4}$
润滑不良表面	所有金属	$10^{-4} \sim 10^{-5}$
润滑良好表面	所有金属	$10^{-6} \sim 10^{-7}$

由式（10–7）可知，黏着磨损的体积磨损量与滑动路程和法向力成正比，与接触副中较软一方的硬度成反比。而根据式（10–5）可知，真实接触面积大小又

取决于法向力与接触副中较软一方的硬度的比值大小，因此磨损系数 K 也可作为反映黏着结合力大小的一个量。黏着结合力越大，发生颗粒转移的概率越大，因而其总的体积磨损量也越大。但是，黏着磨损的体积磨损量与法向力成正比的结论只适用于有限的载荷范围。例如，当具有不同硬度的钢销的端面在钢制圆盘上滑动，在名义压力比超过 $H/3$（H 为钢销的硬度）时，K 值保持不变。而超过此压力后，K 值急剧增大，因而黏着磨损的体积磨损量也急剧增大。可见，在这种高的载荷作用下会发生大面积的黏着甚至咬死。对于其他金属，K 值开始增大的名义压力比往往低于 $H/3$。在法向力下，$H/3$ 为个别微凸体下面的塑性区开始相互作用时的压力，而当压力增大到超过 $H/3$ 时，将使整个表面呈现塑性，因而真实接触面积不再与法向力成正比。当有切向力（摩擦力）存在，且法向压力低于 $H/3$ 时也会发生这种情况。因此，摩擦副的法向压力必须低于摩擦副中较软一方材料硬度的 $H/3$，才能减轻或不发生黏着磨损。

若摩擦副由 2 种不同材料组成，则颗粒通常由较软的一方向较硬的一方转移。当然，这时起决定性作用的往往不是初始的硬度，而是受摩擦负荷作用而变化了的硬度，这个硬度同初始硬度可能显著不同。

通过一系列工程上常用材料摩擦副的磨损特性测试发现，硬度对磨损系数和磨损率都没有什么影响。例如，聚乙烯与工具钢的摩擦副中，聚乙烯是所采用的材料中最软的一种，但这种摩擦副的磨损系数却是最低的。而双方由粉末冶金制成的碳化钨组成的摩擦副的磨损系数很高，它比前者要大 1 个数量级。不过，粉末冶金碳化钨接触副的磨损系数虽然较高，但其磨损率却比聚乙烯与工具钢接触副的低，可见磨损系数所能起的作用也是有限的。

五、减小黏着磨损的措施

虽然真实接触面积大小与接触副中较软一方的硬度有关，但只有当接触副双方是由相同的纯金属组成时，才有可能按其硬度定性地来估计黏着结合力。如果双方用的是合金或不同材料组成的接触副，则硬度就难以反映出它们的黏着系数、黏着磨损或黏着引起的胶合等情况。因此，若要减少黏着磨损，大多要靠经验知识确定应当注意事项。减少黏着磨损的主要措施大致有以下 6 点：

（1）避免会使接触副表面产生塑性变形的过载负荷，包括机械负荷和热负荷；

（2）若要求或允许摩擦因数很低时，则可利用油膜使接触副隔开；

（3）采用有 EP（极压）添加剂的润滑剂，使在表面形成保护性的吸附层或反应层；

（4）避免采用金属接触副，而可用陶瓷与陶瓷、塑料与塑料、塑料与金属、陶瓷与金属或塑料与陶瓷接触副代替；

（5）当使用金属接触副时，应优先采用体心立方体或六方体晶体结构的材料，避免采用面心立方体晶体结构的材料，特别是要避免采用奥氏体钢；

（6）采用非匀质组织的材料。

第五节　氧化磨损和腐蚀磨损与硬度

如果把黏着现象看作固体接触副之间的一种物料相互作用，那么，摩擦氧化则是接触副与液体或气体等中间物质或环境介质的相互作用。在摩擦过程中，金属表面的氧化膜受机械作用或由于氧化膜与基体金属的热膨胀系数不同，而从表面上剥落，形成磨屑。氧化物剥落后的金属表面会再次发生反应形成新的氧化膜，此过程周而复始，从而形成氧化磨损。但是，氧化膜有时也会起到润滑作用。

一、氧化磨损的热力学过程

在没有受摩擦负荷作用时，金属与氧气发生反应的一般情况，可表达为

$$x\mathrm{Me} + y\mathrm{O}_2 = \mathrm{Me}_x\mathrm{O}_{2y} \tag{10-8}$$

式中：

x、y——反应前原始物质的摩尔效。

在热力学平衡条件下，符合下面的质量反应定律，即

$$\frac{a\mathrm{M}_{ex}\mathrm{O}_{2y}}{a_{\mathrm{Me}}^{x}P_{\mathrm{O}_2}^{y}}=K \tag{10-9}$$

式中：

a——活度，它等于活化系数与浓度乘积；

P_{O2}——氧的分压；

K——平衡系数，与参与反应物质的吉布斯自由能差值以及温度相关，可以表示为

$$K=\exp\left[-\frac{G_{\mathrm{Me}_x\mathrm{O}_{2y}}-\left(xG_{\mathrm{Me}}+yGO_2\right)}{RT}\right] \tag{10-10}$$

Heinicke 研究了二氧化碳环境中，硬瓷振动磨里电解铜切削的氧化过程，其反应过程可以表示为

$$\mathrm{Cu}+\mathrm{CO_2}\rightleftharpoons\mathrm{CuO_2}+\mathrm{C} \tag{10-11}$$

在该反应中按方程关系计算得 $\Delta G=+102$ kJ。根据这个数值并按式（10–10）计算，当温度为室温时，平衡系数 $K=2\times10^{-18}$。假设由于摩擦负荷作用使温度上升至 1 000 ℃，则计算所得的平衡系数为 10^{-11}。这个数值也非常小，故此时还不可能生成氧化铜。然而实际上测得铜屑上确有氧化物存在，这必然是由于在摩擦负荷作用下，铜的吉布斯自由能大大提高，以致按吉布斯自由能差值计算出的平衡系数是负值的缘故。其原因是在受摩擦负荷的表面层内形成了位错和空穴形式的层格缺陷；另外，在遭到破坏的表面层内还会溶解有大量的二氧化碳，以致在铜试件的内部也能出现类似式（10–11）表示的反应过程。

对于这种摩擦化学过程也可以按吉布斯自由能差值的形式来表达。在摩擦载荷作用下，金属氧化物与二氧化碳的反应，可按下列反应方程进行，即

$$\mathrm{MeO}+\mathrm{CO_2}\rightleftharpoons\mathrm{MeCO_3} \tag{10-12}$$

$$\mathrm{Me_2O}+\mathrm{CO_2}\rightleftharpoons\mathrm{Me_2CO_3} \tag{10-13}$$

由以上两反应式，可得出吉布斯自由能差值与二氧化碳分压之间的关系为

$$\Delta G = -RT\ln\frac{a_{MeCO_3}}{a_{MeO}P_{CO_2}} \tag{10-14}$$

$$\Delta G = -RT\ln\frac{a_{Me_2CO_3}}{a_{Me_2O}P_{CO_2}} \tag{10-15}$$

由以上两式可知，吉布斯自由能差值与二氧化碳分压的自然对数成正比。在热力学平衡条件下，各种不同反应的二氧化碳分压有很大差别；然而在摩擦化学平衡条件下，它们是相等的。因而可以认为氧化物硬度对它们不起作用，如氧化镁的硬度就很高。

二、氧化磨损的速率

在摩擦过程中，由于固体表面与介质间相互作用的活性增加，故形成氧化膜的速率要比静态时快得多。因此，氧化过程中被磨掉的氧化膜会在下一次摩擦的间歇中迅速形成，然后在摩擦过程中继续被磨掉，周而复始。摩擦氧化过程与硬度因素有一定的关系。

（一）摩擦引起的温升

摩擦引起的微观接触范围内的温升用公式表示为

$$\Delta T = \frac{f(\pi H)^{1/2}}{8K}F_N^{1/2}\text{（对应较低滑动速度，}L<0.1\text{）} \tag{10-16}$$

$$\Delta T = \frac{f(\pi H)^{3/4}}{3.25(K\rho c)}F_N^{1/4}v\text{（对应较高滑动速度，}L>0.1\text{）} \tag{10-17}$$

$$L = \frac{v\rho c F_N^{1/2}}{2K(\pi H)^{1/2}} \tag{10-18}$$

式中：

f——摩擦系数；

H——维氏硬度；

K——导热系数；

F_N——为法向力，

v——滑动速度；

ρ——密度；

c——比热系数。

由式（10–15）和式（10–16）可知，微观接触范围内的温升与接触副较软一方维氏硬度的指数成正比。显然，其原因在于随硬度的升高，由塑性变形所形成的微观接触面积会减小，因而在摩擦力不变的前提下，在各个微观接触范围内的摩擦能密度就会增加。应用上述两个公式的主要困难在于，硬度本身是随温度而变化的，事先无法确定用哪一个硬度值来进行计算，故以上两式必须用迭代法才可求解。

（二）机械活化作用

由于摩擦负荷作用往往使表面层产生塑性变形，从而引起机械活化作用，这就大大加快了化学反应速度。因此，受滑动摩擦负荷作用的金属比未受滑动摩擦负荷作用时的溶解速度快得多。并且，随着受摩擦负荷作用金属的硬度上升，其溶解速度也增加。至于硬度是否普遍有这种影响，尚有待于对各种不同硬度的金属材料做进一步测试后才能明确。

（三）氧化磨损率

现有的氧化磨损理论是 Quinn 在黏着磨损方程的基础上提出的。他根据氧化磨损中存在不同氧化的现象，提出了氧化磨损过程中存在不同的氧化温度，并且在微凸体相互作用时会达到这种温度，在黏着磨损的理论基础上，建立了轻微磨损的氧化理论，并推导出了钢的氧化磨损方程，即

$$W=\frac{W_{\mathrm{V}}}{L}=\left[\frac{A_0\exp\left(-Q/RT\right)S}{vh^2\rho^2}\right]\frac{P}{3H} \tag{10–19}$$

式中：

W——磨损量；

W_V——体积磨损量；

L——滑动距离；

P——法向载荷；

H——材料硬度；

ρ——氧化膜密度；

S——接触面积；

v——滑动速度；

A_0——阿雷纽斯常数；

Q——氧化反应的激活能；

R——摩尔气体常数；

T——滑动界面上的热力学温度；

h——氧化膜的临界厚度。

从式（10–19）可以看出，氧化膜临界厚度越大、材料硬度越大，磨损量越小。

三、氧化磨损的影响因素

摩擦氧化的磨损大小在较大程度上取决于氧化膜的性质、载荷、滑动速度以及金属表面状态。摩擦氧化生成的反应物氧化膜，其硬度与基体材料有所不同。

（一）氧化膜的性质

氧化膜的性质主要包括反应物硬度与在反应物之下基体材料表面硬度的比值、氧化膜与金属基体的联结强度以及氧化膜与环境的关系。当氧化膜的硬度远大于基体硬度时，因基体强度太小，无法支撑载荷，故即使外力很小，氧化膜也容易破裂，形成硬度较大的磨料，使氧化磨损严重。当氧化膜的硬度与基体相近时，在载荷的作用下发生较小变形时，两者同时变形，氧化膜不易脱落；当载荷增大后，变形量增大，氧化膜易脱落。当氧化膜与基体硬度都很高时，在载荷作用下变形很小，氧化膜不易脱落，耐磨性增加。

氧化磨损的快慢还取决于氧化膜的连接强度和氧化速度。若氧化膜较软，则对接触副表面的磨损就小，且可以起到保护润滑的作用，磨损率较低。当氧化膜为脆性时，其与基体的连接强度较低，或者氧化物的生产速度低于磨损速率时，氧化膜容易被磨掉。若氧化膜的硬度较大，则破碎的氧化膜会嵌入金属内，成为磨料，使磨损率增大。当氧化膜为韧性时，其与基体的连接强度较高，或者氧化速率大于磨损速率时，氧化膜与基体结合牢固，不易被磨掉。

对于钢铁材料组成的接触副，由于表面温度、滑动速度和载荷的不同，故其表面的氧化膜组成物也不相同。当载荷小、滑动速度低时，氧化膜主要由红褐色的 Fe_2O_3 覆盖，磨损量较小。当滑动速度和载荷增大后，受摩擦热的影响，表面被黑色的 Fe_3O_4 覆盖，磨损量也较小。环境中的水气、氧、二氧化碳及二氧化硫等对氧化膜的形成也有较大影响。有些氧化物的摩擦磨损性能还和温度有关，如 PbO，在 250 ℃以下其润滑性能不好，但是当超过此温度时，其润滑性能优于 MoS_2。

（二）载荷的影响

对于钢铁材料组成的接触副，在轻载荷下氧化磨损形成的磨屑主要成分是 Fe 和 FeO，重载荷条件下形成的磨屑主要成分是 Fe_2O_3 和 Fe_3O_4。当载荷超过某一临界值时，磨损量随载荷的增大而急剧增加，磨损类型由氧化磨损转化为黏着磨损。

（三）滑动速度的影响

在低摩擦速度下，钢铁材料接触副表面主要成分是 FeO 固溶体以及粒状的氧化物和固溶体共晶，其磨损量较小，属于氧化磨损。随着氧化速度的增加，产生的磨屑较大，摩擦表面粗糙，磨损量增大，属于黏着磨损。当滑动速度较高时，接触副表面主要是各种氧化物，其磨损量略有下降。当滑动速度更高时，接触副表面产生摩擦热，将氧化磨损转变为黏着磨损，磨损量急剧增加。

（四）金属表面状态的影响

当金属材料表面处于干摩擦状态时，容易产生氧化磨损。当加入润滑油后，除了起到减摩作用外，还隔绝了摩擦表面与空气中氧的直接接触，使氧化膜的生成速度减缓，从而提高抗氧化磨损的能力。但是，有时润滑油也会促进氧化膜的脱落。

四、腐蚀磨损

腐蚀磨损主要是指由摩擦氧化生成反应层的剥离过程。单由摩擦氧化作用并不足以造成磨屑脱落，而必须同时作用有擦伤或表面疲劳损伤。腐蚀磨损往往比黏着磨损的磨损量低很多。因此，宁愿以发生腐蚀磨损为代价，来防止发生严重的黏着磨损或黏着引起的胶合现象。

能否保证腐蚀磨损的磨损量很低，这要取决于所形成的化学反应物的硬度与接触副双方材料的硬度间的比值。在表 10–2 所示的金属和金属氧化物的硬度值中，分别列出了一些冷作硬化的纯金属硬度值和金属氧化物硬度值。这里之所以取冷作硬化状态的金属硬度，是因为在摩擦负荷作用下，通常都会使金属冷作硬化。可以看出，各种不同金属的硬度与其氧化物硬度的比值差别非常大，其值为 0.35~130。当金属的硬度与其氧化物的硬度比较相近时，如铜与氧化铜，两者硬度比值较小，则其磨损情况特别理想。相反，如锡或铝生成的氧化锡及氧化铝，由这些很硬的氧化物构成的磨粒能使接触副双方的磨损大大加剧。

表 10–2　金属和金属氧化物的硬度值

金属	金属硬度 /($\times 10N \cdot mm^{-2}$)	金属氧化物	金属氧化物硬度 /($\times 10N \cdot mm^{-2}$)	金属硬度和金属氧化物硬度的比值
Pb	4	PbO	80	20
Sn	5	SnO_2	650	130
Al	35	Al_2O_3	2 000	57
Zn	35	ZnO	200	6
Mg	40	MgO	400	10
Cu	110	Cu_2O	175	1.6
		CuO	145	1.3
Fe	150	Fe_3O_4	400	2.7
		Fe_2O_3	500	3.3
Mo	230	MoO_3	80	0.35
Ni	23	NiO	400	17

对于铜的摩擦氧化，也应当使铜有一个最低硬度值，在软的退过火的锡试样上没有发现摩擦化学反应生成物，而在经过塑性变形造成冷作硬化的铜试样中发现

了铜氧化物。此外，铬表面上的氧化层也起着保护性作用，而且在硬的表面上的氧化层所起的减磨效果特别明显。

综上所述，可以肯定的是，摩擦氧化反应形成的反应层，大多是只有在硬的基体上生成时，才起保护性作用。这种硬的基体可用以防止因受摩擦负荷作用而造成反应层的压陷以及破裂。

五、减少摩擦氧化和腐蚀磨损的措施

在考虑采取控制摩擦氧化的措施之前，应该先思考是否一定要避免发生摩擦氧化。其实在很多情况下形成的摩擦化学反应物可以使磨损大大降低，摩擦氧化能使黏着引起的胶合的危险系数有所减小。

如果由于摩擦氧化的反应物，会使轴承间隙减小或者完全堵死，以致使机械功能所要求的运动受到阻碍，则摩擦氧化必须予以防止。此外，在电气接触开关上也不允许形成绝缘覆盖层而使电流隔断。若能允许有一定的摩擦氧化发生，则只有当摩擦化学作用形成的反应层与基体材料的硬度相似或比基体材料软些时，磨损才能降低。

常见的减少摩擦氧化的措施有以下 5 条。

（1）在没有导电性方面的要求下，尽量采用陶瓷材料和聚合物材料，避免采用金属材料。

（2）如果必须使用金属材料，则最好采用贵金属，以减少反应层的形成。

（3）可采用石墨作为还原剂。

（4）建立不含氧化剂成分的环境气氛。

（5）若允许在摩擦低的状态下工作，则可应用液体动压润滑，且润滑油中不加添加剂。

第六节　磨粒磨损与硬度

磨粒磨损是指因物料或硬凸起物与材料表面相互作用而使材料产生迁移的现象与过程。这里所提及的物料或硬凸起物一般是指非金属，如岩石、矿物、金属氧化物等；也可以是金属，如轴与轴之间的磨屑。当材料受到硬的颗粒的摩擦负荷作用时，就会发生磨粒磨损。磨粒磨损不局限于某些材料中，主要取决于对偶件或中间介质的硬度，金属、陶瓷或聚合物材料都可能出现剧烈的磨粒磨损。如果接触副一方采用的是较软的塑料或金属材料，而另一方是硬度较高且很粗糙的金属材料，则也会出现磨粒磨损。实际生产中的磨粒磨损主要发生在采矿、物料输送、农机、铸造机械、工程机械作业以及原材料加工处理过程中。如果砂粒或粉尘进入接触副的滑动面或滚动面上，则同样会发生严重的磨粒磨损。若磨屑不能从形成的部位由润滑油带走并过滤掉，则也会导致磨粒磨损。磨粒磨损的磨损量一般比较大，尤其在原材料的采掘、运输和加工工业中，磨粒磨损可造成相当大的经济损失。所以，应采取各种措施以减少磨粒磨损。

通常情况下，磨粒磨损是指磨粒的硬度比材料表面硬度高得多，但当磨粒的硬度比材料低时，也会发生磨损，只是磨损量很小而已。因此，材料的耐磨性不仅取决于材料的硬度 H_m，更主要决定于材料硬度 H_m 和磨粒硬度 H_a 的比值。当 H_m/H_a 超过一定值后，磨损量便会迅速降低。当 $H_m/H_a < 0.8$ 时，为硬磨粒磨损，此时增加材料的硬度对其耐磨性影响不大；当 $H_m/H_a > 0.5$ 时，为软磨粒磨损，此时增加材料的硬度会迅速地提高耐磨性。除了硬度外，磨粒的其他性能也影响磨损率，如韧性、压碎性能等。磨粒受压后，显示边缘受力处发生少量的塑性流动，接着发生断裂，塑性变形和断裂导致磨粒变质。磨粒压碎后形成小的切削刃面，增加了磨损性能，因此磨粒断裂比边缘尖角处塑性变形后剥落对磨粒的磨损性能影响更大。由于塑性而衰退变质的细磨粒，因表面变钝，称为弹性接触，不易形成沟槽。因此，磨粒碎裂和变质后，引起材料表面磨损量的增加还是减小，取决于磨粒的性质和磨损条件。关于磨粒磨损问题已有大量的研究，通过对各种以磨粒磨损为主要机理的磨损类型进行分类，主要包括凿削磨损、冲蚀磨损、研磨磨损、划伤磨损、喷射磨损。

一、凿削磨损

一般情况下把“凿削磨损”和“磨粒磨损”视为同一概念，不过这里所说的“凿削磨损”是指一种特定的磨损类型，它是由于一个粗糙而坚固的配对件或者由于松散的颗粒在滑动摩擦负荷作用下所引起的一种磨损。磨粒对材料表面有高应力冲击式运动，从材料表面撕下较多的颗粒或碎块，导致被磨材料表面产生较深的犁沟或深坑。当发生凿削磨损时，硬的凸起物或硬的颗粒压进受摩擦负荷作用的材料表面层里，并由于滑动运动而产生擦伤、刮痕或沟槽。通常把凿削磨损又细分为两种形式：配对件凿削磨损和颗粒凿削磨损。

配对件凿削磨损是指由于配对件的硬的凸起物（微凸体）或固定在配对件表面上的矿物磨粒（如砂轮）的摩擦负荷作用所引起的磨损。配对件凿削磨损也称为两体磨粒磨损。对于这类磨损，起磨削作用的配对件的硬度与受磨削材料的硬度的比值有着决定性的意义。如果起磨削作用的配对件比受磨削的材料软，则前者的硬的凸起物就不可能压入受磨削材料的表面层内，磨损只限于发生在外表层上，故磨损量也就保持在低位状态。只有当配对件的硬度达到或超过受磨削材料的硬度时，其硬的凸起物才能压入受磨削材料的内边界层里，在滑动运动的作用下，引起凿削、磨损，而使磨损量上升到高位状态。

对于多相组织的材料，如果各相的硬度不同，则其局部硬度也各不相同。例如，在一些作为耐磨材料的铸铁中有一些硬的碳化物，如碳化铬等镶嵌在软的基体内。这些材料通常可以承受较大硬度范围的矿物砂纸研磨，而其磨损量处于由低位状态向高位状态过渡阶段中。只有当矿物质砂粒比铸铁组织中最硬部分硬度高时，才达到磨损量的高位状态。此外，碳化物的含量对磨损量也有很大的影响，如果碳化物的含量太多，则它们在基体中镶嵌不牢而容易脱落。为使碳化物固定牢靠，基体的硬度也要高些，所以用马氏体作基体通常要比用珠光体或铁素体作基体优越些。

受配对件凿削磨损时，金属的耐磨性如图 10-8 所示，以磨损量的倒数作为相对耐磨性，将它与金属硬度的变化关系作图，则可得到一条通过坐标 0 点的直线。该直线的方程为

$$\frac{1}{W_r}=b\mathrm{H} \tag{10-20}$$

式中：

$1/W_r$——相对耐磨性；

H——维氏硬度或布氏硬度；

b——比例系数。

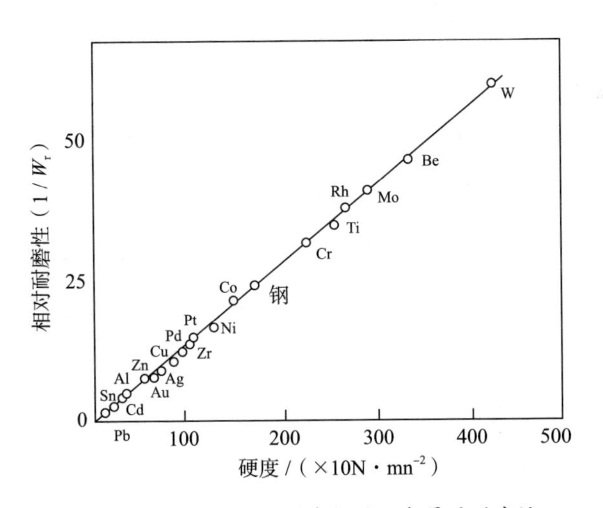

图 10-8　受配对件凿削磨损时，金属的耐磨性

众所周知，很多合金的硬度可以利用淬火硬化或弥散强化来提高，但是这种硬度的提高方法一般不能使耐磨性有所提高。例如，对铜铍合金进行淬硬处理，使其硬度从 119HV10 上升至 405HV10，但试验结果表明这对铜铍合金的耐磨性并没有产生什么影响。在电镀镍层时，若将一些氧化铝或碳化硅颗粒弥散地镶嵌在镀层

中，仅能使划伤磨损的磨损量有所减少。而对于凿削磨损，这甚至会使磨损量升高，原因在于这些颗粒较容易脱落。

析出硬化和弥散硬化实际上对处于高位状态的凿削磨损不起作用，其原因在于，配对件的硬的凸起物或颗粒与析出区域或镶嵌的颗粒相裁割的机会是很少的。相反，凿削作用主要发生在基体上，而基体由于析出物和微粒阻碍了位错的运动，使其塑性变形程度受到限制，结果与添加合金元素硬化情况相比，其发生塑性变形的体积所占总体积的比重减少了很多，而形成磨屑的量却相应地增加。

经淬火或回火后的钢，其硬度明显地发生了变化，但随硬度的上升，经热处理的钢的耐磨性提高的程度比退火软化的钢要小。其耐磨性可表示为

$$\frac{1}{W}=\frac{1}{W_{\mathrm{r}}^{*}}+C\left(H-H^{*}\right) \tag{10-21}$$

式中：

W^*、H^* ——钢在退火软化状态下的耐磨性和硬度；

C ——比例系数。

对于含碳量不同的一系列钢材，其耐磨性仅在与受摩擦负荷作用引起表面层冷作硬化后的硬度之间做比较时，才符合上述关系。相反，其耐磨性与钢回火温度所决定的、未受冷作硬化的初始硬度之间的关系表现为 2 条具有不同斜率的直线，如图 10–9 所示。在较低的回火温度（$<$ 200 ℃）时，耐磨性随着硬度下降而急剧下降。在此温度下，会形成 ε – 碳化物的凝聚析出物，它们与析出硬化作用相似，会减少基体塑性变形的能力。在较高温度时，ε – 碳化物非凝聚地析出，这些较硬的碳化物能够对随回火温度升高而软化的基体的磨损起抵抗的作用。因此，在高的回火温度范围内，耐磨性仅缓慢地下降。

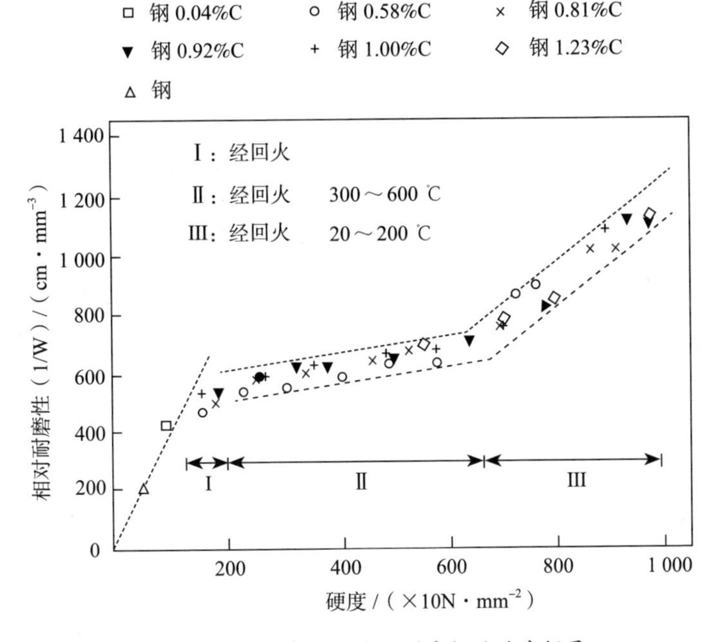

图 10–9　钢在配对件凿削磨损时的磨损量

对于马氏体而言，其硬度与回火温度界限取决于以下 4 种因素：

（1）奥氏体向马氏体扩散转化时所造成的高的位错密度；

（2）晶界、孪晶界和相界；

（3）间隙溶解的碳原子；

（4）碳化物析出物。

上述组织要素共同形成了马氏体所能测到的整体硬度，可以认为整体硬度是由各要素的分硬度所累加合成的。

马氏体钢中往往含有一定量的残余奥氏体，这些残余奥氏体对耐磨性有很大的影响。随着奥氏体化温度的增加，硬度的变化过程会出现一个极大值；而残余奥氏体的含量和耐磨性能一直迅速上升，直至奥氏体化温度达 900 ℃。因而，耐磨性不与硬度而与残余奥氏体的含量相关。其原因在于摩擦负荷能促使奥氏体向马氏体转化，因而使钢的冷作硬化性能提高。只有在发生相当大的塑性变形时，才会出现裂纹。此外，由于奥氏体的转化导致在表面层内部产生压应力，阻止了裂纹的形成和扩展。当碳化物颗粒较小时（直径约 1 μm），随着碳化物含量的增加，碳化物会成为显微裂纹的萌发点，导致耐磨性下降。只有当碳化物的颗粒比摩擦负荷所造成的划痕还要大时，它才能使耐磨性有所提高。在实际应用上，为了减轻凿削磨损，主要采用合金钢和合金铸铁。这些材料含有较硬的碳化物，如含有 Cr_7C3（1 200 ～ 1 600 HV）、$Cr_{23}C_6$（1 800 HV）、Mo_2C（1 500 HV）以及 VC（2 800 HV）等。这些碳化物的含量取决于碳和合金元素的浓度。但是，碳化物的含量也不宜过多，否则难以保证它们能很好地镶嵌在基体中。

对于含有不同碳化物的钢和铸铁，只有当碳含量低于 0.3％的锻钢和含碳量低于 0.9％的铸钢的耐磨性才会随硬度的增加而增加。对于一些含碳量在 1.2％～ 3.7％，并同时含有铬（15％～ 18％）、钼（1％～ 3％）和铜（1％）等主要合金元素的钢铁材料，其硬度显然就成为影响耐磨性的次要因素。对于以奥氏体为基体的一类铸铁，尽管其多数硬度较低，但其平均耐磨性却并不低于以马氏体为基体的铸铁。实验结果表明，当凿削磨损处于高位状态时，其耐磨性几乎与硬度无关。以马氏体或奥氏体为基体的铸铁总比以珠光体为基体的铸铁具有较高的耐磨性。另外，配对材料也同样影响耐磨性。如果受摩擦负荷的配对件的硬度不低于一次渗碳体的硬度，则奥氏体类铸铁比马氏体类铸铁的耐磨性好；如果配对件较软，则相反，即马氏体类铸铁的性能较佳。

对于在裂纹扩展的同时还伴随有塑性变形的金属，可采用临界裂纹张开位移 δ_c 来计算，这个值表示在裂变根部允许一定的塑性变形量，于是耐磨性与 δ_c 的关系为

$$\frac{1}{W} \approx \delta_c H^{3/2} \tag{10-22}$$

对于金钽合金和纯镍，在小负荷和中等负荷下所做的磨损试验的结果与上式相当符合；相反，对于纯金，则有较大的偏差。

磨粒也能够产生凿削磨损。这种情况一般是指能够做自由运动的颗粒所引起的磨损。对于由一个硬相和一个较软基体构成的非匀质材料，这些颗粒能够在一定

的范围内绕开组织中硬的成分，在很多情况下主要是基体受到磨损。在磨屑脱落之前往往先发生较大的塑性变形，这些变形对摩擦化学反应过程有促进作用。

对于退火软化的钢，即使通过添加合金元素，使其维氏硬度值提高到 3 000 N / mm^2，也还不能使其耐磨性增加。在可以避免氧化的油中进行磨损试验时，材料的耐磨性随硬度的增加而增加，并且用合金元素来提高基体硬度要比用热处理来提高基体硬度更为有效，这点与配对件凿削磨损时的情况是一样的。

对于铸铁，其耐磨性随硬度的提高也有增加的趋势。各种铸铁的耐磨性在数值上按片状石墨或球状石墨灰铸铁、珠光体铸铁和马氏体铸铁顺序依次增大。但在每一类铸铁中，也还有很大的离散性，这可能与各相组成成分不同有关。例如，随着碳化物含量的增加，铸铁硬度也在上升，但其耐磨性的增加却越来越缓慢。当碳化物含量达 30%以上时，耐磨性曲线趋向平坦。其原因与渗碳体和脆性较大的共晶碳化物的出现有关。除了碳化物的种类和含量外，基体对耐磨性的影响也很大。在碳化物含量不变的情况下，耐磨性随着基体硬度的增加而增加。如果碳化物镶嵌在很硬同时又有韧性的基体中，则其耐磨性最佳。基体通常比起磨损作用的颗粒软，因而提高基体的硬度就可以防止过快的磨损。高的韧性可以防止碳化物脱落。在磨粒不很锋利的情况下，奥氏体基体比马氏体基体耐磨性好；相反，当磨粒很锋利时，马氏体基体耐磨性更好。

不同的热处理方法会产生不同的组织状态，这对耐磨性也有很大影响。经急速淬火后再回火获得的调质组织，其耐磨性要比等温转变组织的差些。调质组织的耐磨性之所以较差，可能与淬火时形成内应力和显微裂纹有关。

二、冲蚀磨损

冲蚀磨损是指材料在受到小而松散的流动粒子冲击表面时表现破坏的一类磨损现象。例如，若材料表面受到含砂流体的冲刷，则往往在该表面上由于涡流的作用而出现波状的凹陷；在每个非常小的凸峰后面还会出现一种涡流，其在离心力作用下将砂粒向表面抛射，结果就造成冲蚀磨损。在工业生产中存在大量冲刷磨损现象，如矿山的气动输送管道中物体对管道的磨损、锅炉管道被燃烧的灰尘磨损、喷砂机的喷嘴受到砂粒的磨损等。

根据颗粒及其携带介质的不同，冲蚀磨损又可分为固体颗粒冲蚀磨损、流体冲蚀磨损和液滴冲蚀磨损等。固体颗粒冲蚀磨损是指气流携带固体粒子冲击材料表面产生的冲蚀，如进入发动机中的尘埃和砂粒对发动机的冲蚀；流体冲蚀磨损是指流体介质携带粒子冲击到材料表面产生的冲蚀，如水轮机叶片在多泥沙河流中受到的冲蚀；液滴冲蚀磨损是指高速液滴冲击造成材料表面损坏，如在高温过热蒸汽中高速运转的蒸汽轮机叶片受到水滴冲击而出现的冲蚀等。

在实际工程中，管路中普遍存在冲蚀磨损现象。为了模拟这种冲蚀磨损，可以将棒状试样放在磨料和水的混合液中并做旋转运动。在高位磨损状态时，非合金钢抗冲蚀磨损的耐磨性与凿削磨损时的情况相似，它也随着钢硬度的增加而增加。混合液中水和砂的比例对冲蚀磨损有很大影响，钢的磨损随着水和砂的比值的不同会出现一个极大值。磨损量上升之所以有一个极大值可能是由于摩擦增大的缘故。因为当混合液中含水量较少时，砂粒之间黏着力增加，试样和砂粒之间的摩擦也就增大。当混合液中含水量超过一个临界值后，水会起润滑和冷却作用，从而磨损会降下来。

影响冲蚀磨损的因素主要包括材料自身的性质和工况条件。材料自身的性质主要包括材料的弹性模量、硬度和微观组织等。其中，韧性材料在较小冲蚀角度作用下，硬度越高则抵抗变形的能力越强，耐磨性越好。另外，材料的加工硬化可以提高其在低角度和大角度冲蚀的耐磨性。

三、研磨磨损

研磨磨损是指磨料被压碎而对零件表面造成的磨损，如球磨机衬板和磨球在研磨矿石时发生的磨损。磨料介于两个物体表面间所发生的磨损称为三体磨料磨损；一个零件表面只与磨料或另一个粗糙表面滑动而产生磨损，称为二体磨料磨损。前者磨料是活动的；后者如粗糙表面则是固定的。在球磨机中破碎矿物时，就会出现研磨磨损。由于在破碎过程中不断形成新的棱边和尖角，摩擦负荷的作用特别剧烈，因此也称为高应力磨粒磨损。在快速球磨机中，由于空气使研磨体发生涡旋运动，故出现一个附加的冲击负荷。这种情况不仅使摩擦负荷增加，而且也使破碎过程恶化，因而要尽可能地避免。

研磨磨损也与凿削磨损和冲蚀磨损相似，即随着起磨损作用的矿物磨料硬度的不同，也有一个低位状态与高位状态的磨损特性。在磨损高位状态时，虽然耐磨性有随材料硬度的增加而呈现增加的趋势，但对每一类材料，其变化范围相当大，这表明其中一定还有其他影响因素，如相的不同组成成分。对于含碳量为0.8%的珠光体钢，在研磨磨损中只要珠光体钢的硬度达到马氏体钢的硬度，则它的耐磨性比马氏体钢高。在相同的硬度条件下，贝氏体钢优于马氏体钢。但是，对于含铬、铜或镍的铸铁，最好使其具有马氏体组织，因为在这种组织中，强化物镶嵌牢固，不易脱离。

四、划伤磨损

当一些粗糙的物料以很大的能量压在一个材料上时，会在其表面层划出一些深的划痕和沟槽，这就出现划伤磨损。挖掘机的齿、耙矿机的耙子、破碎机的颚板以及滑道衬板等都易发生划伤磨损。试验结果说明，材料的原始硬度与磨损量之间不存在明显对应关系。不过若采用受摩擦负荷后测得的冷作硬化层的硬度值作为依据，则它与磨损量之间呈双曲线的关系，如图10-10所示。但是，因为数值的离散度很大，故一定还有其他因素在起作用。例如，对于钢铁材料，当含碳量在0.8%以内时，磨损量与含碳量之间具有密切的相关性；而当大于这个含碳量时，磨损量的降低就很微小。

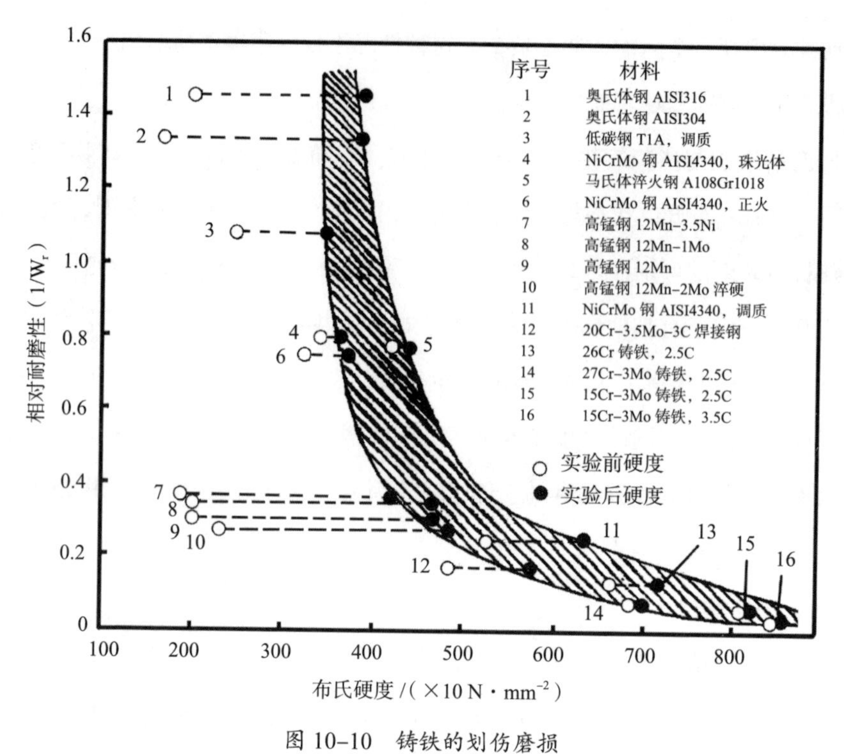

图 10–10　铸铁的划伤磨损

在受到摩擦负荷作用而引起划伤磨损的情况下，常常有造成整个构件断裂的危险。这时，可以选用高锰钢，因为该材料有很高的耐磨性，又具有很大的韧性。不过还要具有足够大的摩擦负荷，以使表面层能发生冷作硬化。若不足以引起冷作硬化，则因高锰钢的原始硬度相当低，故其耐磨性也就很差。

五、喷射磨损

若磨粒在气流带动下喷射到材料表面上，则会引起喷射磨损。例如，在喷砂设备的喷嘴中所发生的磨损即属于这一类情况。关于喷射磨损，应当说明的是，随着喷射角的增大，磨粒磨损占的比重会减少，表面疲劳磨损所占的比重则相应地增加，直到最后，当完全直射喷射时，表面疲劳磨损占最主要地位。对于这种喷射磨损，射流和材料表面之间的夹角，即喷射角 α，是一个很重要的参数。根据不同的喷射角，喷射磨损又可以分为滑动喷射磨损、斜向喷射磨损、直射喷射磨损。

当发生滑动喷射磨损时，当喷射角 α=0°时，摩擦负荷产生的喷射磨损与凿削磨损相同；当喷射角 α=90°时，即成为直射喷射磨损，此时，材料表面在受到磨粒的反复作用下所出现的磨损过程是属于表面疲劳磨损范畴的。

当喷射角在 0°～ 90°时，发生斜向喷射磨损，它可以分解成滑动喷射磨损和直射喷射磨损，其表达式分别为

$$W_\alpha = \mu\,[(\cos\alpha - \mu\sin\alpha)P\sin\alpha] \tag{10–23}$$

$$W_p = \mu\,P\sin\alpha \tag{10–24}$$

式中：

W_α——滑动喷射磨损量；

W_P——直射喷射磨损量；

P——磨粒在喷射角为 α 时的冲击量；

μ——摩擦系数。

在式（10–24）中，$\mu P\sin\alpha$ 是抵抗滑行运动的摩擦阻力，其使喷射角在小于 90°时使滑动喷射的分量不再起作用。即当喷射角小于 90°时，发生纯直射喷射磨损。

在求喷射磨损的线磨损量时，应考虑到受摩擦负荷的面积，其大小随喷射角的变化而变化。为了便于在不同喷射角下所测得的线磨损量及磨损率能相互进行比较，有必要把它们折算到一个相同面积上的线磨损量，即

$$W_l = W_l'\sin\alpha \tag{10–25}$$

式中：

W_l'——实际测量所得的线磨损量。

将喷射磨损分解为 2 个部分：一部分是滑动喷射磨损，它主要是磨粒磨损；另一部分是直射喷射磨损，它以表面疲劳磨损占优势。由磨粒磨损引起的体积磨损量在随着喷射角变化而变化的过程中会出现一个极大值，此极大值所对应的喷射角对于正火钢来说要比淬火钢的要小。此外，经不同热处理的钢试样，这个磨损量的极大值也各不相同。如果考虑到软钢要用较大砂量喷射的情况下，其磨损量仍比淬硬的钢的磨损量大些。对于这两种钢，随着喷射角的增加，其表面疲劳磨损量也随

之上升。由于淬硬的钢的韧性较低，因此它的磨损量比正火钢的大。如果将两种磨损机理所引起的磨损量叠加起来，就可以得到由测量值表示出的曲线。这条曲线对于这两种经不同热处理的钢来说具有完全不同的特征。

关于喷射物的硬度对磨损影响问题的试验说明，无论是斜向喷射磨损还是直射喷射磨损，都具有低位状态与高位状态的磨损特性。对于主要发生表面疲劳磨损的直射喷射磨损过程，它之所以能上升到高位状态，可能是因为随着喷射颗粒的硬度增加，塑性变形逐渐由喷射颗粒向受摩擦负荷的材料表面层转移。当硬质合金受到石英砂喷射时，或者硬质合金、白口铸铁和淬硬的钢受到煤气焦炭喷射时，它们的磨损量尽管随着喷射角的增加有所增加，但始终处于低位状态。

六、减少磨粒磨损的措施

当材料受到磨粒磨损时，若要将其磨损量控制在较低的程度，则其硬度要高于摩擦负荷的配对件。对于冲蚀磨损和接近于直射的喷射磨损，采用橡胶类弹性材料可有效地减少磨损。

石英是自然界中分布非常广泛的矿物，它的硬度高达 900 ～ 1200 HV，比石英更硬的材料是很少的。由于制造加工和经济上的原因，仍广泛应用于由钢、铸铁组成的钢铁基体上进行的堆焊，这些材料的硬度都低于石英的硬度。但这些材料至少由两种相组成，其中一种相是硬的碳化物组织，它镶嵌在另一种相如马氏体或奥氏体组织中。在通常允许的磨损量条件下，这些材料的磨损量处于由低位磨损状态向高位状态磨损的中间过渡阶段。如果起磨损作用的矿物磨料比受摩擦负荷的材料中最硬的组成相还硬，那么就不可避免地要造成高位状态磨损。在这种情况下，磨损量受到所用材料的硬度的影响很小，而更多的是与其韧性有关。

因此，在上述条件下，金属材料的磨损量反而比陶瓷材料的磨损量要小。尤其是当摩擦负荷足够大，能使奥氏体发生变形并向马氏体转化时，以奥氏体为基体的钢铁材料的耐磨性更好。若磨粒磨损是因冲击性负荷所引起的，则使用这些材料也比较可靠。

第七节 表面疲劳磨损与硬度

接触副材料表面的微体积受循环接触应力作用，从而产生重复变形，导致裂纹，并分离出微量碎片和颗粒的磨损称为疲劳磨损，也称为表面疲劳磨损。材料表面受到交变的机械负荷作用会出现表面疲劳磨损。交变负荷能引起组织变化、裂纹形成和扩展等过程发生，以致最后出现磨屑脱落，使表面造成麻点缺陷。麻点的形成是滚动轴承和齿轮失效的主要原因。动负荷也可以通过流体动压润滑油膜或弹性流体动压润滑油膜传递到表面上来，使之发生疲劳磨损，也称为表面疲劳。

表面疲劳磨损与磨粒磨损的区别在于，对于磨粒磨损，只要受一次摩擦负荷作用就有可能出现磨屑；而表面疲劳磨损则不同，通常要经过较长的潜伏期之后，才出现磨屑。在潜伏期间里磨损还没有达到可以测出的程度，而主要是通过组织变化以及裂纹形成和扩展，为磨屑的形成做准备。如上面所提到的，表面疲劳磨损会使受滚动接触负荷的滚动轴承和齿轮传动发生失效，在滑动和撞击负荷作用下的摩擦磨损中，也常常部分地包含有这个过程，它也是气蚀和穴蚀磨损的原因。表面疲劳磨损主要分为滚动磨损、撞击磨损和滑动磨损。

一、滚动磨损

滚动磨损是指两相对滚动物体接触面积上产生的切向阻力和材料流失的现象。滚珠轴承和齿轮传动失效会形成麻点，但其形成过程是有区别的。在受滚动摩擦负荷作用的滚珠上，麻点一般是由发源于表面下方的裂纹扩展而产生的；而齿轮通常在齿廓表面上方开始出现麻点，原因是齿面比滚珠表面粗糙度大，并且在齿廓的节点之外同时还存在滑动摩擦负荷。

对于滚动轴承，如果滚动体之间彼此由一层润滑油膜所隔开，则材料表面仅受很小的切向力，故裂纹只在表面层下方区域内形成。在该区域内按照不同的强度理论，会出现一个可估算出的最大当量应力。裂纹往往出现于所谓“白色浸蚀区”附近，这个区域大多是由摩擦负荷作用形成的高硬度马氏体组成。

在滚动体中可能出现有达 1 000 N/mm^2 数量级的压应力。同布氏硬度测试时的情况相似，这些压应力中的大部分用来构成流体静压力，只有一小部分起着剪应力的作用。不过这些剪应力还有可能产生局部塑性变形，并引起冷作硬化，同时由于位错的塞积而形成裂纹。这些位错在一些障碍物前塞积起来，如滚动轴承中硬的氧化物夹渣就会形成这种障碍物，但较软的硫化物夹渣却不会形成障碍物。通过提高滚动轴承钢的纯度能使那些促使裂纹形成的氧化物夹渣明显地减少，从而限制了麻点的生成，这样就可以极大地提高滚动轴承的使用寿命。但是，至今轴承寿命已经达到了一定的限度，从统计规律上看，通过进一步提高钢的纯度来延长滚动轴承的寿命的可能性较小。

由于受滚动摩擦负荷时出现很高的挤压应力，因此只能采用高强度和高硬度的滚动轴承钢。滚动轴承钢经完全淬透后其硬度达 58 ～ 65 HRC，具有马氏体和渗碳体组织。利用特殊的热成型加工方法，如用形变热加工方法，使它们在亚稳态马氏体的温度范围内通过塑性变形而成型，结果引起马氏体转变，从而可使材料抵抗麻点生成的能力大大提高。这主要是由于碳化物晶粒得到细化并且分布得比较均匀。

根据不同的滚动轴承钢进行的试验研究结果表明，滚动轴承的寿命存在随钢的硬度增加而增加的趋势。不过轴承使用寿命随硬度增加而增加的程度是逐渐减小的，因此，随着硬度的进一步提高，其有可能出现一个寿命极大值。这可由两种彼此起相反变化的性质来说明。

（1）随着硬度的增加，塑性变形减少，因而裂纹出现前的冷作硬化程度也降低，于是裂纹形成的开始时间被推迟了。

（2）裂纹一旦出现，硬的材料就难以通过塑性变形使裂纹尖端外的应力集中松弛下来，以致有利于裂纹的扩展。

因此，除了要注意滚动轴承钢最佳的硬度值外，滚动轴承的寿命还取决于滚动体与座圈之间的硬度差值。滚动体硬度若比座圈大 1 ～ 2 个洛氏硬度值，则滚动轴承的寿命最长。原因可能在于由座圈表面层中的内压应力一经增高，其有效应力（σ_{max}）$_R$ 有所下降，即

$$(\sigma_{max})_R = \tau_{max} - \sigma_R \tag{10-26}$$

式中：

τ_{max}——按理论剪切强度计算出的最大剪切应力；

σ_R——内应力。

为了对比不同硬度的钢所制成的滚动轴承的寿命，可采用 Chevalier 等人提出的经验公式，即

$$\frac{L_2}{L_1} = e^{m(HRC_1 - HRC_2)} \tag{10-27}$$

式中：

L_1、L_2——有 10% 滚动轴承失效时的使用寿命；

HRC_1、HRC_2——洛氏硬度值；

m——指数，参考值为 0.1。

在工作温度较高的场合，除采用金属材料外，也可使用陶瓷材料。对于以 Al_2O_3、SiC 或 TiC 为基体的陶瓷材料，其硬度在 2 000 ～ 2 750 HV 变化，不过它们在室温下所能承受的动载荷能力低于普通轴承钢的 10%。但用碳化钨、氮化硅制成的滚珠性能较好。

值得注意的是，在经调质的齿轮表面上电镀一层锡和铜之类的软金属后，其接触疲劳强度可分别提高 1.9 倍和 1.5 倍。显然，这种金属表面层能封住裂纹开口，而使裂纹中不再有润滑油浸入，从而也就不能使裂纹进一步扩展。

对于铸铁，其磨损量都随硬度的上升而增加。这种特性和非匀质铸造组织的塑性变形能力以及由此造成的“应力均衡”现象有关。虽然含片状石墨的合金铸铁比较脆，但其中较软的近似低共熔组织的合金的韧性显然高于硬的饱和度较低的合金的韧性。铸铁的韧性还与石墨析出的形式和基体组织有关。在受摩擦负荷的表面

上，实际作用的应力峰值与石墨的形态有关。对于球墨铸铁，这种应力峰值显然比片状石墨铸铁要小，因此磨损量较低。但是，当冷作硬化性能和碳化物的含量及其分布情况等的影响超过了硬度的影响时，硬度对磨损量的影响将减小。

二、撞击磨损

撞击磨损在多数情况下主要是由于表面疲劳磨损所引起的。例如，矿物质磨粒向材料表面冲击而引起表面疲劳磨损，从而造成直射喷射磨损。另一方面也不应忽视的是，一些撞击磨损试验结果中也出现有磨粒磨损。在冲击负荷作用下，经过不同热处理的钢试样和表面层由磨料组成的配对件在进行撞击磨损试验中，发现仅在撞击能最低时，耐磨性随硬度增加而线性地增加；对于中等撞击能，耐磨性与硬度没有关系；当撞击能较高时，耐磨性会出现一个极大值，而其对应的磨损量为极小值。这与滚动磨损相似。即在一定条件下，材料应具有一个最佳的硬度值，与此同时，还应具有适当的变形能力和韧性配合，使材料抵抗裂纹的生成和扩展的能力尽量大。

通过对比分析不同化学成分和组织状态的铸铁的撞击磨损试验发现，在分析磨损量与硬度之间的联系试验时，冲击负荷用硬度为 800 HV 的钢球，以 400 m/s 的速度撞击铸铁板。只有当基体硬度高于 600 HV 时，磨损量才比较低。其原因可能在于，随着撞击的钢球和受撞击的表面之间硬度差值的减少，有更多的变形能被钢球所吸收。在硬度为 300 ～ 500 HV 范围内，其相应磨损量的离散度很大，这说明此时金相组织状态的影响要比硬度的影响大。

在有润滑油润滑时，钢的硬度（或压溃极限）越高，越不容易形成麻点从而发生表面疲劳磨损现象。当接触副双方硬度差值较大时其磨损性能最差。在实际应用上，推荐接触副双方的硬度差不要超过 20 ～ 30 维氏硬度单位，而且所允许的压强必须根据接触副中较软的一方来确定。对于钢，随着其硬度增加，因撞击作用产生表面疲劳磨损而形成的麻点有减少的趋势。在各种铸铁中，球墨铸铁性能比片状石墨铸铁要好。锻铝合金的抗表面疲劳磨损能力优于铸铝合金，这可能是由于锻铝合金中所含的显微裂纹较少。对铅青铜、白合金和镀银的钢试样进行试验的结果表明，以铅青铜的抗表面疲劳磨损能力为最差，镀银表层的钢的抗表面疲劳磨损能力为最佳。

三、滑动磨损

在滑动磨损过程中，各种磨损机理可能分别起作用，或者共同起作用。以表面疲劳磨损机理为主的滑动磨损，如果按最大剪切应力所反映出的材料应力低于受摩擦负荷材料的剪切屈服应力，则能做到所谓“零磨损”。此时，材料的剪切屈服应力和它的显微硬度之间存在一定的联系。因此，磨损率与硬度的关系在形式上与相应的粘结磨损公式很相似，即

$$W = C\frac{F_{\mathrm{N}}}{H} \tag{10-28}$$

式中：

F_{N}——剪切应力；

H——显微硬度；

C——常数。

由式（10–28）可知，通过提高材料硬度可以减少滑动磨损时的表面疲劳磨损。但是，磨损剥层理论认为，用一层软而薄的表面层可以使磨损大大降低。在钢试样上镀上一层约 1 μm 厚的镉、银、金或镍的表面层后，所做的磨损试验结果与磨损剥层理论相吻合。软的薄层之所以有良好的作用，原因在于它们不会由于受到摩擦负荷作用而冷作硬化，因为位错在所谓象力以及在基体材料位错应力场的作用下，会从表面层中消失。

四、气蚀和穴蚀

气蚀和穴蚀引起磨损的共同原因是材料表面反复地受到短促的液体冲击作用。在发生气蚀时，材料表面由于液体空泡的溃灭而受到冲击负荷的作用。在发生穴蚀时，材料表面则受到液滴的撞击作用。在这些负荷作用下，金属材料的表面层会发生塑性变形和冷作硬化，直至局部地丧失变形能力，这样就形成裂纹并逐渐扩展。最终，导致磨层的脱落，从而在受负荷的表面层上留下孔穴。金属材料由于气蚀、

穴蚀而发生的磨损情况，有随硬度增加而降低的趋势。

铜铍合金经时效硬化后其抗穴蚀性能提高，钢经淬火形成马氏体组织后也可提高抗气蚀能力。同样，冷作硬化也能提高其抗气蚀能力。虽然在受磨粒磨损时，时效硬化和冷作硬化对耐磨性没有影响，但是马氏体硬化组织无论对磨粒磨损，还是气蚀和穴蚀磨损都有使耐磨性提高的作用。

五、减少表面疲劳磨损的措施

减少表面疲劳磨损的有效措施是润滑。但是，即使在流体动压润滑或弹性流体动压润滑情况下，动负荷仍能通过润滑油膜进行传送，所以在流体动压润滑的滑动轴承或者在弹性流体动压润滑的齿轮传动中都还会发生表面疲劳磨损，导致这些摩擦系统失效。但是，通过润滑可使摩擦系数减小，从而也使受摩擦负荷的表面材料应力显著下降，这就大大减轻了表面疲劳磨损，并且还更多地限制了其他磨损机理的作用。

从选材方面来看，主要应采用硬度高且韧性好的材料，只有这样才能提高其抗疲劳磨损能力。因为随着材料硬度的增加，其韧性通常会下降，所以一般需要采取折中的办法。如对于钢，经热处理后，其性能有大幅度的变化，可以得到一个最佳的硬度值，此时，材料的抗疲劳磨损能力最强。当高于这个硬度值时材料的韧性差；而当低于这个硬度值时，其抗塑性变形能力变低。

为了减少表面疲劳磨损，采用匀质材料具有较好的效果。对于非匀质材料，如果组织含有一个硬相，而且颗粒很细并分布均匀，则它们比匀质材料具有更好的抗表面疲劳磨损性能。

因为压缩内应力与材料应力起相反作用，所以它们会使材料抗表面疲劳磨损的能力显著提高，钢的渗碳和渗氮之所以起着良好的作用是由于它们产生压缩内应力的缘故。表面层进行冷作硬化所造成的压缩内应力，也具有相同的作用。

第八节　常用构件的磨损与所用材料硬度的关系

一般情况下，对于材料磨损过程而言，各磨损机理单独起作用的情况是很少的，多数场合下由多种磨损机理共同起作用。而且，多种磨损机理有各种不同的组合搭配。典型摩擦系统中出现的磨损机理如表 10–3 所示。根据此表可知，对于滑动轴承或动配合，所有的磨损机理共同起作用。两者的区别在于，在滑动轴承中，摩擦氧化一般对磨损影响不大，有时甚至还起到减磨作用，而动配合接触副常由于摩擦氧化的作用而失效。因此，在分析一些具体构件的磨损过程时，需要了解危害最大的磨损机理，以及所需材料及其硬度的选择。

表 10–3　典型摩擦系统中出现的磨损机理

摩擦系统和受摩擦零件	可能出现的磨损机理			
	黏着磨损	氧化磨损	磨粒磨损	表面疲劳磨损
滑动轴承（液体动压润滑）		+		++
滑动轴承（混合摩擦或固体摩擦）	++	+	++	+
滚动轴承	+	+	+	++
齿轮传动机构	++	+	+	++
配合副	+	++	+	+
凸轮与挺杆	++	+	+	++
车轮与导轨	+	+	+	+
摩擦制动器	+	+	+	+
电气接触开关	+	+		+
切削加工工具	++	+	++	+
塑性成型加工工具	++	+	+	+

注：++ 表示起主要作用，+ 表示部分起作用。

一、轴承

轴承的功能是对运动构件起支承和导向作用。根据轴承元件之间相对运动的不同形式可分为滑动轴承和滚动轴承两种。

（一）滑动轴承

滑动轴承可在不同的工作环境下运转，这些工作环境主要包括固体摩擦、液体摩擦、气体摩擦以及混合摩擦。

如果滑动接触副被一层液态或气态薄膜所隔开，则这种轴承在运转中基本上不发生磨损。这层薄膜可以由液体静压、液体动压、气体静压或气体动压形成。由于气体动压轴承和气体静压轴承价格较高，而且气体动压轴承多半只能在很高的滑动速度下才适用，故其一般只用在一些特殊的场合。实际上应用最为广泛的是液体润滑的滑动轴承，并且在可能条件下要做到液体动压润滑。干摩擦滑动轴承由于在纯固体摩擦状态下运转，且不需要专门的维修保养，因此也得到日益广泛的使用。对于以上这两种轴承形式，若从系统要素的特征出发，可分为有润滑油的滑动轴承（轴 / 润滑剂 / 轴瓦）、无润滑油的滑动轴承（轴 / 轴瓦）。在这两种轴承中，轴通常由钢制成；而对于轴瓦，在有润滑油的轴承中，其多数是由轴承合金制成的。相反，在干摩擦滑动轴承中，轴瓦很少使用全金属材料制作，最多只是采用金属与塑料的复合材料，普遍采用的材料是以聚合物、合成碳或陶瓷为基体的一些专门材料。

对于有润滑油的滑动轴承，当其速度较低时，如起动或停车时，轴承在混合摩擦状态下运转，此时，有一部分轴承负荷将通过轴承上的固体接触来传递。在这样的条件下，就会发生黏着磨损和磨粒磨损，同时还会发生较轻微的腐蚀磨损。当达到纯液体摩擦状态时，黏着磨损和磨粒磨损完全得到控制，腐蚀磨损也得到相当显著地减少。不过，对于动载荷，它们也可以通过油膜传递，这时必须关注表面疲劳磨损问题。

金属滑动轴承材料除要求具有尽可能高的耐磨性外，还应具有其他一些性质。这些性质包括机械承载极限、顺从性、匹配性、嵌藏性、良好的跑合性和应急性、润滑油润湿性、导热性和对润滑油中添加剂及老化产物的抗腐蚀性等。在这些多方面的要求中，有些是相互矛盾的，故必须采取折中的办法来选择材料性质。这也是轴承材料种类繁多的原因。根据轴承结构可将常用的滑动轴承材料分为整体材料、复合材料、烧结材料三大类。作为整体材料，大量采用的只有铜合金和铝合金。复合材料是在钢等材料上浇铸或烧结一层滑动轴承合金层所组成的。这些滑动轴承合金包括铅基、锡基、铜基和铝基合金。在轴承合金层上还常常电镀一层（或多层）由铅基合金组成的跑合层（如 $PbSnCu_2$、$PbSn_{10}$、$PbIn_7$ 等）。对于滑动轴承合金，要求其具有较低硬度，部分合金的硬度已低于 100 HB。但随着硬度的降低，滑动轴承材料的其他性能，如顺从性、匹配性、跑合性、应急性以及嵌藏性则有提高的趋势。

就混合摩擦状态下的耐磨性而言，比较硬的可锻铜合金和铜锡铸造合金的性能最佳。在液体动压润滑情况下，可锻铜合金抵抗因动负荷造成的表面疲劳磨损的性能也十分稳定。对于受极大负荷的内燃机主轴承和连杆轴承，则主要采用复合材料，如以铜铅锡合金作为滑动轴承合金层的复合材料，其抗表面疲劳磨损的性能就非常优异。铝合金抗表面疲劳磨损的能力要稍微差些。对于一些铅基和锡基软合金层，则只有当它们很薄时，才具有抗表面疲劳磨损的性能。在液体动压润滑时铅锡合金抗表面疲劳磨损性能如图 10–12 所示。

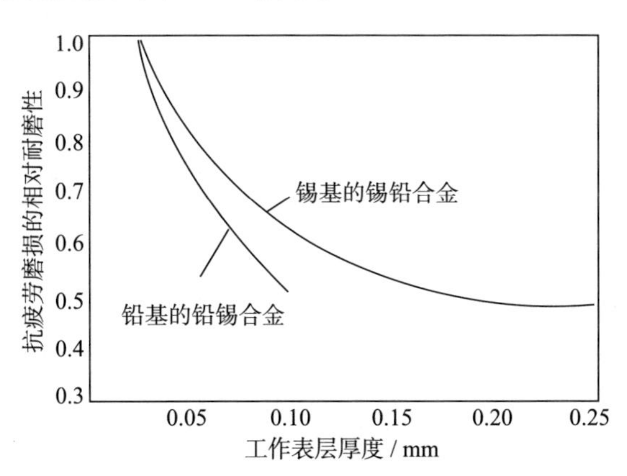

图 10–12　在液体动压润滑时铅锡合金抗表面疲劳磨损性能

烧结轴承主要用于液体动压润滑状态下的工作状况，其优点是在很大程度上不必维护保养，并且在低速情况下比整体材料轴承和复合材料轴承的承载能力高。烧结材料主要类型是加有石墨和铅添加剂的烧结青铜合金，以及加有铜、石墨或碳添加剂的烧结铁合金。它们的硬度取决于其化学成分、空隙率和表面状态。对于烧结青铜合金，其硬度为 20 ～ 50 HB；对于烧结铁合金，其硬度为 30 ～ 140 HB。在无法避免受到边缘挤压的场合中，则不宜采用烧结材料，不然就存在由于发生黏结而引起胶合的危险。

与轴承材料对应的轴一般由钢或铸铁制成。对于较硬的锡青铜轴承，其采用的钢轴的最低硬度应为 450 HB 左右，而对于较软的锡基或铅基合金轴承，则采用的钢轴的硬度达到 130 ～ 165 HB 就足够。若润滑油受到污染，则轴的磨损情况在很大程度上取决于轴承材料所能嵌藏异物的能力，若这种能力强则可以减少污秽物的磨粒磨损作用。轴承材料硬度越低，其嵌藏性越好。不过对汽车发动机的连杆轴承所做的试验表明，除了硬度以外，一定还有其他一些材料性质在起更大的作用，因为对于硬度几乎相同的轴承合金 $CuPb_{30}$ 和 $AlSn_{20}Cu$，前者对轴的磨损要比后者大得多。

无润滑油滑动轴承，即干摩擦轴承，主要用于如下 3 种情况：

（1）在高温或低温以及腐蚀性的介质中，包括在真空条件下等无法使用液体润滑剂的场合；

（2）在产品不允许受润滑油污染的设备中，如在食品机械中；

（3）在一些尽量不进行维护保养，不必检查润滑油及换油情况下工作的设备中。

此外，干摩擦轴承还用于要求具有一定的材料特性，如电气绝缘性、化学稳定性、吸振性和质量轻等场合中。干摩擦轴承的主要缺点是摩擦热不能由流动的液体进行散热，故不能用于摩擦功率很大的装备。在有润滑油的滑动轴承中，随着滑动速度的增加，液体动压承载部分也增大，轴承材料所受负荷则随之下降。而在干摩擦轴承中，随着滑动速度的增加，轴承材料所受负荷几乎总是在增加。

干摩擦轴承的轴瓦可由不同的材料制成，主要可分为聚合物为基体的材料、合成碳为基体的材料、金属为基体的材料、陶瓷为基体的材料。

对于聚合物材料与铜的滑动接触副的摩擦学特性，黏着现象起着重要作用，这点与金属摩擦副不同，前者在一定程度上希望有黏着存在。例如，对于聚四氟乙烯（PTFE），当它粘牢在一个滑动件上时，则在其分子或薄层之间将发生滑动，从而产生摩擦因数。但是，这种薄的转移膜只能在速度低、压强高的情况下才能形成。当滑动速度较高时，由于黏着作用，一些较大的颗粒从聚四氟乙烯上拉脱下来，并向钢件上转移，其结果可使摩擦系数上升到 0.5 以上。在这些条件下，便不宜再采用聚四氟乙烯作为滑动轴承材料。

除了黏着作用外，在塑料与金属接触副中也会发生磨粒磨损。当金属配对件的粗糙度超过一个最佳值时，就会导致磨损。此外，金属配对件的硬度对磨粒磨损来说也很重要。若金属配对件硬度增加，则干摩擦滑动轴承的磨损有降低的趋势。一般情况下，金属配对件的硬度应大于 60 HRC，否则，金属配对件上的粗糙度凸起会被大量地刮下来，成为滑动面中不易排走的磨粒，从而导致塑料和金属发生磨粒磨损。尤其是当磨粒部分地嵌牢在塑料中时，这对金属配对件就很危险，因为会产生磨损率十分高的配对件凿削磨损。塑料中含有的填充材料，如玻璃纤维，也会引起金属配对件发生磨粒磨损。塑料与金属滑动副中也会出现腐蚀磨损，这时塑料所受到的腐蚀比较小，而更多的是金属配对件受到腐蚀。刮磨的金属氧化物微粒又可能引起附加的磨粒磨损。

塑料类滑动轴承仅限于使用在运转温度不超过 300 ℃的场合。对于温度更高的场合可采用以合成碳为基体的滑动轴承材料，这些材料在空气中能承受 500 ℃的高温，在还原性气氛中其工作温度甚至可达 1 000 ℃。值得一提的是，即使到 1 000 ℃高温，合成碳的机械工艺性能也仅有微小的变化。由于合成碳几乎不能发生塑性变形，当有局部应力集中时，易导致裂纹的形成和扩展，因此其容易发生表面疲劳磨损。由于合成碳基体滑动轴承材料中除了无定形碳外，主要组成成分是合成碳，它的硬度具有方向性，而且在极限情况下可高达 1 500 HV，故导致自淬硬的钢会因碳颗粒的作用而发生磨粒磨损。此外，合成碳中硬的污染物也会引起磨粒磨损。当温度超过 350 ℃时，氧化反应和摩擦氧化就变得越来越明显。

合成碳与钢接触副具有良好的摩擦性能，其原因在于石墨具有六方体晶格结构。只要水分子在这些石墨晶格之中溶解，使晶面之间的结合力减弱，这种六方体晶格的基面之间就很容易相互滑动。因为水分子在真空中会向外扩散，所以石墨不能在真空中作为滑动轴承材料使用。合成碳在实际应用中主要有 5 种情况：硬精炼碳、电涂石墨合成碳、金属浸渍合成碳、人造树脂浸渍合成碳、陶瓷浸渍合成碳。合成碳经过各种物质浸渍之后，可以提高其耐磨性，同时却降低了它的允许工作温度。按不同的浸渍剂，合成碳的硬度为 45 ～ 90 HB。其配对件的硬度应当为 400 ～ 600 HV。作为配对件材料，以奥氏体铸铁比较合适。对于过硬的配对件，其表面应当尽量光滑，从而减小跑合过程的磨损量。

适用于干摩擦滑动轴承的金属基体的轴承材料主要为含 10%锡的青铜，并在其中加入一定量的聚四氟乙烯、石墨或者铅等作为固体润滑剂。在工业上得到广泛应用的滑动轴承材料，由多孔性青铜在钢带上烧结而制成，并在其表面滚轧上聚四氟乙烯与金属或金属氧化物添加剂，从而封闭多孔孔隙。这样，在表面上有一层厚为 10 ～ 30 μm 的聚四氟乙烯薄膜，在跑合中起到减摩的作用。它的特殊优点在于把锡青铜层的高耐磨性与聚四氟乙烯良好的减摩性结合在一起。

另一种滑动轴承材料是用石墨来代替聚四氟乙烯充填在青铜基体中。石墨的含量为 5%～ 15%。随石墨含量的增加，硬度下降，但耐磨性上升。这种滑动轴承材料的优点在于有较高的尺寸稳定性和耐热性，以及很低的热膨胀系数。但与金属 / 塑料的复合材料相比，其耐磨性较低。

全金属滑动轴承材料可由铟含量为 10%～ 70%的银铟合金制成，它们的硬度为 57 ～ 147 $HV_{0.001}$，这些合金适于用作超高真空中运转的滚动轴承保持架材料，它们与用 MoS_2 充填的聚酰亚胺相比，具有较高的耐磨性。

当工作温度非常高，且聚合物和金属材料都会发生软化时，需采用陶瓷材料。如果要求具有很高的抗磨粒磨损性能和很强的耐腐蚀性，则陶瓷材料即使是在常温下也极具优势。硬度为 200 HV0.1 的玻璃陶瓷轴承材料在与镍或钴合金配对时，可以经受住 1 000 ℃的高温，也不会出现黏着磨损失效。在这样的高温下，如果有固体润滑剂润滑，则也有可能采用碳化硅和氮化硅陶瓷材料。氧化铝也可用作高温下的滑动轴承材料，它常常构成金属陶瓷中的陶瓷组成部分，而其金属组成部分分别含有铬、钼和钨等成分，这些材料也可以用在 1 000 ℃以下工作的滑动轴承材料中。

（二）滚动轴承

滚动轴承的特点是具有很低的摩擦系数（$f=0.001\sim0.003$），并且它几乎与速度无关。此外，其静摩擦系数和动摩擦系数几乎相等。滚动轴承的使用寿命在很大程度上取决于麻点的形成，因为它的起因就是表面疲劳磨损。

滚动轴承的额定寿命可以用下式估算为

$$L_{10}=C/F \tag{10-29}$$

式中：

L_{10}——额定寿命，在达到转数为 10^6 转时存活率为 90%的寿命；

C——额定动载荷值；

F——作用于轴承上的力，由轴向力和径向力综合得出。

对于采用特殊性质材料并在特殊条件下运转以及存活率为 $100\sim n$ 之间的某一数时的轴承，则应采用修正的额定寿命加以计算，即

$$\mathrm{L}_{na}=a_1\times a_2\times a_3\times \mathrm{L}_{10} \tag{10-30}$$

式中：

$0<a_1$，a_2，$a_3\leqslant 1$。

a_1——考虑所要求的存活率与 90%之间的偏差的系数。例如，当所要求的存活率为 99%时，a_1 为 0.21。

a_2——材料性质系数。只有当滚动体由纯度特别高和一定化学成分的滚动轴承钢制成时，a_2 才可取 1，在其他情况下，其值均小于 1。当滚动体硬度低于 58 HRC 时，a_2 也必须取较小值。

a_3——考虑工作条件的系数。如果在混合摩擦状态下出现这些摩擦过程，则系数 a_3 应取小于 1。工作条件主要是指运转速度、温度以及摩擦和润滑状态。

轴承中各滚动元件之间要保持有足够厚的润滑油膜，以避免出现混合摩擦和边界摩擦，否则会形成黏着磨损和磨粒磨损。在滚动轴承中，会出现如下一些摩擦过程。

（1）滚动副在接触面上发生滑动摩擦，其原因在于相互滚动的滚动体发生了弹性变形。

（2）由于滚珠在不同运动方向上的旋转运动所产生的钻动摩擦。

（4）滚动体与保持架滑动面之间的滑动摩擦。

（4）滚柱端面与边缘间的滑动摩擦。

为了使滚动轴承能在较高的运转温度和超高真空度下工作，应当开发和发展新型材料。如已发展有一种具有较高热硬性的钢，以及陶瓷材料滚动体。因为在上述恶劣的工作条件下，液体润滑是不可能的，所以这些轴承的承载能力一般要比在正常条件下工作的滚动轴承低得多。

三、齿轮传动机构

齿轮减速器用于传递转矩和运动。当需要传递大的转矩时，齿轮通常用金属材料并且大多是用钢制成的；在转矩小且主要为传递运动的齿轮传动机构中，采用聚合物材料也有很好的效果。

根据齿轮相对速度的不同，减速器有一个允许的转矩，当低于这个转矩时，在预定的使用寿命期间，该减速器就不会出现故障。在相对速度较高时，如果润滑油中不加 EP（极压）添加剂，则其允许的转矩由黏着作用引起的“胶合负荷极限”所决定。若使用加有 EP 添加剂的齿轮油，则胶合负荷极限可以极大地提高，以致此时的允许负荷将由齿轮轮齿的断裂极限来确定，而这个极限还低于点蚀负荷极限，在后一种情况下，齿轮由于表面疲劳磨损产生麻点而造成损坏。在齿轮相对速度很低时，齿廓面之间就不能由一层弹性动压流体油膜所隔开，它们在混合摩擦状态下受到磨损，其主要磨损机理是黏着作用和磨粒磨损。这时，存在着一个临界速度，在这个临界速度下，只能允许非常低的载荷。

若齿轮传动机较长时间停止运转，然后又受到振动负荷的作用，则此时可能发生摩擦腐蚀（微动腐蚀）。有时在齿廓面上还发现有气蚀现象，出现这些缺陷是由于润滑油以过大的速度从喷嘴喷到齿面上。此外，齿轮上还可能出现其他各种损坏形式，主要包括：由于表面疲劳磨损形成麻点或黏着作用引起的胶合；齿轮相对速度低，在混合摩擦状况下的磨损。

抗表面疲劳磨损的耐磨性由接触疲劳强度来表示。对于钢制的齿轮，其接触疲劳强度与布氏硬度值的平方成正比。而对于铸铁齿轮，其接触疲劳强度与硬度的存在的关系为

$$K_{\mathrm{D}} = \left(0.13 \sim 0.25\right)\frac{\mathrm{HB}}{100} \tag{10-31}$$

经过火焰淬火或感应淬火后，可使铸铁的接触疲劳强度显著提高。黄铜和磷青铜的接触疲劳极限与未经淬火的铸铁的接触疲劳极限在相同的范围内。

在材料表面上镀覆一层表面层，可以大大提高接触疲劳强度。这些薄的锡层或铜层能使接触疲劳强度提高，因为这些软金属能将新出现的裂纹愈合。不过实际上很少采用这种镀覆层，相反渗碳和渗氮工艺在齿轮热处理中占有重要地位。这些处理方法的主要优点在于可使齿轮表面层内产生内压应力，以阻止裂纹的形成。

对于齿轮传动比大于 1.5 的减速器，为了得到较高的接触疲劳强度，应使齿轮做得比齿轮硬些。减速器抵抗由于黏着作用引起胶合的能力，一方面可以通过采用专门的含有极压（EP）添加剂的齿轮油来提高；另一方面也可通过渗氮处理来提高，虽然氮化处理后的齿轮一般比渗碳和淬火的要软一些。

在相对速度较小时，用调质处理 $42CrMo_4$ 钢制成的齿轮副的黏着磨损和磨粒磨损量要比渗碳并淬火的 $15CrNi_6$ 钢略高。但是，渗碳并淬火的 $15CrNi_6$ 钢的硬度明显高于调质处理 $42CrMo_4$ 钢。经过火焰淬火的齿轮副的磨损也具有同等水平。假如调质齿轮与渗碳并淬火的齿轮相配，则其磨损量特别高。为使磨损量不超过允许范围，在有些场合采用渗硼处理比较合适。

四、配合副

构件之间可以通过一定配合使其在形状或力的关系上相互结合在一起。这些配合可以是间隙配合或过盈配合。在机械装备的配合面上往往难免要受到振动负荷，在这些小振幅的相对运动作用下会使负荷表面遭到损坏，这种损坏形式称为配合锈蚀或摩擦腐蚀（即微动腐蚀）。这种腐蚀的过程可以分为 3 个阶段。在第一阶段，金属表面的自然氧化膜破裂，发生黏着作用，结果使接触副的材料从其中一方向另一方转移；在第二阶段，出现附加的摩擦氧化反应，产生氧化物和金属磨屑；在第三阶段，由于这些金属磨屑的存在而发生磨粒磨损。此外，表面疲劳磨损也十分明显。由于各种磨损机理的共同作用，导致接触副表面层完全遭到破坏。

配合锈蚀或摩擦腐蚀害处很大，其主要原因如下：

（1）金属磨屑会造成配合面之间的间隙堵塞，导致配合元件之间的相对运动不灵活或完全卡死；

（2）受配合锈蚀损伤的表面层成为产生摩擦疲劳断裂的起源处，由此可引起整个构件受到破坏。

在减少配合锈蚀的各种措施中，首先要考虑的是两个结构上的措施，第一是避免采用接触副，如采用过盈配合；第二是对振动负荷采取消振措施。增加压配合的摩擦力可以减轻振动负荷的有害作用，因为这样可使配合面间难以发生相对运动。为此，接触副表面最好镀一层较软金属如镉、铜或银等。这些表层与钢表面容易发生黏着连结，因而使摩擦系数增加，同时可减小配合面间的相对运动。对于摩擦力要求低的间隙配合，则必须尽量避免发生黏着作用。为此可以使用润滑剂，而且固体润滑剂要优于液体润滑剂，因为较低的滑动速度，不利于液体润滑剂形成动压油膜从而将配合面隔开。

如果接触副双方都由钢铁材料制成，则提高它们的硬度可以减轻配合锈蚀。例如，钢的硬度由 190 HV 提高到 800 HV 时，由配合锈蚀引起的磨损降低了 50%。对于铸铁，当硬度由 100 HB 提高到 250 HB 时，其配合锈蚀引起的磨损降低了 20%。用离子喷涂技术镀覆形成的碳化硼层也具有良好的性能，因为碳化硼的硬度几乎达到 3 000×10 N/mm^2 努氏硬度，属于极硬的材料。当接触副双方各镀上碳化铬、碳化钒或碳化铁之后，在纯固体摩擦状态时很难防止出现配合锈蚀，因为薄的表层破裂速度太快。当有润滑时，碳化钛与碳化钛配合副性能很好。弥散镍镀层即使在有润滑油的情况下，也仍不能起到防止配合锈蚀的作用。相反，硬铬镀层对减少配合锈蚀很有效，渗氮也可提高抵抗配合锈蚀的能力。

为减少甚至消除配合锈蚀，比金属镀层更广泛采用的是塑料表层或塑料中间层，因为塑料不易发生黏着和摩擦氧化现象，故能使配合锈蚀的这两种基本过程在很大程度上得到抑制。例如，铁路车辆的板簧用以玻璃粉增强的聚四氟乙烯作中间层，可明显地降低其配合锈蚀。

五、凸轮与挺杆

凸轮和挺杆摩擦系统主要用于操纵内燃机阀门的启闭。凸轮和挺杆之间为点状或线状接触状态。在有液体润滑剂的情况下，如果液体动压有效速度（$\bar{v}$）不等于零，则在接触处会形成液体动压润滑油膜。有效速度（$\bar{v}$）可用下式计算：

$$\bar{v} = w_1 + w_2 \tag{10-32}$$

式中：

w_1、w_2——相对于油膜处一固定坐标系在凸轮和挺杆滑动面上的相对速度。

若 $\bar{v}=0$，则在短时间的排挤润滑油的过程结束之后，再不会有润滑油进入接触面，于是出现混合摩擦，甚至边界摩擦。在这些情况下，可能存在的磨损机理包括以下 4 种情形。

（1）如果 w_1、w_2 很小，则会出现黏着磨损与磨粒磨损共同作用的磨损。当滑动速度小时会出现较大的接触力，从而加速磨损，因为此时阀门弹簧力全部作用在接触处；而当滑动速度较高时，阀门弹簧力有一部分成为切向力。

（2）当 w_1、w_2 较高时，出现由黏着作用所引起的胶合现象，这种胶合现象在摩擦功率较大时更易产生。

（3）如果铸铁中的片状石墨成为裂纹的起源点，从而导致马氏体析出，则会出现表面疲劳磨损，从而形成麻点，甚至孔穴。

（4）出现“抛光磨损”，即在大量磨损之后，由于磨粒磨损和表面疲劳磨损共同作用而形成一光滑表面。

研究表明，在摩擦负荷作用下，挺杆表面层的合金元素浓度会发生变化，从而导致材料硬度的变化。凸轮和挺杆由各种不同的钢铁材料，特别是非合金铸铁或合金铸铁制成。它们在浇注和冷却过程中，通过装入铸型中的冷铁而直接淬硬，或者随后用火焰法或感应法淬硬。此外，还有采用经火焰淬硬的钢，或者经渗碳并淬硬的钢。由于黏着磨损与表面疲劳磨损两者的倾向性有着此消彼长的变化关系，因此在很多场合下要采取协调的办法来解决。铸铁与钢相比，前者具有弹性模量较低的优点，故在使用铸铁时，应考虑到它所产生的赫兹应力也较小。此外，铸铁中的石墨还能起到消振的作用。另外，铸铁中磷的含量也非常重要，磷可以减少因黏着作用而引起的胶合发生。但是，由于磷共晶的熔点只有 960 ℃，因此应该注意在奥氏体化处理时，不能高于这个温度。通道渗氮可使材料抗黏着磨损能力和抗表面疲劳磨损能力都得到提高。只有当钢或铁中含有铬、铝或钼等易氮化元素时，渗氮才能改善凸轮和挺杆所出现的磨损问题。

六、车轮与导轨

对于车轮与导轨摩擦系统的摩擦性能来说，它的摩擦和磨损性能都很重要。为了使车轮上的牵引力和制动力传递到导轨而不出现滑动，导轨摩擦系数就不应低于某一定值，因此车轮和导轨之间必然存在着一定的黏着现象。可以用水或者是用油显著地减轻黏着磨损。磨屑或砂粒在很大程度上对降低黏着磨损起着相反的作用。这些颗粒之所以起这样的作用，主要是由于运转时它们会把导轨面上的油膜或水膜清除掉。

在车轮和导轨接触处会产生很高的机械应力，这些机械应力引起车轮与导轨表面层发生弹性变形，而在跑合期间，还会引起塑性变形和冷作硬化。当车轮上的负荷的数量级为 10^5 N 时，弹性变形量约为 0.1 mm。当变形回弹时，会引起振动，从而在导轨上形成沟纹。由于车轮与导轨的表面层周期性地受到载荷的作用，故表面疲劳磨损是其损坏的基本形式。对于车轮来说，由于其表面积较小，因此磨损程度要比导轨严重些。车轮不仅与导轨组成摩擦系统，而且还与制动器组成摩擦系统。制动块主要使车轮受到磨粒磨损。此外，制动时局部产生瞬时高温，使其受到热冲击而形成裂纹。至于导轨的磨损，绝大部分是摩擦氧化所引起的。

用于制造导轨和车轮的材料只有有限的几种，而且材料的性质不能仅仅从高耐磨性要求方面来确定，如导轨还应当具有足够的抗塑性变形能力、对脆断不敏感以及良好的焊接性能等。导轨钢的机械工艺性能很少涉及硬度，一般只包括拉伸强度、断裂延伸率和屈服极限等指标。因此，导轨钢是按它们的最小拉伸强度来分类的。目前，其拉伸强度值为 700 ～ 1 100 MPa。新型导轨钢的拉伸强度可达到 1 400 MPa，这种钢的工作表面的硬度应为 380 ～ 400 HV，而且在工作表面以下 12 mm 处，其硬度仍有 300 HV 以上。导轨钢一般应具有细片状珠光体结构，马氏体因脆性大，故在导轨钢中不宜出现。摩擦马氏体对导轨钢的使用性能是不利的，因为它硬度高、塑性变形能力太差，容易产生裂纹。

车轮一般用钢制成，其硬度比导轨低一些。如果导轨硬度为 228 ～ 248 HV，则车轮硬度一般不高于 300 HV30。在工作条件比较恶劣的钢铁企业和矿山中，车轮工作表面淬火后的硬度达到 500 HB 以上，心部的硬度为 300 HB。而当奥氏体钢焊后的硬度由 200 HB 上升到 500 HB 时，可满足上述工作条件的要求。

通过研究导轨钢的硬度对车轮及导轨材料磨损的影响，发现当导轨钢的硬度未超过 370HV30 时，两种车轮钢的磨损都随硬度的上升而显著增加；而当导轨钢的硬度更高时，其磨损就增加甚微。相反，对于导轨钢的磨损量，在硬度为 400 HV 以下时，其磨损量是随硬度的上升而下降的；当硬度高于 400 HV 时，其磨损量的减少也很小。

七、摩擦制动器

制动器的作用是降低车辆或运动构件的运行速度。常见的摩擦制动器包括盘式、筒式、块式和带式制动器。这些制动器都是通过摩擦将大部分动能转化为热能，从而实现制动的。摩擦热使摩擦副的温度显著提高，如飞机制动器的温度可达 1 000 ℃，卡车的盘式制动器温度也可达 600 ℃。对于制动器的材料，除了要求它具有的摩擦系数高之外（$f > 0.3$），还要求摩擦系数不因温度和速度的变化而发生明显变化。

为了满足这些要求，人们开发了一些专门用于制动器的摩擦材料，而其配对件一般采用钢铁材料，并且多数为铸铁。摩擦制动器磨损的主要原因是裂纹的形成，从广义上说也可归结为表面疲劳磨损的一类。摩擦制动器上的裂纹分为如下3类。

（1）垂直于滑动方向的裂纹。这些裂纹是由摩擦力引起的表面层内的拉应力作用的结果。

（2）沿滑动方向的裂纹。这些裂纹是热弹性和热塑性不稳定性的结果。

（3）距表面一定距离处的裂纹。这些裂纹是由于粗大磨粒作用而造成应力上升的结果。

较高的摩擦温度是产生氧化反应和摩擦氧化的基本原因，在有些情况下，如果这些反应能够形成一个保护层，则有利于提高其摩擦性能。含有石棉纤维的反应产物也能起润滑作用，从而导致摩擦系数下降，称之为“衰退”现象。

如果配对件材料比摩擦材料硬且粗糙，则会发生磨粒磨损。同时，如果磨屑不能及时从摩擦面上排出或者有外来砂粒落到摩擦面上，则也会发生这种磨粒磨损。黏着现象在一定程度上可以提高摩擦系数，但它也会加剧磨损。在最坏的情况下，由于黏着作用，配对件上的铸铁材料甚至会转移到摩擦材料上去。

对摩擦材料而言，除了要求与铸铁有较高的摩擦系数和较高的耐磨性外，还有以下7点要求：

（1）足够高的高温强度；

（2）较好的热冲击稳定性；

（3）具有较大的比热和密度；

（4）有较大的导热性；

（5）具有较低的热膨胀系数；

（6）在接触件材料中溶解时，不引起配对材料熔点的降低；

（7）不易燃烧。

但是，用一种摩擦材料很难同时满足上述要求。因此，在市场上摩擦材料种类繁多。常用的摩擦材料可分为如下四大类：

（1）有机材料（天然材料和塑料）；

（2）石棉；

（3）金属；

（4）金属陶瓷。

属于第一类摩擦材料的有木材、纸或软木、炭、橡胶、合成橡胶、纺织物和合成树脂等有机材料。但是，这些材料的硬度很少有人研究。木材和软木可以认为是最早使用的摩擦材料，这些材料只能承受很小的摩擦功率。随着负荷的不断增加，人们开发出了不同的摩擦材料。炭和橡胶就是其中之一，通过加入石棉、金属和金属氧化物或其他一些混合物来提高摩擦磨损性能。当棉织物以及经过浸渍的棉制品作为摩擦材料与灰铸铁配对使用时，具有摩擦系数高的优点。但它的强度在 120 ～ 150 ℃时已显著下降，从而不能保持其较高的摩擦系数，并且磨损加剧。故这类以纺织物为基体的摩擦材料只用于偶然做短时制动、温度不很高的场合中。

塑料也用于铁路上的块式制动器中，这些制动器目前主要还是由灰铸铁制成。如果塑料与车轮得到最佳的匹配，那么塑料会消除振性，不产生对发动机和机器有害的制动粉末，使耐磨性提高到 5 倍之多。但是，塑料的导热性比灰铸铁差，因而容易导致对热裂纹敏感的钢制车轮产生裂纹。此外，车轮磨屑往往会嵌入塑料中，以致使车轮受到很剧烈的磨粒磨损。因此，应当提高以塑料为基体的摩擦材料在机车制动器中的地位。

第二类是以石棉为基体的摩擦材料。它们可以通过编织或压制而成。压制的石棉摩擦材料比有机摩擦材料能承受更高的工作温度，它们广泛用于汽车制造业中。但石棉强度低，与灰铸铁件配对时，其摩擦系数不能保持不变，而且耐磨性也很低，需要添加其他材料来提高摩擦性能。所以，以石棉为基体的摩擦材料中除了树脂外还含有 8 ～ 15 种其他成分。按照一定的比例混合以得到所需性质的材料，如在已知配对件材料的情况下，如果需要具有足够高的摩擦系数，则要有抗衰退性和耐磨性等。近年来工业界致力于用其他材料取代石棉的作用，因为作为天然产物的石棉，其性能很不稳定，难以保持其摩擦性能的稳定性。此外，石棉粉尘会影响人类身体健康。

第三类是以金属为基体的摩擦材料。上面已提到灰铸铁是用作铁路上块式制动器的材料。虽然在它与轮箍钢配对使用时，存在摩擦系数随速度变化而发生明显改变的缺点。但是，灰铸铁仍是机车制动器中重要的闸瓦材料。随着机车行驶速度的增加，盘式制动器逐渐代替块式制动器，而盘式制动器中的制动块大多采用灰铸铁以外的金属基摩擦材料制成。

近些年，粉末冶金摩擦材料发展迅速，使用范围越来越广。其中，主要由铁与石墨组成的铁基粉末冶金摩擦材料，因为其导热性更好，所以比以石棉为基体的摩擦材料能承受更高的负荷。这些材料的摩擦特性随着石墨含量的增加而得到改善，但耐磨性有所下降。它们的摩擦特性主要表现为形成摩擦化学反应层，通过添加陶瓷材料可以使这些特性得到进一步改善。另外，铜基的金属摩擦材料也发展迅速，这些材料以铜为基体，同时还含有锡、锌、铅、铁等金属成分以及氧化硅、氧化铝、石墨、金属硫化物等非金属成分。这种材料的导热性和耐磨性优于铁基粉末冶金摩擦材料。以金属为基体的摩擦材料最显著的优点是，当它与最佳的配对件材料匹配时，其摩擦系数能在较大的速度和温度范围内，基本上保持不变。

对于飞机制动等负荷极高的情况，就要采用金属与陶瓷组成的摩擦材料，这些材料也称为金属陶瓷，属于第四类摩擦材料。金属陶瓷的优良性能表现为耐磨性高、不易“衰退”。例如，飞机的起落滑橇直接与地面接触，它所能采用的材料主要是金属陶瓷，因为这种材料本身可承受住由混凝土所产生的摩擦负荷。

金属陶瓷中的金属成分一般是铜或镍合金，其陶瓷成分主要有碳化钨、碳化硅、碳化硼、碳化钛、氮化硅、氧化铝和氧化镁。此外，为了获得一定的摩擦性能还要加入石墨、二硫化钼、硫化铜或者其他金属硫化物等。

常见制动摩擦材料的性能如表 10–4 所示。

表 10–4　常见制动摩擦材料的性能

制动摩擦材料	硬度	摩擦系数 f（接触副铸铁）	工作温度 / ℃	最高温度 / ℃	工作压力 / MPa
棉织物	增加	0.5	100	150	0.07 ～ 0.70
石棉织物		0.45	125	250	0.07 ～ 0.70
柔性石棉基		0.40	175	350	0.07 ～ 0.70
半柔性石棉基		0.35	200	400	0.07 ～ 0.70
刚性石棉基		0.35	225	500	0.07 ～ 0.70
树脂基		0.32	300	550	0.35 ～ 1.75
金属基		0.30	300	600	0.35 ～ 3.50
金属陶瓷		0.32	400	800	0.35 ～ 1.05

摩擦制动器的摩擦性能不仅取决于摩擦材料，还与配对件材料有关。常用配对件材料是具有细化珠光体组织的铸铁，其硬度为 140 ～ 300 HB。铸铁的优点在于它与大多数摩擦材料配对使用时不易产生由黏着作用而发生的冷焊现象，并且与许多摩擦材料之间都有一个比较稳定的摩擦系数，受工作条件变化的影响较小。此外，它导热性好，容易加工。由于铸铁的含碳量高，它的抗热损伤能力也优于钢。另外，铸铁抗磨粒磨损性能也很好，其强度受温度的影响也比钢小。虽然铸铁的变形能力低，但这样可以防止磨屑黏结成团，从而减轻了磨屑的磨损作用。这些磨屑是由金属粉末、氧化铁粉和很细的石墨薄片所构成的混合物，起到研磨剂和润滑剂的作用，从而产生良好的应急润滑性能。

当速度很高时，摩擦盘产生很大的离心力，以致灰铸铁的强度不足，这时就必须采用钢或至少采用合金铸铁。如果摩擦材料是相当硬的金属陶瓷，则作为配对件材料的灰铸铁或钢应具有一定的硬度，该硬度为 200 ～ 300 HB。显然，至今尚未能为所有金属陶瓷合金都找到其相应的最佳的配对件材料，因此需要进行大量实验，确定合适的配对材料。

八、电气接触开关

电气接触开关的功用是接通电路，短暂地或长时间地保证电流导通以及断开已经闭合的电路。为了完成这些功能并且达到尽可能长的使用寿命，对电气接触开关的材料的性能要求应包括以下 5 点：

（1）有低的、在较长时期内保持不变的接触电阻；

（2）耐烧损能力强；

（3）有抵抗金属发生颗粒转移的能力；

（4）有抵抗熔焊的能力；

（5）在反复冲击负荷下具有高的耐磨性。

接触电阻一般用表面薄膜的电阻 R_f 和接触处的窄带电阻 R_c 之和来表示，即

$$R=R_f+\mathrm{R_c} \tag{10-33}$$

由非金属表面薄膜所产生的电阻 R_f 取决于接触副双方外表层的种类和厚度，这种外表层也称为污染层。在频繁的循环操作下，因摩擦氧化作用可使污染层厚度明显地增加。此外，在通电时由于初始接触电阻较高，接触副温度上升，污染层的生长加快。当电气接触开关上的作用力足够大时，通过磨损，污染层会发生自清洁过程而自行除去。但在弱电技术中，因为这里电气接触开关作用力总是很小，故污染层几乎无法磨掉。

窄带电阻 R_c 的起因是由于接触副仅在显微区域内发生接触，这些显微接触区域的总和构成了真实接触面。窄带电阻的计算表达式为

$$R_c=10k\rho\frac{H}{F} \tag{10-34}$$

式中：

k——常数；

ρ——接触材料的电阻；

H——接触材料的硬度；

F——接触作用力。

由式（10–34）可见，接触材料硬度越低，窄带电阻越小。就此而言，似应选较软的接触材料。但是，较软的接触材料存在熔点低的缺点。因此，当电弧放电时会造成较大的烧损。其次，较软的材料容易发生熔焊，这种现象发生的原因主要不是黏着作用，而是由于表面层熔化。而且，较软的接触材料在冲击负荷作用下易发生塑性变形。因此，在很多情况下必须采用较硬的接触材料。人们试图采用合金化方法来提高材料耐烧损强度、抗熔焊能力和耐磨性，但这样通常都要以削弱导电能力为代价。

在开发新的接触材料时，应在提高硬度的同时，尽可能地不降低其导电能力。在这方面已有关于增强纤维或增强晶须的银基接触材料的报道，因为银作为基体材料具有很好的导电能力，而作为纤维材料则有钢、石墨、钨、铝和镍。此外，还有试用 Al_2O_3 和 Si_3N_4 作为晶须来增强银基材料的报道。钨基的接触材料通过添加硼化铜（CuB）可提高其硬度。这些材料在烧结时会生成硬度为 2 000 ～ 2 900 HV 的 W_2B_5 和硬度为 1 000 HV 的 WB。这些硼化物也可使钨铜复合材料的宏观硬度由 200 HB 提高到 300 HB。钨钢复合材料还可以通过添加钴元素形成硬度很高的钨钴化合物（Co_7W_6）来提高其硬度。

九、切削加工工具

切削是用刀具在加工工件上切下切屑的过程，通过切削加工可使工件得到一定的尺寸和表面精确形状。常用的切削加工方法有车削、铣削、钻削、拉削和磨削。作为切削工具的刀具在负荷的作用下受到很大的压应力、很高的切削速度以及由大摩擦功率所产生的高温。在刀具的前刀面与后刀面上的磨损一般是由黏着磨损、磨粒磨损、扩散现象、氧化磨损等机理或过程所引起的。在切屑断裂过程中也有表面疲劳磨损的作用。刀具与工件摩擦系统中的磨损机理如图 10–13 所示。

切削过程中，在工件和刀具切削面之间的接触范围内，由于高温高压的作用会产生没有吸附层和反应层的表面，故极易发生黏着现象。黏着作用是生成积屑瘤的主要原因，为了防止积屑瘤的产生，必须根据所加工的材料和所选的切削速度采用合适的刀具材料。例如，切削加工钢材是以 $A1_2O_3$ 为基体的氧化物陶瓷刀具材料，其性能要比硬质合金高速钢好。相反，$A1_2O_3$ 陶瓷材料就不适于切削加工铝和铝合金，因为这时非常容易出现黏着现象。为了减轻硬质合金与铸铁材料之间的黏着作用，可用化学气相沉积法（CVD）镀上碳化钛、氮碳化钛和氧化铝（$A1_2O_3$）等表面镀层。这些薄的 $A1_2O_3$ 表层与整体 $A1_2O_3$ 相比具有更好的韧性，因而也可承受更大的冲击负荷。

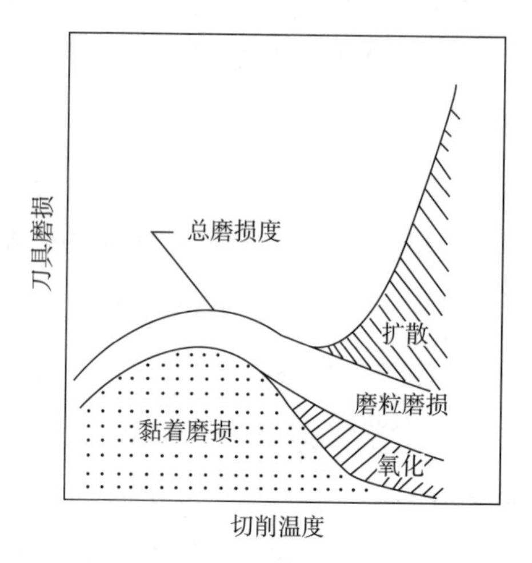

图 10-13　刀具与工件摩擦系统中的磨损机理

减轻黏着作用的另一条途径是在所要加工的材料中添加一定的元素，使切削时在车刀表面形成覆盖层，例如，它可由硅酸钾铝、钛酸钙或硫化镁组成。在自动切削钢中添加硫和铅也能起抗黏着作用的效果。最后，选择冷却润滑剂。当在冷却润滑剂中加入极压（EP）添加剂之后，就可以形成一层表面保护层，从而减轻黏着磨损。

摩擦氧化主要发生于高速切削的情况。由摩擦化学生成的反应物虽然可以减轻黏着作用，但在高负荷作用下，它们很快会被刮除掉，故对减磨所起的作用有限。而对于由氧化铝制成的切削刀具在与钢铁材料的氧化层之间发生摩擦化学反应时，这些反应物会进一步加剧磨损。在切削过程中，切削刀具可能由于所加工材料中含有的碳化物或氧化物等硬的成分而使其产生磨粒磨损。在切削加工十分硬的材料时，磨粒磨损是主要的磨损形式。如果刀具上的碳化物断裂并且嵌进加工材料中，则会引起更剧烈的磨粒磨损。

在高速切削时，经常遇到扩散现象。当刀具的温度达到材料绝对熔化温度的0.4倍时，就应当注意扩散问题。扩散过程主要影响硬质合金刀具的磨损。例如，在切削加工钢材时，硬质合金中的碳会向工件扩散，使硬质合金的强度下降，磨损量增加。当切削加工含碳量高的铸铁时，扩散情况则相反。铸铁中的碳会向硬质合金中扩散，这同样也会使磨损增大。磨削加工钢材时的扩散对金刚石磨料的磨损也起着决定性的作用。

切削刀具除了要求有高的耐磨性之外，还应当具有高的抗弯强度、抗压强度和抗氧化稳定性。为满足这些要求，人们研制了许多种切削刀具材料，这些材料可分为工具钢、高速钢、硬质合金、切削陶瓷、金刚石等。其他新开发材料中还有以各种金属碳化物、金属硼化物、金属氮化物和金属硅化物等为基体的材料。此外，在硬质合金切削刀具上覆镀碳化钛、氮化钛、氮碳化钛和氧化铝表面层的方法也越来越受到重视。

十、塑性成型加工工具

塑性成型加工是在保持工件质量和材料成分不变的情况下将工件由原来形状加工成另一种形状的过程。塑性成型加工方法有锻造、滚轧、拉深、深冲和挤压等。塑性成型加工和切削加工相比，两者主要的区别在于，在塑性成型加工时，整个工件材料都发生塑性变形，而切削加工最多只是在表面范围内发生塑性变形。因而，它们所造成的冷作硬化和硬度的变化过程也各不相同。值得注意的是，塑性成型加工后的材料在其边缘处的硬度比中间部分低。

摩擦对于塑性成型加工有很大影响。在一些塑性成型加工方法中，如滚轧，其摩擦系数必须高于最低值，以便滚轧工具能带动工件运动。但在许多情况下，摩擦确实是有害的。在不适当的加工条件下，由摩擦所消耗的能量占整个成型过程所需能量的40%。因此，应尽可能使塑性成型加工过程处于混合摩擦或液体摩擦状态下。

塑性成型加工中磨损机理主要是黏着磨损和磨粒磨损。由于黏着磨损对摩擦和磨损都不利，因此必须予以限制。为了提高工具对工件的抗黏着磨损能力，往往将工具进行表面处理，包括渗氮、渗硼、化学气相沉积或电解沉积等。常常也有将加工材料进行表面处理以取代工具的表面处理，或者两种处理方式都采用。加工材料的表面处理方法有磷化、氧化和铬酸钝化等。为了冲挤高速钢，最好是先将毛坯件加热到 500 ～ 800 ℃后再进行氧化处理。

一般情况下，成型加工工具的材料硬度较低。例如，汽车车身和飞机制造中的拉拔工具有一部分是由环氧树脂制成的。锌合金也比较软，但它们主要适用于做轻金属薄板成型加工的工具。不仅如此，用这些工具还可以加工车身钢板等一些大面积的零件。用铝青铜制造的工具可以成型加工奥氏体钢，这种工具材料的优点是能保护成型工件不受损伤，并且在很大程度上可以防止出现划痕擦伤等现象。这是因为铝青铜与奥氏体钢之间几乎没有发生黏着的可能性。

参考文献

[1] 韩德伟．金属硬度检测技术手册［M］．长沙：中南大学出版社，2007：3–53，119–198，203–370.

[2] Walley S M. Historical origins of indentation hardness testing ［J］. Materials Science and Technology, 2013, 28（9–10）:1028–1044.

[3] 那顺桑，李杰，艾立群．金属材料力学性能［M］. 北京：冶金工业出版社，2011：25–35.

[4] MEYERS M, CHAWLA K. 材料力学行为［M］. 张哲峰，卢磊，等译．北京：高等教育出版社，2017：217–239.

[5] ESTEBAN B. Indentation Hardness Measurements at Macro–, Micro–, and Nanoscale: A Critical Overview［J］.Tribology Letters, 2017, 65（1）:1–18.

[6] 李久林. 金属硬度试验方法国家标准（HB、HV、HR、HL、HK、HS）实施指南［M］. 北京：中国标准出版社，2004：51–134.

[7] 林巨才．现代硬度测量技术及应用［M］. 北京：中国计量出版社，2008：47–109，130–265.

[8] 杨辉其．新编金属硬度试验［M］．北京：中国计量出版社，2005：22–68.

[9] 王吉会，郑俊萍，刘家臣，等．材料力学性能原理与实验教程［M］. 天津：天津大学出版社，2018：101–132.

[10] 包亦望．先进陶瓷力学性能评价方法与技术［M］. 北京：中国建材工业出版社，2017：60–173.

[11] 张文栋. 微米纳米器件测试技术 [M] . 北京：国防工业出版社，2012：2–159.

[12] 蓝闽波. 纳米材料测试技术 [M] . 上海：华东理工大学出版社，2009：160–227.

[13] 姚启均. 金属硬度试验数据手册 [M] . 北京:机械工业出版社，1995：266–267.

[14] 刘仲全. 检测铝材织构的简易方法 [J] . 理化检测 · 物理分册，1982，18（5）：56.

[15] 樊江磊. 定向凝固Ti–46Al–0.5W–0.5Si：合金组织演化及层片取向控制 [D] . 哈尔滨：哈尔滨工业大学，2012：11–132.

[16] FAN J L, LIU J X, TIAN S X, et al. Effect of solidification parameters on microstructural characteristics and mechanical properties of directionally solidified binary TiAl alloy [J] . Journal of Alloys and Compounds, 2015, 650: 8–14.

[17] FAN J L, LI X Z, SU Y Q, et al. Effect of growth rate on microstructure parameters and microhardness in directionally solidified Ti–49Al alloy [J] . Materials & Design, 2012, 34: 552–558.

[18] FAN J L, LI X Z, SU Y Q, et al. Dependency of microstructure parameters and microhardness on the temperature gradient for directionally solidified Ti–49Al alloy [J] . Materials Chemistry and Physics, 2011, 130（3）: 1232–1238.

[19] FAN J L, LI X Z, SU Y Q, et al. Dependency of microhardness on solidification processing parameters and microstructure characteristics in the directionally solidified Ti–46Al–0.5W–0.5Si alloy [J] . Journal of Alloys and Compounds, 2010, 504（1）: 60–64.

[20] FAN J L, LI X Z, SU Y Q, et al. The microstructure parameters and microhardness of directionally solidified Ti–43Al–3Si alloy [J] . Journal of Alloys and

Compounds, 2010, 506（2）: 593–599.

［21］FAN J L, ZHAI H T, LIU Z Y, et al. Microstructure evolution, thermal and mechanical property of co alloyed Sn–0.7Cu lead–free solder［J］. Journal of Electronic Materials, 2020, 49（4）: 2660–2668.

［22］SONG D F, MA X D, QIAN L F. Indentation creep behaviors of amorphous Cu–based composite alloys［J］. Physica B: Condensed Matter, 2018, 534: 34–38.

［23］GINDER RS, NIX WD, Pharr GM. A simple model for indentation creep［J］. Journal of the Mechanics and Physics of Solids, 2018, 112: 552–562.

［24］KIM M, MARIMUTHU K P, JUNG S, et al. Contact size–independent method for estimation of creep properties with spherical indentation［J］. Computational Materials Science, 2016, 113 : 211–220.

［25］MUSTAFA K, AE BEDIWI, AR LASHIN, et al. Room–temperature indentation creep and the mechanical properties of rapidly solidified Sn–Sb–Pb–Cu alloys［J］. Journal of Materials Engineering and Performance, 2016, 25（5）: 2084–2090.

［26］MAHMUDI R, SHALBAFI M, KARAMI M, et al.Effect of Li content on the indentation creep characteristics of cast Mg–Li–Zn alloys［J］. Materials & Design, 2015, 75 : 184–190.

［27］廖春丽，刘光清，张义．Sn–0.7Cu–1In无铅钎料压入蠕变行为研究［J］. 铸造技术，2015，36（5）：1106–1108.

［28］GERANMAYEH AR, MAHMUDI R, KHALATBARI F, et al. Indentation creep of lead–free Sn–5Sb solder alloy with 1.5 wt% Ag and Bi additions［J］. Journal of Electronic Materials, 2014, 43（3） : 717–723.

［29］刘文胜，王依锴，管伟明，等．压痕测试无铅焊料蠕变特性的研究现状［J］.电子元件与材料,2014，33（5）:1–7.

［30］SHEN L, LU P, WANG S, et al. Creep behaviour of eutectic SnBi alloy and its constituent phases using nanoindentation technique［J］. Journal of Alloys and

Compounds, 2013, 574 : 98–103.

［31］EI–BEDIWI A, ISMAIL K M, KAMAL M. Microstructure, indentation creep and mechanical properties of Sn–Sb rapidly solidified alloys［J］. Materials Science an Indian Journal, 2013, 9（2）: 73–77.

［32］LU S, PRADITA S, ZHONG C. Elastic modulus, hardness and creep performance of SnBi alloys using nanoindentation［J］. Materials Science and Engineering: A, 2012, 558 : 253–258.

［33］INCHUL C, BYUNGGIL Y, YONGJAE K, et al. Indentation creep revisited［J］. Journal of Materials Research, 2012, 27（1）: 3–11.

［34］ROSHANGHIS A, KOKABI A H, MIYYASHITA Y, et al. Nanoindentation creep behavior of nanocomposite Sn–Ag–Cu solders［J］. Journal of Electronic Materials, 2012, 41（8）: 2057–2064.

［35］SHRN L, CHEONG W C D, FOO Y L, et al. Nanoindentation creep of tin and aluminium : a comparative study between constant load and constant strain rate methods［J］. Materials Science and Engineering : A, 2012, 532 : 505–510.

［36］STONE D S, JAKES R E, PUTHOFF R, et al. Analysis of indentation creep［J］. Journal of Materials Research, 2010, 25（4）: 611–621.

［37］ZHAO B, XU B, YUE Z. Indentation creep–fatigue test on aluminum alloy 2A12［J］. Materials Science and Engineering : A, 2010, 527（16–17）: 4519–4522.

［38］张国尚，荆洪阳，徐连勇，等. 纳米压痕法研究80Au/20Sn焊料蠕变应力指数［J］. 焊接学报，2009，30（8）：73–76.

［39］张国尚，荆洪阳，徐连勇，等. 纳米压痕试验确定80Au/20Sn焊料蠕变参数［J］. 稀有金属，2009，33（5）：680–685.

［40］SARGENT PM, ASHBY MF. Indentation creep［J］. Materials Science and Technology, 1992, 8 : 594–601.

［41］申荣华，何林. 摩擦材料及其制品生产技术［M］. 北京：北京大学出版

社，2015：61–123.

[42] 高万振，刘佐民，高新蕾. 表面耐磨损与摩擦学材料设计[M]. 北京：化学工业出版社，2014：10–144.

[43] 袁兴栋，郭晓斐，杨晓洁. 金属材料磨损原理[M]. 北京：化学工业出版社，2014.

[44] 王振廷，孟君晟. 摩擦磨损与耐磨材料[M]. 哈尔滨：哈尔滨工业大学出版社，2013：1–118.

[45] 符蓉，高飞. 高速列车制动材料[M]. 北京：化学工业出版社，2011：41–72.

[46] 布尚. 摩擦学导论[M]. 葛世荣，译. 北京：机械工业出版社，2006：94–230.

[47] 曲在纲，黄月初. 粉末冶金摩擦材料[M]. 北京：冶金工业出版社，2005：3–16.

[48] 刘家浚. 材料磨损原理及其耐磨性[M]. 北京：清华大学出版社，1993：124–242.

[49] 哈比希. 材料的磨损与硬度[M]. 严力，译. 北京：机械工业出版社，1987：120–308.